图解数控职业技能训练

CAXA数控车编程与图解操作技能训练

主　编　卢孔宝
副主编　程　超　王　婧　赵崑
参　编　周　超　陈　银　李会萍
主　审　叶　俊　沈　琪

机械工业出版社

本书以CAXA数控车2016软件为介绍对象，以图解形式为表现手法，详解CAXA数控车的基本操作、平面轮廓绘制、典型零件的编程与仿真、配合件的编程与仿真等。同时，本书将CAXA数控车2016软件与FANUC 0i Mate-TD数控车削系统相结合，从图样分析、工艺分析、刀具（装备）准备、典型零件程序的生成、程序传输、典型零件的加工与精度检测等方面做了详细的图解介绍。从实际应用角度出发，对切削用量选择、CAXA数控车机床设置、后置处理设置、刀具路径设定等方面均进行了讲解。本书所提供的习题由易到难，可供读者进行系统性练习。

本书适合从事数控编程、数控机床操作等技术人员的培训、自学，也适合作为应用型本科院校、高职高专院校及中等职业技术学校CAXA数控车编程与操作、数控实训课程的教材或教学参考书。

本书读者可通过指定网站下载本书配套的PPT、习题答案、参考加工工艺、参考使用刀具、CAXA数控车编程参考源文件、参考程序等。

图书在版编目（CIP）数据

CAXA数控车编程与图解操作技能训练/卢孔宝主编. —北京：机械工业出版社，2020.3（2024.2重印）
（图解数控职业技能训练丛书）
ISBN 978-7-111-64823-9

Ⅰ.①C… Ⅱ.①卢… Ⅲ.①数控机床-车床-程序设计-图解
Ⅳ.①TG519.1-64

中国版本图书馆CIP数据核字（2020）第031300号

机械工业出版社（北京市百万庄大街22号 邮政编码100037）
策划编辑：李万宇 责任编辑：李万宇 戴 琳
责任校对：陈 越 封面设计：马精明
责任印制：邓 博
北京盛通数码印刷有限公司印刷
2024年2月第1版第5次印刷
169mm×239mm · 13.25印张 · 255千字
标准书号：ISBN 978-7-111-64823-9
定价：39.00元

电话服务	网络服务
客服电话：010-88361066	机 工 官 网：www.cmpbook.com
010-88379833	机 工 官 博：weibo.com/cmp1952
010-68326294	金 书 网：www.golden-book.com
封底无防伪标均为盗版	机工教育服务网：www.cmpedu.com

前　言

为了满足高素质、高技能人才培养的需求，本书以 CAXA 数控车 2016 软件为对象，以目前国内高等院校、职业院校及大多数生产企业中较为先进的 FANUC 0i Mate-TD 系统为例进行讲解，并与《CAXA 制造工程师编程与图解操作技能训练》形成一套较完善的配套书籍，为高等院校、职业院校培养数控车床、数控铣床（加工中心）高技能人才提供优质的教材，为企业技术人员操作数据机床提供详细的技术文档。本书以图文结合的方式进行编写，内容由浅入深，要点、难点突出，并附有典型案例的分析讲解，重点内容为二维图形的绘制与编辑，外圆、切槽、螺纹、曲线加工等数控车的编程与仿真。本书第 6 章配有典型的 CAXA 数控车练习题，由易到难，知识点充分，内容翔实。

本书中的操作画面与 CAXA 数控车 2016 软件、FANUC 0i Mate-TD 数控系统画面完全一致，读者按照书中的操作图解步骤并结合 CAXA 数控车 2016 软件、FANUC 0i Mate-TD 数控系统，可快速掌握并独立进行软件使用、设备操作。

本书由浙江水利水电学院卢孔宝老师任主编，平湖技师学院程超老师、杭州师范大学钱江学院王婧老师、北京数码大方科技股份有限公司赵鬼工程师任副主编，杭州市临平职业高级中学周超老师、浙江经贸职业技术学院陈银老师、北京数码大方科技股份有限公司李会萍工程师承担了部分编写工作。全书由卢孔宝进行统稿。编写分工：第 1、3、5 章内容由卢孔宝编写，第 2 章内容由卢孔宝、赵鬼、李会萍编写，第 4 章内容由程超、卢孔宝、周超编写，第 6 章内容由卢孔宝、王婧、陈银编写。本书由全国技术能手、全国数控技能竞赛裁判员、全国数控技能竞赛金牌教练叶俊高级工程师、沈琪高级工程师主审。本书在编写过程中参考了北京数码大方科技股份有限公司的 CAXA 数控车 2016 用户指南、北京发那科机电有限公司的数控系统操作和编程说明书，同时也参照了部分同行的书籍，在此一并表示衷心的感谢。

本书在编写过程中虽然力求完善并经过反复校对，书中所有案例均在 CAXA 数控车 2016 软件、FANUC 0i Mate-TD 数控车削系统中进行了验证，但因编者水平有限，难免存在不足和疏漏之处，敬请广大读者批评指正，也欢迎大家加强交流，共同进步。

读者可通过相关网站下载参考加工工艺、参考使用刀具、CAXA 数控车编程参考源文件、参考程序等。下载链接：http://jxsjzx. shangjumob. com/list. php?typeid = 141。

技术交流 QQ 群：364222900；编者邮箱：hzlukb029@ 163. com。

目录

第4章 CAXA数控车车削路径生成及后处理

第5章 数控车床的操作加工实例

第6章 CAXA数控车编程练习题

附　录

参考文献

附录

参考文献

数控车床车削基础知识

数控车床是机械加工中主要切削设备之一，它是利用数字化程序对零件进行切削加工的。数控车床的程序一般有手动编程、自动编程两大类。

手动编程常用于简单零件的编程，需要编程人员对 G 代码、M 代码、T 代码等进行熟练记忆，并能灵活应用。其优点是编程人员可以直接在数控机床上进行编程，修改、调试程序便捷；其缺点是编制的程序出错率较高，对复杂零件编程需要花费大量时间。手动编程比较适用于形状规则的简单回转体零件的编程。

自动编程是利用 CAM（计算机辅助制造）软件对绘制好的切削轮廓进行编程零点、切削参数、切削路径等设置，自动编译出数控车床所需的代码，然后进行切削。其优点是编程速度快、出错率低、编程相对便捷；其缺点是需要利用软件绘制切削轮廓，再进行刀具路径编制，最后通过 CF 卡将程序传输至数控设备进行加工。自动编程比较适用于复杂零件、曲线类回转体零件的编程。

1.1 数控车床车削加工技术概述

1.1.1 数控车床加工对象

数控车床主要利用预先编制好的程序对轴类、盘类工件的内外表面、圆锥面、螺纹、退刀槽、规则曲线旋转体（如椭圆、双曲线）等进行切削加工，在数控车床上也能进行钻孔、扩孔等加工。数控车床常见加工的零件如图 1-1 所示。

图 1-1 数控车床常见加工的零件

1.1.2 数控车床的分类

数控车床可以根据不同指标进行分类，常见的有根据数控车床的主轴位置、数控系统功能等进行分类。但不管根据什么进行分类，数控车床的组成基本相同，主要包括机床本体、输入输出装置、CNC装置（数控系统）、驱动装置、电气控制装置、辅助装置等。不同的数控车床，其编程也有所不同，本书以FANUC 0i Mate-TD系统的卧式数控车床为例进行编写。

1. 按数控车床主轴位置分类

1）立式数控车床：车床主轴垂直于水平面，具有一个直径很大的圆形工作台，用来装夹工件，如图1-2所示。

立式数控车床适宜加工中、大型盘、端盖类零件。其具有高强度铸铁底座、立柱，有良好的稳定性和抗振性，装夹工件方便，占地面积小，采用油水分离结构，使冷却水清洁环保，分离式冷却水箱便于清洗。立式数控车床具有以下特点：具有大型立式车床的精度、功能；无级调速，主轴电动机变频调速；价格经济，结构科学；可增加动力万能铣头。

图1-2 立式数控车床

2）卧式数控车床：又分为水平导轨卧式数控车床和倾斜导轨卧式数控车床。倾斜导轨结构可以使车床具有更大的刚度，并易于排出切屑。图1-3所示为卧式数控车床。

卧式数控车床是常见的数控车床之一，对加工对象的适应性强，既适应模具等产品的单件生产，又能适应产品的批量生产，一般适宜加工中、小型轴、端盖类零件。车床的床身、床脚、油盘等采用整体铸造结构，刚度高，抗振性好，符合高速切削机床的特点。车床润滑系统设计合理、可靠，设有液压泵可对特殊部位进行自动强制润滑。

图1-3 卧式数控车床

卧式数控车床具有以下特点：机床本身的精度高、刚度大，可选择有利的加工用量，生产率高（一般为普通机床的3~5倍）；机床自动化程度高，可以减轻劳动强度，有利于实现生产管理的现代化；使用数字信息与标准代码处理、传递信息，使用计算机控制方法，为计算机辅助设计、制造及管理一体化奠定了基础。

2. 按数控系统功能分类

1）经济型数控车床：一般采用开环控制，具有 CRT（阴极射线管）显示、程序存储、程序编辑等功能，缺点是没有恒线速度控制功能，刀尖圆弧半径补偿属于可选功能，加工精度不高，属于中档数控车床，主要用于加工精度要求不高，有一定复杂性的零件，如图 1-4 所示。

2）全功能型数控车床：是一种高档次的数控车床，一般具有刀尖圆弧半径补偿、恒线速度切削、自动倒角、固定循环、螺纹切削、用户宏程序等功能，加工能力强，适合加工精度高、形状复杂、工序多、循环周期长、品种多变的单件或中、小批量零件，如图 1-5 所示。

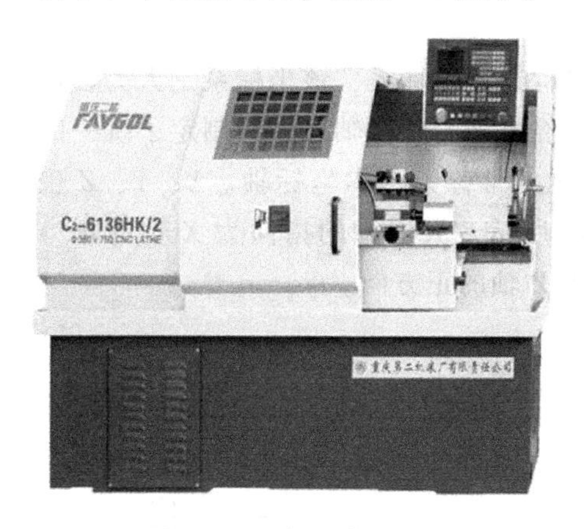

图 1-4 经济型数控车床

图 1-5 全功能型数控车床

3）车削中心：其主体是数控车床，配有动力铣头和机械手，可以实现车铣复合加工，如图 1-6 所示。有的车削中心有双主轴，副主轴可以移动，接过主轴加工过的工件，再加工另一端；主轴有 C 轴回转功能，能按进给脉冲做任意低速的回转，可以铣削零件端面、螺旋槽和凸轮槽，一机多能，便于提高效率。若将车削中心和加工中心、卧式数控车床或立式数控车床组合起来，由三台或多台机床配上一台工业机器人，构成车铣加工单元，就可以用于中、小批量的柔性加工。

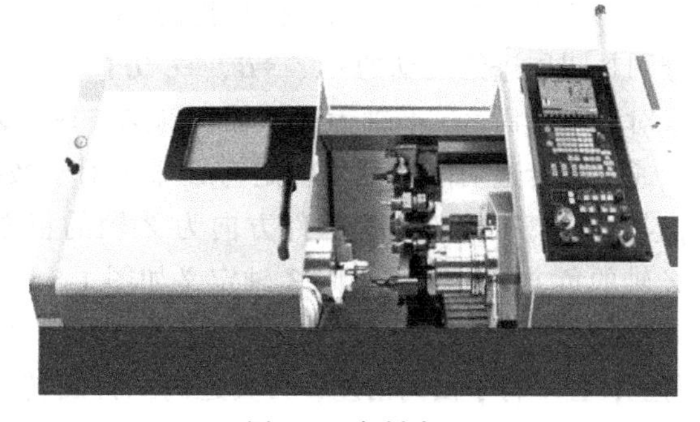

图 1-6 车削中心

1.1.3 数控车床加工坐标系

数控车床是利用编制的程序对其执行电机进行控制，实现切削加工。在编写程序前需对数控车床的坐标系进行认识和了解，否则将会因为编程错误导致系统报警，甚至由于坐标系认知错误导致安全事故。

1. 机床坐标系

为了确定数控车床的运动方向和距离，首先要在数控车床上建立一个坐标系，该坐标系称为机床坐标系，也称机械坐标系。机床坐标系确定后即确定了刀架位置和车床运动的基本坐标，是数控车床的固有坐标系。一般，该坐标系的值在出厂设置后即为固定值，不轻易变更。

2. 工件坐标系

工件坐标系是编程时使用的坐标系，又称编程坐标系，该坐标系是人为设定的。为简化编程、确保程序的通用性，对数控机床的坐标轴和方向制定了统一的标准，规定直线进给坐标轴用 *X*、*Y*、*Z* 表示，常称为基本坐标轴。*X*、*Y*、*Z* 坐标轴的相互关系用右手定则确定，如图 1-7 所示，大拇指的指向为 *X* 轴的正方向，食指指向为 *Y* 轴的正方向，中指指向为 *Z* 轴的正方向。

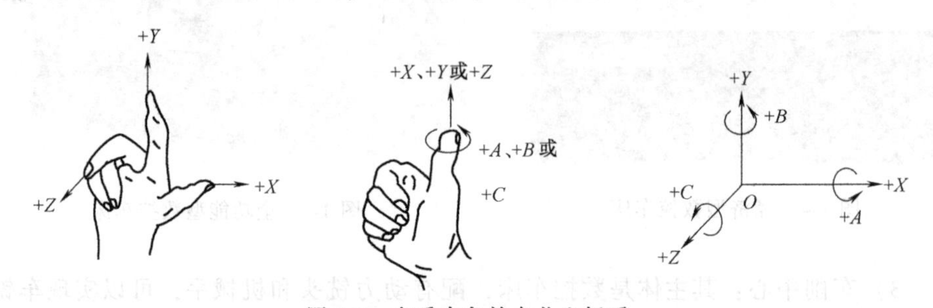

图 1-7 右手直角笛卡儿坐标系

围绕 *X*、*Y*、*Z* 轴旋转的圆周进给坐标轴分别用 *A*、*B*、*C* 表示，根据右手螺旋定则，如图 1-7 所示，以大拇指指向+*X*、+*Y*、+*Z* 方向，则食指、中指等的指向分别是圆周进给运动的+*A*、+*B*、+*C* 方向。

对于车床而言，*Y* 轴为虚拟轴，确定 *X* 轴、*Z* 轴即可。

通常把传递切削力的主轴定为 *Z* 轴。对于数控车床而言，工件的转动轴为 *Z* 轴，其中远离工件的装夹部件方向为 *Z* 轴的正方向，接近工件的装夹部件方向为 *Z* 轴的负方向。数控车床 *Z* 轴定义如图 1-8 所示。

X 轴一般平行于工件装夹面且垂直于 *Z* 轴。对于数控车床而言，*X* 轴在工件的径向上，且平行于横向滑座，刀具远离工件旋转中心的方向为 *X* 轴的正方向，刀具接近工件旋转中心的方向为 *X* 轴的负方向。数控车床 *X* 轴定义如图 1-8 所示。

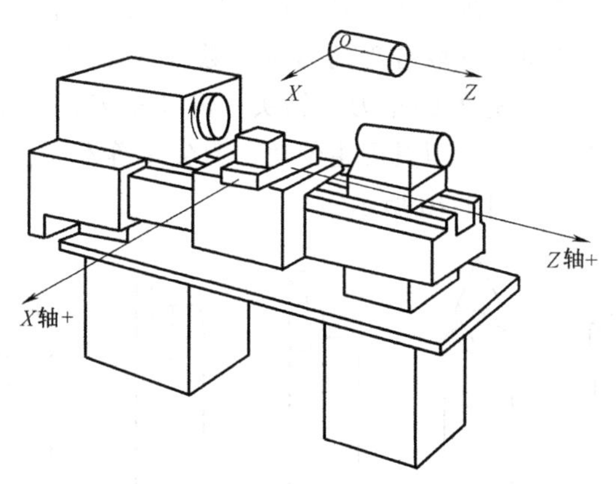

图 1-8 数控车床 X、Z 轴示意

3. 机床坐标系与工件坐标系的关系

建立工件坐标系是数控车床加工前必不可少的一步。编程人员在编写程序时根据零件图样及加工工艺，以工件上某一固定点为原点建立笛卡儿坐标系，其原点即为工件零点。对于数控车床而言，工件坐标系一般把工件原点设置在旋转轴与端面的交接点处。

机床坐标系与工件坐标系的关系如图 1-9 所示。

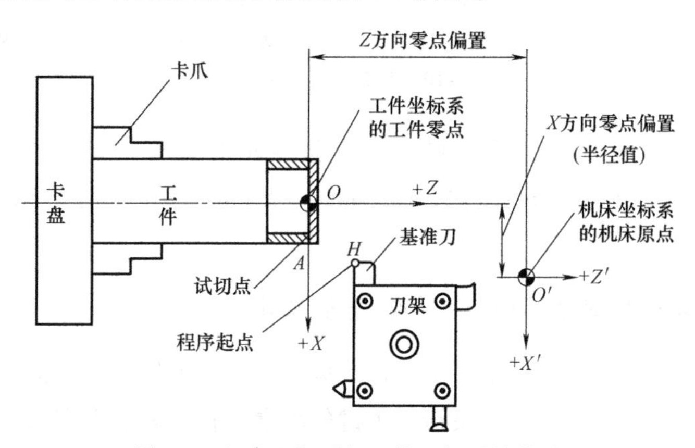

图 1-9 机床坐标系与工件坐标系的关系

1.2 数控车床切削参数设置

1.2.1 数控车床常见刀具类型

由于数控车床加工的对象较多，根据加工对象不同，需要选择不同类型的刀具进行切削，刀具选择不合理可能会导致加工过程中产生干涉问题，甚至导致工件报废。根据实际生产所需选取合理的刀具是数控车床编程、加工的重要环节。在数控车床上使用的刀具有外圆车刀、钻头、内孔车刀、切断（槽）刀、螺纹车刀、特殊成形刀具等。同类刀具因主偏角、刀尖角等不同，加工对象也有所不同。数控车床常见刀具如图 1-10 所示。

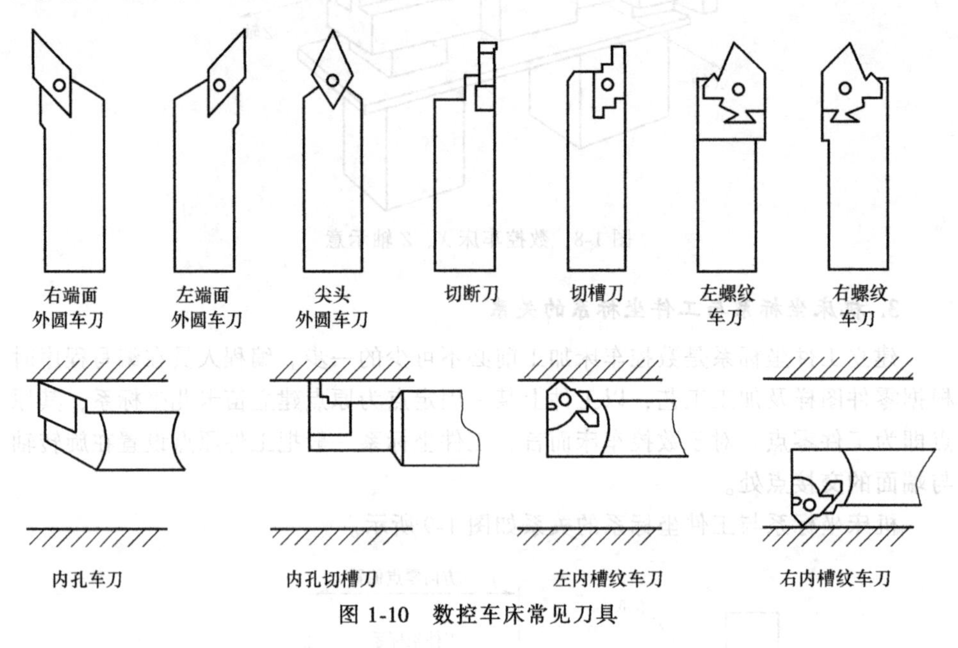

图 1-10　数控车床常见刀具

根据数控车床刀架型号不同，通常数控车刀刀杆尺寸为 20mm×20mm、15mm×15mm、25mm×25mm、30mm×30mm 等规格，其中最为常见的是 20mm×20mm 规格。

1.2.2　数控车床车削刀具选用依据及参考

数控车削加工工艺系统主要由数控车床、刀具、工件三大要素组成。车削加工工艺系统中刀具是一个相对灵活、关键的因素，直接影响生产加工效率、尺寸稳定性、产品表面质量等，因此数控车刀的选择较为关键。

数控车床刀具选择的原则：刀具在切削加工中不产生干涉；刀具安装调整方便，刚性好，耐用度和精度高；互换性好，便于实现快速更换刀具；在满足加工要求的前提下，尽量选择刀尖角较大的刀具，以提高刀具加工的刚度。

1.2.3　切削刀具材料的影响分析

切削刀具材料与加工对象的性能匹配，才能获得最长的刀具寿命、最高的切削加工生产率，并最大化地发挥出刀具的价值。一般选择刀具时主要考虑以下几点。

1. 切削刀具材料与加工对象的力学性能匹配

切削刀具材料与加工对象的力学性能匹配主要包括强度、韧性和硬度等力学性能参数的匹配。力学性能不同的刀具材料适合加工的工件材料有所不同。

刀具材料按硬度由高到低排序：金刚石、立方氮化硼、陶瓷、硬质合金、高速钢。

刀具材料按抗弯强度由高到低排序：高速钢、硬质合金、陶瓷、金刚石、立方氮化硼。

刀具材料按韧性由好到差排序：高速钢、硬质合金、立方氮化硼、陶瓷、金刚石。

2. 切削刀具材料与加工对象的物理性能匹配

具有不同物理性能的刀具，如高导热和低熔点的高速钢刀具、高熔点和低热胀的陶瓷刀具、高导热和低热胀的金刚石刀具等，适合加工的工件材料有所不同。加工导热性差的工件应采用导热较好的刀具材料，以便切削时所产生的热量能迅速散出。如：金刚石刀具的导热系数及热扩散率高，切削热容易散出，不会产生较大的热变形，从而保证了工件尺寸精度。

3. 切削刀具材料与加工对象的化学性能匹配

切削刀具材料与加工对象的化学性能匹配是指化学亲和性、化学反应、扩散和溶解性等化学性能参数的匹配。化学性能不同的刀具材料适合加工的工件材料有所不同。

刀具材料按抗黏结温度由高到低排序：立方氮化硼、陶瓷、硬质合金、高速钢。

刀具材料按抗氧化温度由高到低排序：陶瓷、立方氮化硼、硬质合金、金刚石、高速钢。

1.2.4 车刀主要角度的选择依据

1. 前角的选择

车刀前角的选择主要与被加工材料、粗精加工类型、刀具材料等有关，选择依据如表 1-1 所示。车刀前角角度的选择如表 1-2 所示。

2. 后角的选择

车刀后角的选择主要与切屑厚度、被加工材料、尺寸精度等有关，选择依据如表 1-3 所示。车刀后角角度的选择如表 1-4 所示。

表 1-1 车刀前角选择依据

要素	类型	原 因	结论
被加工材料	塑性材料	防止切屑变形与刀具产生摩擦	较大前角
	脆性材料	切屑为崩碎状，主要保证刀具有足够强度	较小前角
	强度、硬度低	切削力较小	较大前角
	强度、硬度高	切削力大	较小前角
	超硬	切削力大	负前角
刀具材料	冲击韧性低	防止切削时切屑对刀具产生冲击	较小前角
	抗弯强度低	防止切屑变形与刀具产生摩擦	较小前角
加工类型	粗加工	切削力大，切削热多	较小前角
	精加工	减少切屑变形，获得较高表面质量	较大前角

表 1-2 车刀前角角度选择参考表

被加工材料	前角(γ_0)数值		被加工材料	前角(γ_0)数值	
	高速钢	硬质合金		高速钢	硬质合金
灰铸铁	0°~5°	5°~10°	低碳钢	30°~40°	25°~30°
高碳钢、合金钢 $R_m>800$MPa	15°~25°	5°~10°	铝镁合金	35°~45°	30°~35°
高碳钢、合金钢 $R_m\leqslant800$MPa	25°~30°	10°~15°			

表 1-3 车刀后角选择依据

要素	类型	原因	结论
切屑厚度	切屑厚度大	切削力大，温度高	较小后角
	切屑厚度小	切削力小，温度低，保证刀具强度	较大后角
被加工材料	强度、硬度高	保证切削强度	较小后角
	塑性大	易产生加工硬化	较大后角
	脆性大	切削力集中在切削刃处，需强化切削刃	较小后角
尺寸精度	精度要求高	防止后角与工件产生摩擦	较小后角

表 1-4 车刀后角角度选择参考表

被加工材料	后角(α_0)数值		被加工材料	后角(α_0)数值	
	高速钢	硬质合金		高速钢	硬质合金
低碳钢	8°~10°	10°~12°	铝镁合金	8°~10°	10°~12°
中碳钢、合金钢	5°~7°	6°~8°	钛合金	10°~15°	25°~30°

（续）

被加工材料	后角(α_0)数值		被加工材料	后角(α_0)数值	
	高速钢	硬质合金		高速钢	硬质合金
不锈钢	6°~8°	8°~10°	高强度钢		10°
灰铸铁	4°~6°	0°~8°			

3. 主偏角的选择

首先考虑车床、夹具和刀具组成的车削工艺系统的刚性，如系统刚性好，主偏角应取小值，这样有利于提高车刀使用寿命，改善散热条件及表面粗糙度。其次要考虑加工工件的几何形状，当加工台阶时，主偏角应取90°；加工中间切入的工件时，主偏角一般取60°。主偏角一般在30°~90°之间，最常用的是45°、75°、90°。硬质合金车刀主偏角角度的选择如表1-5所示。

表1-5 硬质合金车刀主偏角角度选择参考表

加工条件	主偏角(K_r)
刚性好,背吃刀量小,加工材料较硬时	10°~30°
工艺系统刚性较好时	45°~50°
工艺系统刚性较差,车削钢件内孔时	60°~70°
工艺系统刚性较差,车削铸铁件内孔时	70°~75°
加工细长轴、薄壁件、台阶轴、台阶孔时	90°~95°

4. 副偏角的选择

首先考虑车刀、工件和夹具有足够的刚度，才能减小副偏角，反之，应取大值；其次，考虑加工性质，精加工时，副偏角可取10°~15°，粗加工时，副偏角可取5°左右。硬质合金车刀的副偏角角度的选择如表1-6所示。

表1-6 硬质合金车刀的副偏角角度选择参考表

加工条件	副偏角(K_r')	加工条件	副偏角(K_r')
大进给强力切削	0°	粗车	10°~15°
车槽及切断	1°~2°	粗车孔	15°~20°
精车	5°~10°	双向切削	30°~45°

5. 刃倾角的选择

主要根据加工性质进行刃倾角的选择，粗加工时，工件对车刀冲击力大，取$\lambda_S \leqslant 0°$；精加工时，工件对车刀冲击力小，取$\lambda_S \geqslant 0°$；通常取$\lambda_S = 0°$。刃倾角一般在-10°~5°之间选取。硬质合金车刀刃倾角角度的选择如表1-7所示。

表 1-7　硬质合金车刀刃倾角角度选择参考表

加工条件及工件材料		刃倾角(λ_S)	加工条件及工件材料	刃倾角(λ_S)
粗车、均匀车削	钢件	0°～-5°	车削淬硬钢	-5°～-12°
	铝镁合金	5°～10°	断续切削钢件	-10°～-15°
	纯铜	5°～10°	余量不均匀的铸件、锻件	-10°～-45°
精车孔	钢件	0°～-5°	微量切削	45°～75°
	铝镁合金	5°～10°		
	纯铜	5°～10°		

1.3　数控车床加工工艺分析

1.3.1　常见夹具分类及特点

1. 数控车床夹具的分类

数控车床在切削过程中为了保证工件加工精度，要求工件与机床、刀具有精确的相对位置，并能快速、可靠地实现夹紧、松开工件。实现这一功能的装备称为夹具。数控车床切削加工时，夹具随着机床主轴一起旋转，一般有自定心卡盘、单动卡盘、花盘等。

(1) 自定心卡盘

自定心卡盘可实现自动定心，是数控车床最为常见的夹具，其装夹方便，应用广泛，但不能夹持外形不规则的工件。自定心卡盘一般分为手动装夹和液压夹紧两大类，卡爪可分为硬爪和软爪两大类，自定心卡盘如图 1-11 所示。

(2) 单动卡盘

单动卡盘的四个爪可以单独移动，安装工件时需要找正，夹紧力大，适用于装夹形状不规则或不对称的较重、较大的工件，一般用手动方式实现夹紧和松开。单动卡盘如图 1-12 所示。

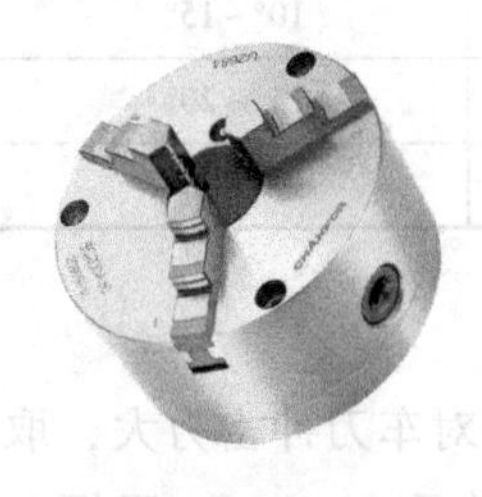

a) 手动自定心卡盘

b) 液压自定心卡盘

图 1-11　自定心卡盘

图 1-12　单动卡盘

（3）花盘

花盘一般用于装夹形状复杂的大型工件，通常通过过渡盘与主轴连接，为了减小惯性力，需在花盘上进行平衡配重。花盘如图 1-13 所示。

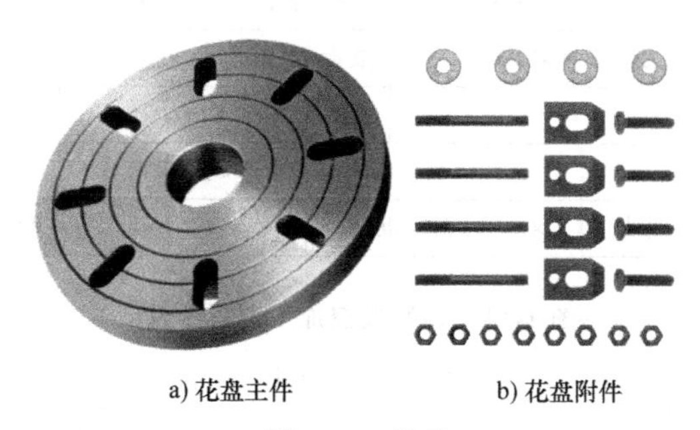

a) 花盘主件　　b) 花盘附件

图 1-13 花盘

2. 数控车床夹具的特点

数控车床加工的零件主要为回转体零件，夹具随着机床主轴一起旋转。夹具具有以下特点：

1）夹具需装夹方便、结构紧凑。

2）重心尽可能靠近回转轴线，减小惯性力和回转力矩。

3）应消除不平衡引起的振动。

4）尽量避免尖角和凸出部分。

1.3.2 典型加工工艺规程的制定流程

数控车削加工工艺规程是指零件在数控车削过程中所使用的加工工序安排、操作方法等技术文件。数控车削加工工艺规程一般包括零件图分析、加工方案拟定、加工工艺编制、切削用量选用、检验量具选用、工序加工时间定额确定等。切削刀具选用是保证零件生产效率、加工质量的重要环节，典型数控加工刀具卡片如图 1-14 所示。加工工艺编制是否合理决定了生产率和工件质量。典型数控加工工序卡如图 1-15 所示。制定数控车削工艺规程的通常流程如下：

1）确定生产类型：大批、中批、小批、单件。

2）分析零件图：零件类型、重要尺寸、表面质量。

3）选择毛坯类型（锻件、铸件、钢材、型材等）及尺寸。

4）根据零件图及毛坯拟定加工工艺路线。

5）确定各工序内容、加工余量。

6）确定各工序所用的设备、刀具、夹具、量具、辅具。

7）确定切削用量及工时定额。

8）确定各主要技术要求及检验方法。

9）制定加工工艺文件。

数控加工刀具卡片

<table>
<tr><td colspan="2">产品名称或代号</td><td>× × ×× × ×</td><td>零件名称</td><td>× × ×</td><td>零件图号</td><td>××</td></tr>
<tr><td>序号</td><td>刀具号</td><td>刀具规格名称</td><td>数量</td><td>加工表面</td><td>刀尖半径/mm</td><td>备注</td></tr>
<tr><td>1</td><td></td><td></td><td></td><td></td><td></td><td></td></tr>
<tr><td>2</td><td></td><td></td><td></td><td></td><td></td><td></td></tr>
</table>

编制	× × ×	审核	× × ×	批准	× × ×	××年 ×月×日	共 1 页	第 1 页

图 1-14　典型数控加工刀具卡片

数控加工工序卡

<table>
<tr><td rowspan="2">工厂名称</td><td rowspan="2">× × ×</td><td>产品名称或代号</td><td>零件名称</td><td>零件图号</td></tr>
<tr><td>× × ×</td><td>× × ×</td><td>× × ×</td></tr>
<tr><td>工序号</td><td>程序编号</td><td>夹具名称</td><td>使用设备</td><td>车间</td></tr>
<tr><td>001</td><td>× × ×</td><td>× × ×</td><td>× × ×</td><td>× × ×</td></tr>
</table>

工步号	工步内容	刀具号	刀具规格 /mm	主轴转速 /(r/min)	进给速度 /(mm/r)	背吃刀量 /mm	备注
1							
2							
3							
4							
5							
6							
7							
8							
9							

编制	×××	审核	×××	批准	×××	××年×月×日	共 1 页	第 1 页

图 1-15　典型数控加工工序卡

1.3.3　加工工艺编制的原则

数控车削加工工艺规程的制定原则是优质、高产、低成本，在保证零件加工质量的前提下，争取最佳的经济效益。其中，数控车削加工工艺编制的原则具体如下：

1）先粗后精。先完成粗加工，再进行精加工。粗加工在最短时间内完成大部分余量的切削，精加工以保证零件精度、表面质量为主。

2）先近后远。先加工离刀具近的部分，后加工离刀具远的部分，以便缩短刀具移动距离，提高生产率。

3）内外交互。工件既有内孔又有外圆需要加工时，通常先进行内外表面的粗加工，再进行内外表面的精加工，实现内外交互加工，以减少工件内应力等。

4）零件有热处理要求时，一般都安排在数控车削加工后。

1.3.4 量具的选用

量具主要是在数控车削加工过程中使加工零件获得合格的尺寸精度的检测器具。数控车削加工的零件以回转体零件为主，检测的项目主要有内外圆的台阶尺寸、锥度、螺纹精度等，选用的量具主要有钢直尺、游标卡尺、千分尺、螺纹量规、半径样板等。

1）钢直尺：用于检测毛坯尺寸是否符合要求，辅助确定工件装夹伸出卡盘的长度等。钢直尺如图1-16所示。

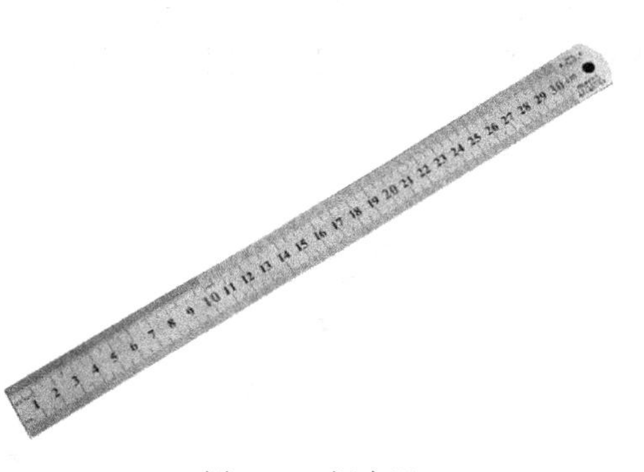

图1-16 钢直尺

2）游标卡尺：分度值为0.01~0.02mm，规格有0~150mm、0~200mm、0~300mm等，用于对刀测量数据，检测零件长度、内外圆直径、槽宽（深）等尺寸。游标卡尺根据样式不同大致可分为普通游标卡尺、带表卡尺、数显卡尺等。三种常见的游标卡尺如图1-17所示。

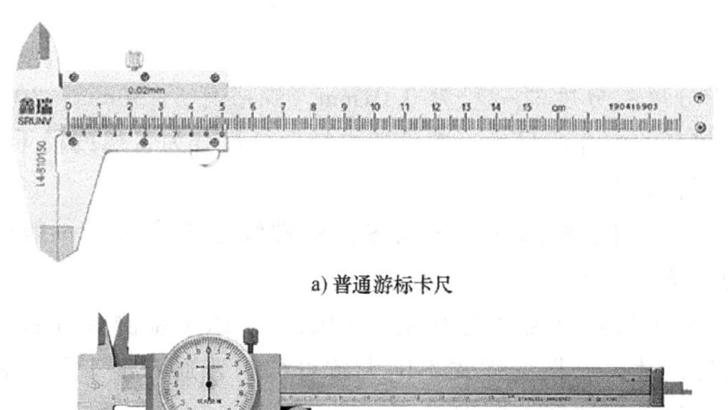

a) 普通游标卡尺

b) 带表卡尺

图1-17 游标卡尺

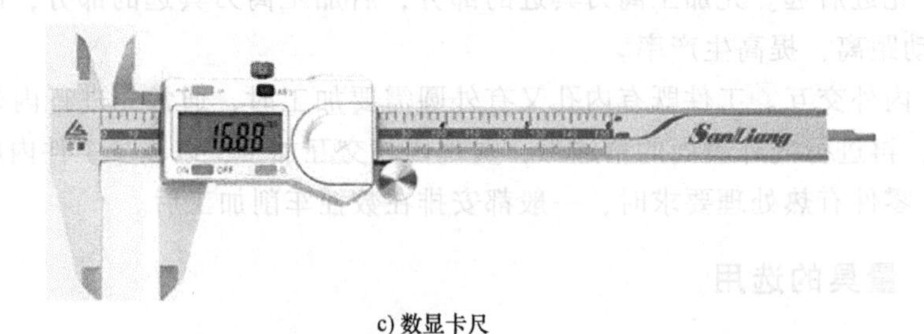

c) 数显卡尺

图 1-17 游标卡尺（续）

3）外径千分尺：分度值一般为 0.01mm，规格有 0 ~ 25mm、25 ~ 50mm、50~75mm 等，用于检测精度较高的尺寸。常见的外径千分尺可分为普通外径千分尺、数显外径千分尺，如图 1-18 所示。

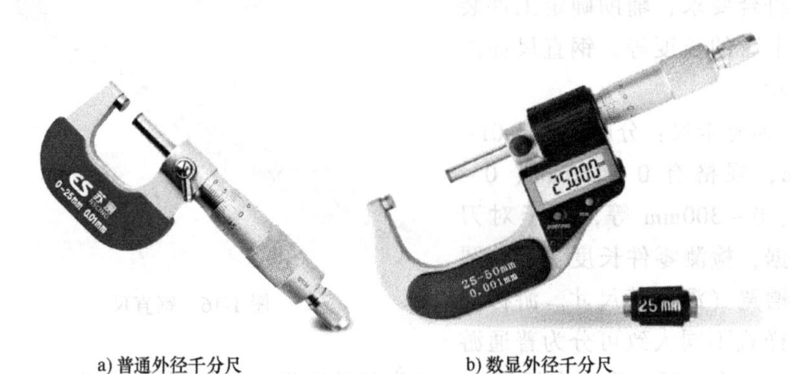

a) 普通外径千分尺　　b) 数显外径千分尺

图 1-18 外径千分尺

4）内径千分尺：分度值一般为 0.01mm，规格有 5 ~ 30mm、30 ~ 55mm 等，用于检测精度较高的内孔的尺寸。常见的内径千分尺分为普通内径千分尺、三点式内测千分尺等，如图 1-19 所示。

5）螺纹量规：用于检测数控车削零件的螺纹是否合格，一般分为螺纹环规、螺纹塞规、螺距规等，如图 1-20 所示。

6）游标深度卡尺：分度值为 0.01 ~ 0.02mm，用于检测零件台阶孔深度尺寸、台阶轴长度尺寸等，根据样式不同大致可分为普通深度卡尺、带表深度卡尺、数显深度卡尺等，如图 1-21 所示。

7）内径百分表：分度值为 0.01mm，规格有 10 ~ 18mm、18 ~ 35mm、35 ~ 50mm、50~160mm 等，用于检测精度较高内孔的尺寸，需要先校准再进行测量。精度要求较高时可采用内径千分表。内径百分表如图 1-22 所示。

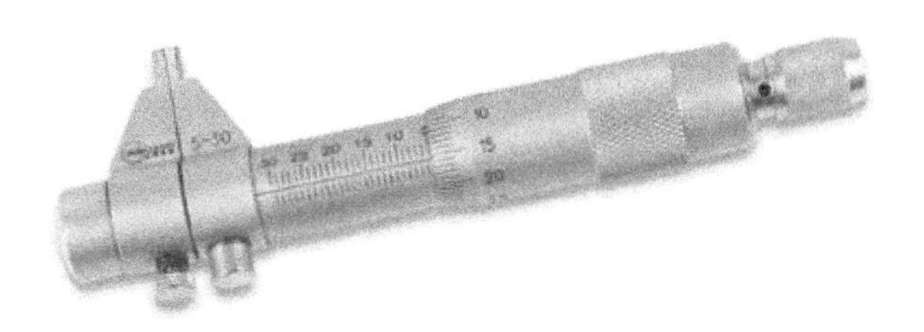

a) 普通内径千分尺

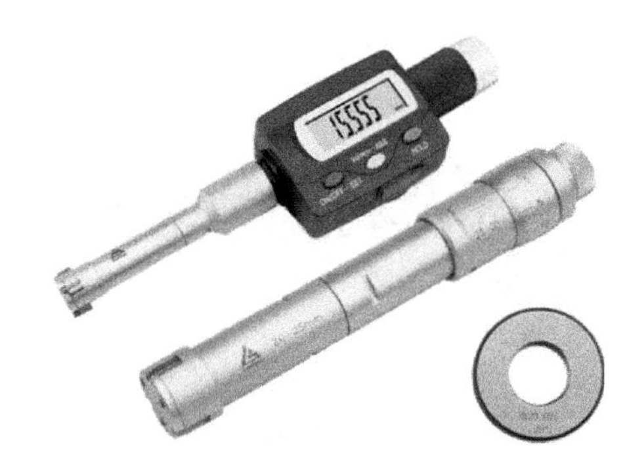

b) 三点式内测千分尺

图 1-19 内径千分尺

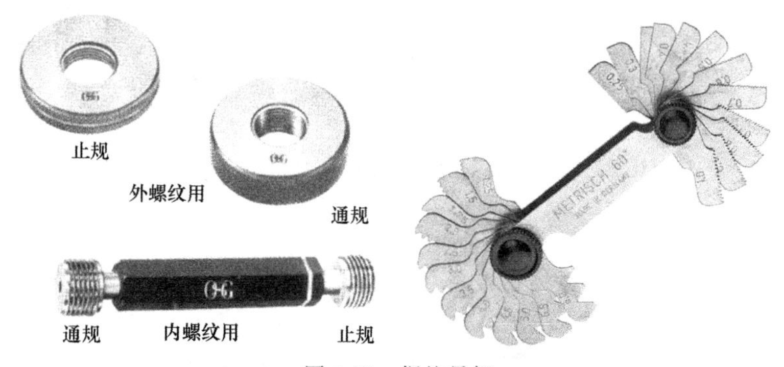

图 1-20 螺纹量规

8）半径样板：用于检测数控车削零件中凹、凸圆弧的精度。半径样板如图 1-23 所示。

9）万能角度尺：用于检测数控车削零件的内、外角度，可以检测零件 0°~320°的外角和零件 40°~130°的内角。万能角度尺如图 1-24 所示。

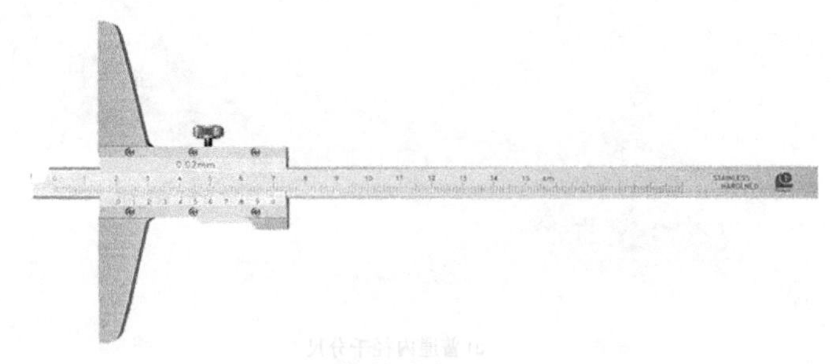

a) 普通深度卡尺

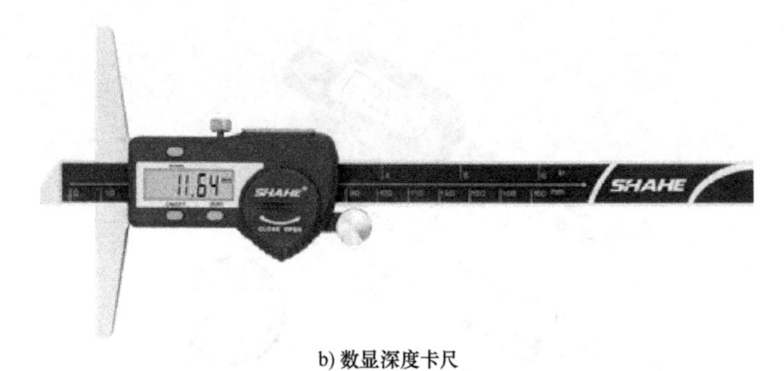

b) 数显深度卡尺

图 1-21　游标深度卡尺

图 1-22　内径百分表

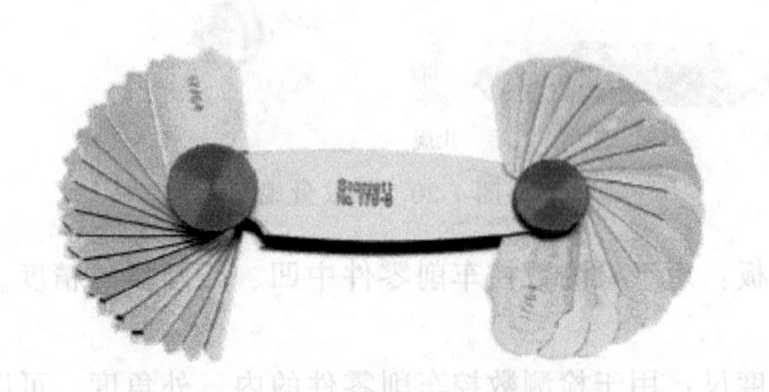

图 1-23　半径样板

图 1-24 万能角度尺

习题

1. 数控车床根据系统功能有哪些分类？主要适用于哪些场合？
2. 数控车床的机床坐标系和工件坐标系之间的关系是什么？
3. 试分析数控车床选择刀具时应结合哪些要素进行选取。
4. 量具对数控车削零件的意义是什么？

第2章 CAXA 数控车基础知识

CAXA 数控车 2016 具有强大的绘图功能，可以绘制任意复杂的图形；具有完善的外部数据接口，可通过 DXF、IGES 等数据接口与其他系统交换数据；具有轨迹生成功能，可按操作者的加工要求生成各种复杂形状的加工轨迹；具有通用后置处理功能，能满足多种数控系统机床的后置代码生成需求；具有多种仿真效果，可对生成的代码进行校验及加工仿真。

2.1 CAXA 数控车的安装与卸载

2.1.1 软件运行环境要求

CAXA 数控车对运行环境的适应性相对较好，为使软件具有较好的运行性能，推荐配置如下：Windows XP/win7/win8，英特尔的酷睿 i5 处理器，主频为 2.8GHz，2G 以上内存。

2.1.2 CAXA 数控车的安装

双击 CAXA 数控车的安装包即可出现安装界面，在自动完成安装配置后弹出如图 2-1 所示的 CAXA 数控车的安装提示界面，如果决定安装则单击【数控车

图 2-1　CAXA 数控车的安装提示界面

安装】按钮，否则单击【关闭】按钮。

单击【数控车安装】按钮，系统进入安装准备界面，约 1min 后出现 CAXA 数控车 2016 安装欢迎界面，如图 2-2 所示。

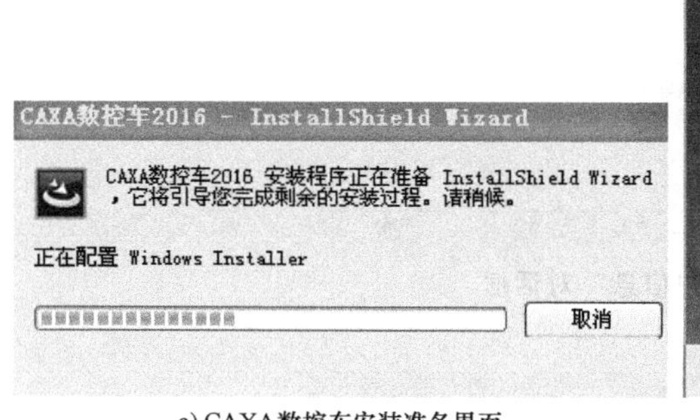

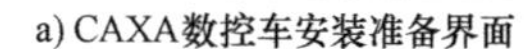

a) CAXA数控车安装准备界面

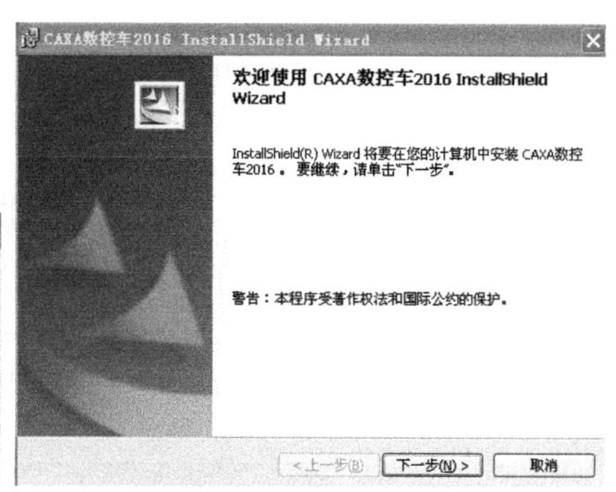

b) CAXA数控车安装欢迎界面

图 2-2 CAXA 数控车导航式安装界面

单击【下一步】按钮后，将弹出“许可证协议”对话框，如图 2-3 所示。用户根据实际情况选择是否接受协议，如果不接受协议，系统将会弹出退出安装的对话框，选择【我接受该许可证协议中的条款】选项，系统将继续进行安装。

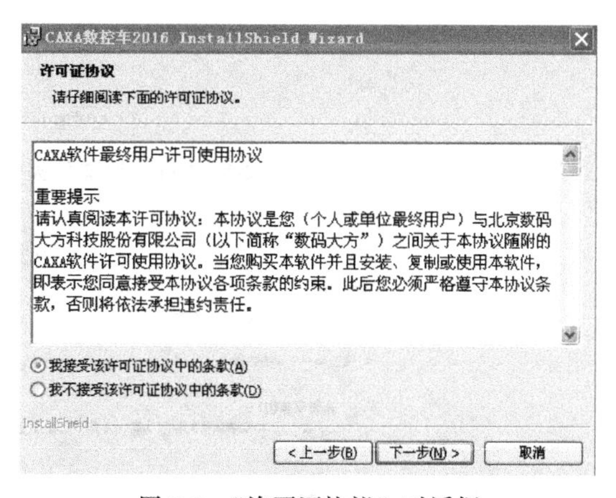

图 2-3 “许可证协议”对话框

继续单击【下一步】按钮后，系统将弹出“用户信息”对话框，如图 2-4 所示。用户根据实际情况对用户姓名、单位进行填写。软件安装序列号应根据软件开发公司提供的授权证书号进行填写。

继续单击【下一步】按钮，系统将弹出“目的地文件夹”对话框，如图 2-5 所示。默认将程序安装到“C:\CAXA\CAXALATHE8\”目录下，单击【下一步】按钮即可继续安装；如果用户希望安装到其他路经，可通过单击右侧的【更改】按钮指定一个安装路径，再单击【下一步】按钮继续安装即可。

随后将弹出“安装类型”对话框，如图 2-6 所示，用户根据实际所需，选择合适的安装类型，单击【下一步】按钮继续进行安装。

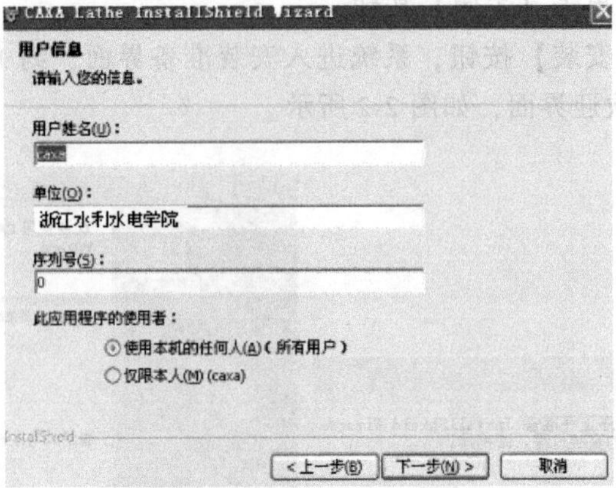

CAXA Lathe InstallShield Wizard
用户信息
请输入您的信息。
用户姓名(U)：
caxa
单位(O)：
浙江水利水电学院
序列号(S)：
0
此应用程序的使用者：
使用本机的任何人(A)（所有用户）
仅限本人(M) (caxa)
InstallShield
<上一步(B) 下一步(N)> 取消

图 2-4 “用户信息”对话框

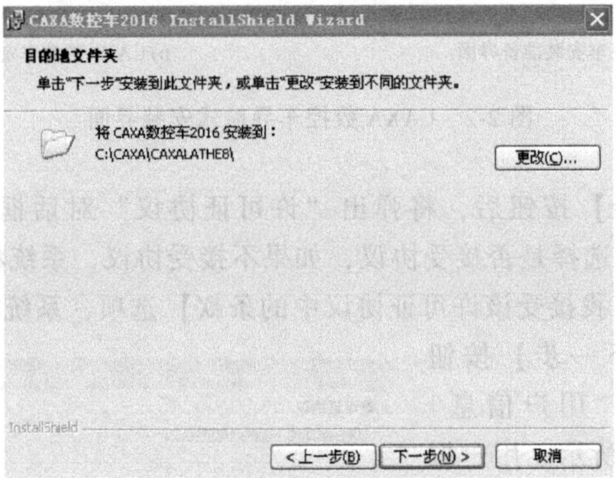

CAXA数控车2016 InstallShield Wizard
目的地文件夹
单击“下一步”安装到此文件夹，或单击“更改”安装到不同的文件夹。
将 CAXA数控车2016 安装到：
C:\CAXA\CAXALATHE8\
更改(C)...
InstallShield
<上一步(B) 下一步(N)> 取消

图 2-5 “目的地文件夹”对话框

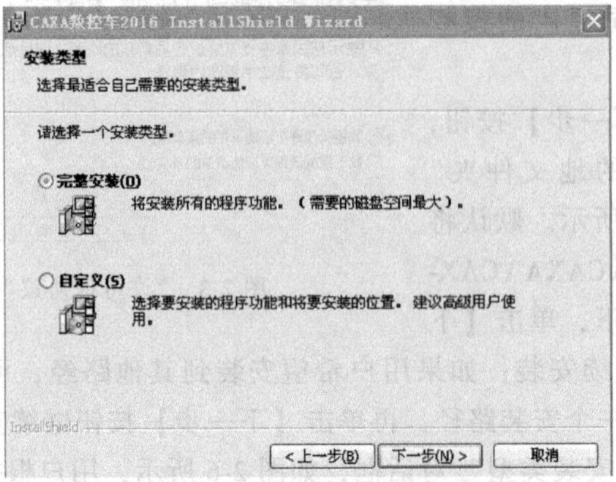

CAXA数控车2016 InstallShield Wizard
安装类型
选择最适合自己需要的安装类型。
请选择一个安装类型。
完整安装(O)
将安装所有的程序功能。（需要的磁盘空间最大）。
自定义(S)
选择要安装的程序功能和将要安装的位置。建议高级用户使用。
InstallShield
<上一步(B) 下一步(N)> 取消

图 2-6 “安装类型”对话框

经数秒后系统完成安装程序准备，用户单击【安装】按钮，系统将自动安装，经数分钟安装结束并显示相应对话框，如图 2-7 所示，单击【完成】按钮退出向导。此时桌面已生成该软件的快捷图标。

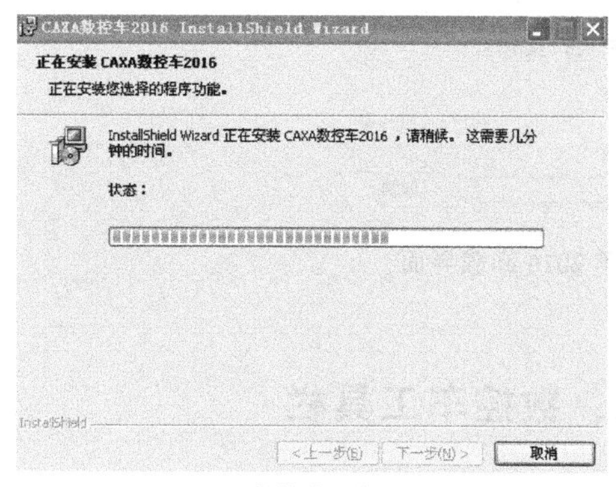

a) 安装过程对话框

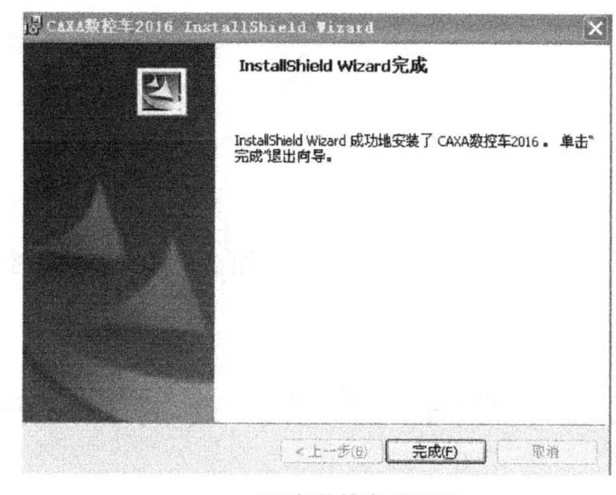

b) 安装结束对话框

图 2-7 CAXA 数控车安装结束的对话框

2.1.3 CAXA 数控车的运行与退出

1. CAXA 数控车的运行

软件安装成功后，需对软件进行试运行，通常运行 CAXA 数控车有三种方法。

1）软件安装完成后在 Windows 桌面会出现“CAXA 数控车”的图标，双击“CAXA 数控车”图标即可运行 CAXA 数控车。

2）单击桌面左下角的【开始】→【程序】→【CAXA】→【CAXA CAM 数控车 2016】即可运行 CAXA 数控车。

3）寻找 CAXA 数控车的安装目录，在“CAXALATHE \ bin \ ”目录下双击“LatheN. exe”文件即可运行 CAXA 数控车。

2. CAXA 数控车的退出

单击【文件】菜单中的【退出】选项或右上角的关闭按钮。如果系统当前文件没有存盘，则弹出软件退出确认对话框，如图 2-8 所示。系统提示用户是否需要存盘，用户根据对话框提示做出选择后，即退出系统。

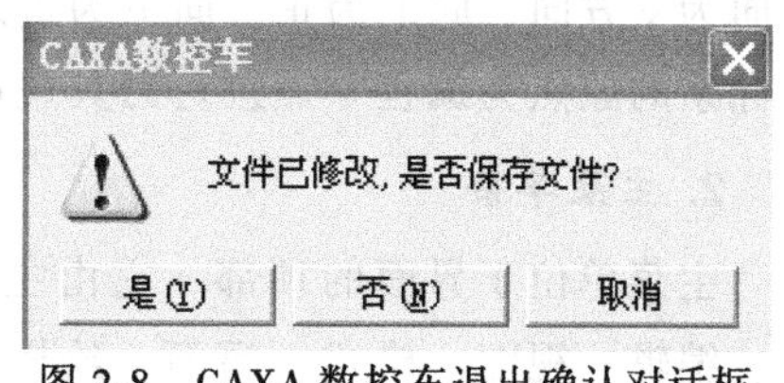

图 2-8 CAXA 数控车退出确认对话框

2.1.4 CAXA 数控车的卸载

单击桌面左下角的【开始】→【程序】→

【CAXA】→【CAXA CAM 数控车 2016】→【卸载数控车 2016】，再单击【确定】按钮，系统将自动开始卸载 CAXA 数控车 2016 软件，如图 2-9 所示。约数分钟后卸载成功，并删除桌面快捷图标。

图 2-9　CAXA 数控车 2016 卸载界面

2.2　绘图工具栏、编辑工具栏、数控车工具栏

CAXA 数控车 2016 是交互式的绘图及编程软件，其软件界面是人机对话的桥梁。CAXA 数控车的软件界面主要包括三个部分：菜单条、工具栏、状态栏，其中工具栏尤为重要。为了便于初学者对 CAXA 数控车 2016 软件快速入门并掌握二维图形绘制、刀具轨迹、G 代码生成等，本节将对常见的工具栏进行简单的介绍。

特别提醒，为便于提高效率，可以通过自定义快捷键调用常见操作按钮，该部分内容将在 2.3 节中进行讲解。

2.2.1　CAXA 数控车的界面布局

CAXA 数控车 2016 的界面主要由绘图区、主菜单条、立即菜单、状态栏、工具栏等组成，如图 2-10 所示。

1. 绘图区

绘图区是用户进行绘图设计的工作区域，如图 2-10 所示的空白区域。它位于屏幕的中心，并占据了屏幕的大部分面积，为操作者显示全图提供了足够的空间。在绘图区的中央设置了一个二维直角坐标系，该坐标系称为世界坐标系，坐标原点值（0.0000，0.0000），水平方向为 x 方向，向右为正，向左为负；垂直方向为 y 方向，向上为正，向下为负。该坐标原点即数控车床编程的零点。以该坐标系的原点为编程零点进行刀具轨迹生成及 G 代码生成。

2. 主菜单条

主菜单位于界面的顶部。它由主菜单条及其子菜单组成，主菜单条包括文件、编辑、视图、格式、幅面、绘图、标注、修改、工具、数控车和帮助等模

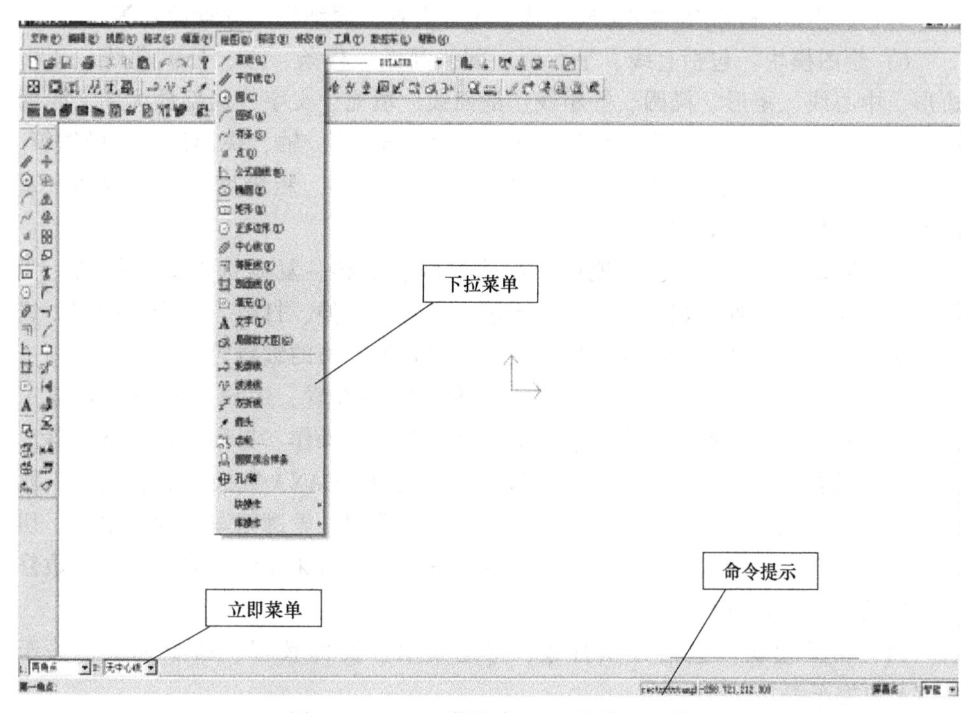

图 2-10　CAXA 数控车 2016 的界面布局

块，如图 2-11 所示。

无名文件 － CAXA数控车2016
文件(F) 编辑(E) 视图(V) 格式(S) 幅面(P) 绘图(D) 标注(N) 标注(N) 标注(N) 修改(M) 工具(T) 数控车(L) 通信(C) 帮助(H)

图 2-11　CAXA 数控车 2016 主菜单条

1）文件模块：主要对系统的文件进行管理，包括新文件、打开文件、在新窗口中打开文件、存储文件、另存文件、并入文件、部分存储、绘图输出、文件检索、DWG/DXF 批转换器、应用程序管理器、退出等。

2）编辑模块：主要对对象进行编辑，包括取消操作、重复操作、选择所有、图形剪切、复制、粘贴、选择性粘贴、插入对象、删除对象、链接、OLE 对象、对象属性和清除、清除所有字形识别等。

3）视图模块：视图控制的各项命令安排在【视图】菜单中，包括重画、重新生成、全部重新生成、显示窗口、显示平移、显示全部、显示复原、显示比例、显示回溯、显示向后、显示缩小、动态平移/缩放、全屏显示等。

4）格式模块：主要包括层控制、线型、颜色、文本风格、标注风格、剖面图案、点样式、样式控制等。

5）幅面模块：包括图幅设置、调入/定义/存储图框、调入/定义/存储/填写标题栏、生成/删除/编辑/交换序号、序号设置、明细栏、背景设置等。

6）绘图模块：包括直线、平行线、圆、圆弧、样条、点、公式曲线、正多边形、中心线、矩形、椭圆、等距线、剖面线、填充、文字、局部放大图、轮廓线、波浪线、双折线、箭头、齿轮、圆弧拟合样条、孔/轴、块操作、库操作等。

7）标注模块：包括尺寸/坐标/倒角/中心孔标注、粗糙度、引出说明、基准代号、形位公差、焊接/剖切符号等。

8）修改模块：主要包括删除、删除重线、平移、复制选择到、旋转、镜像、比例缩放、阵列、裁剪、过渡、齐边、打断、拉伸、打散、改变层/颜色/线型、标注修改、尺寸驱动、格式刷、文字查找替换、块的编辑等。

9）工具模块：包括三视图导航、查询、属性查看、用户坐标系、外部工具、捕捉点设置、拾取过滤设置、视图管理、自定义操作、界面操作、选项等。

10）数控车模块：数控车模块是最重要的模块，CAXA 数控车后置处理、轨迹生成等功能项都在其中。轨迹生成包括刀具库管理、轮廓粗车、轮廓精车、切槽、钻中心孔、车螺纹等；后置处理包括后置设置、机床设置代码生成、参数修改、轨迹仿真、查看代码等。

11）帮助模块：包括日积月累、帮助索引、实例教程、命令列表、关于 CAXA 数控车等。

3. 状态栏

CAXA 数控车提供了多种显示当前状态的功能：屏幕状态显示、操作信息提示、当前点设置及拾取状态显示等。

1）当前点坐标显示区：当前点的坐标值随光标的移动进行动态变化，显示区位于屏幕底部状态栏的中部。

2）操作信息提示区：提示当前命令执行情况或提醒用户输入，位于屏幕底部状态栏的左侧。

3）当前点状态提示：提示当前点的性质以及拾取方式，位于状态栏的右侧。

4）点捕捉状态设置区：在此区域内设置点的捕捉状态，主要有自由、智能、导航和栅格，位于状态栏的最右侧。

5）命令与数据输入区：用于由键盘输入命令或数据，位于状态栏左侧。

6）命令提示区：显示当前执行功能的键盘输入命令的提示，便于用户快速掌握数控车的键盘命令，位于命令与数据输入区与操作信息提示区之间。

4. 工具栏

在工具栏中，可以通过单击相应的功能按钮进行操作，系统默认工具栏包括标准工具栏、属性工具栏、常用工具栏、绘图工具栏、绘图工具Ⅱ栏、标注工具栏、图幅操作工具栏、设置工具栏、编辑工具栏。工具栏也可以根据用户的习惯和需求进行定义，如图 2-12 所示。工具栏对于 CAXA 数控车相当重要，下面将对绘图工具栏、编辑工具栏、数控车工具栏进行重点介绍。

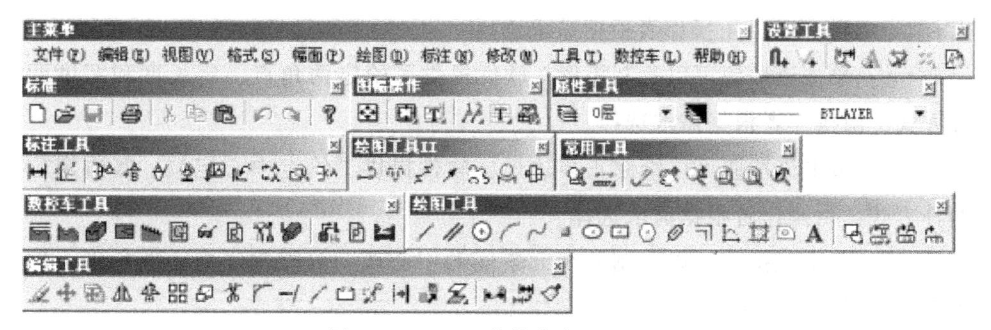

图 2-12 CAXA 数控车常见工具栏

2.2.2 绘图工具栏

在 CAXA 数控车编程时需对零件轮廓进行绘制，通常可以通过鼠标点击操作或键盘命令操作两种方式进行。本书以鼠标点击操作为主进行讲解。可以利用鼠标通过菜单栏中的下拉菜单进行操作或通过绘图工具栏进行相关操作。在绘制数控车零件轮廓前，操作者需要掌握绘图工具栏中每个按钮的含义及用途。绘图工具栏如图 2-13 所示。

图 2-13 CAXA 数控车绘图工具栏

绘图工具栏中各按钮的含义及用途如下：

：单击该按钮可以绘制直线段，软件提供了两点线、平行线、角度线、角等分线、切线/法线和等分线六种方式，由操作者根据需求选择。

：单击该按钮可以根据已知直线段绘制与其平行的直线段。

：单击该按钮可以绘制整圆，软件提供了圆心+半径、两点绘圆、三点绘圆、两点+半径四种方式，由操作者根据需求选择。

：单击该按钮可以绘制圆弧，软件提供了三点圆弧、圆心+起点+圆心角、两点+半径、圆心+半径+起终角、起点+终点+圆心角、起点+半径+起终角六种方式，由操作者根据需求选择。

：单击该按钮可以绘制样条曲线，软件提供了直接绘图、从文件读入两种方式，由操作者根据需求选择。

：单击该按钮可以绘制点，软件提供了孤立点、等长点、等弧长点三种方式，由操作者根据需求选择。

：单击该按钮可以绘制椭圆，软件提供了给定长短轴、轴上两点、中心点+起点三种方式，由操作者根据需求选择。

：单击该按钮可以绘制矩形，软件提供了给定两角点、定长度和宽度两种方式，由操作者根据需求选择。

：单击该按钮可以绘制正多边形，软件提供了给定中心定位、底边定位两种方式，由操作者根据需求选择。

：单击该按钮可以绘制两个元素间的中心线，只需输入中心线长度，即可自动生成相应的中心线。

：单击该按钮可以根据已知线段绘制与其等距偏置的线段，软件提供了单个拾取元素、链拾取元素两种方式，由操作者根据需求选择。

：单击该按钮可以绘制公式曲线，只需输入相应参数，即可自动生成相应的公式曲线，如椭圆、抛物线、阿基米德线等。

：单击该按钮可以绘制封闭轮廓面的剖面线，软件提供了拾取边界、拾取点两种方式，由操作者根据需求选择。

：单击该按钮可以绘制封闭轮廓面的填充，拾取相应封闭轮廓面后将自动生成填充。

A：单击该按钮可以绘制文字，软件提供了指定两点、搜索边界、拾取曲线三种方式，由操作者根据需求选择。

：单击该按钮可以对已知的元素生成块，便于操作者进行后期的调用。

：单击该按钮可以对软件中已制作的标准图进行提取，为操作者绘图提供便捷。

：单击该按钮可对软件中已制作的技术要求进行提取，为操作者绘图提供便捷。

：单击该按钮可对软件中已制作的构件库进行提取，为操作者绘图提供便捷。

2.2.3 编辑工具栏

对当前图形进行编辑修改，是交互式绘图软件不可缺少的基本功能。它对提高绘图速度及质量都具有至关重要的作用。CAXA 数控车提供了功能齐全、操作灵活方便的编辑修改功能。数控车的编辑修改功能包括曲线编辑和图形编辑两个方面，并分别安排在主菜单及绘制工具栏中。曲线编辑主要涉及有关曲线的常用编辑命令及操作方法，图形编辑则包括对图形编辑实施的各种操作。本书以通过鼠标点击操作编辑工具栏为例进行相关介绍。编辑工具栏如图 2-14 所示。

图 2-14　CAXA 数控车编辑工具栏

编辑工具栏中各按钮的含义及用途如下：

：单击该按钮可以将已知的元素拾取，单击右键即可对选中的元素进行删除。

：单击该按钮可以将已知的元素拾取，单击右键即可对选中的元素进行移动，软件提供了给定两点、给定偏距两种方式，由操作者根据需求选择。

：单击该按钮可以将已知的元素拾取，单击右键即可对选中的元素进行复制，软件提供了给定两点、给定偏距两种方式，由操作者根据需求选择。

：单击该按钮可以将已知的元素拾取，单击右键即可对选中的元素进行镜像处理，软件提供了给定两点、拾取轴线两种方式，由操作者根据需求选择。

：单击该按钮可以将已知的元素拾取，单击右键即可对选中的元素进行旋转处理，软件提供了旋转角度、起始终止点两种方式，由操作者根据需求选择。

：单击该按钮可以将已知的元素拾取，单击右键即可对选中的元素进行阵列处理，软件提供了圆形阵列、矩形阵列、曲线阵列三种方式，由操作者根据需求选择。

：单击该按钮可以将已知的元素拾取，单击右键即可对选中的元素进行比例缩放处理。

：单击该按钮可以将已知的相互交错的元素拾取，单击右键即可对选中的元素进行修剪处理，软件提供了快速裁剪、拾取边界、批量裁剪三种方式，由操作者根据需求选择。

：单击该按钮可以将已知的相互交错的元素拾取，单击右键即可对选中的元素进行倒圆、倒角处理，软件提供了倒圆、多倒圆、倒角、外倒角、内倒角、多倒角、尖角七种方式，由操作者根据需求选择。

：单击该按钮可以将已知的多个相互交错的元素拾取，根据提示即可对选中的元素进行齐边处理。

：单击该按钮可以将已知的元素拾取，即可对选中的元素进行拉伸处理，

软件提供了单个拾取、窗口拾取两种方式，由操作者根据需求选择。

：单击该按钮可以将已知的元素拾取，即可对选中的元素进行打断处理，将已有的元素分解成几段。

：单击该按钮可以将已知的元素拾取，单击右键即可对选中的元素进行打散处理，如标注、块等，通过该处理可以将整体元素分散成独立的元素。

：单击该按钮可以将已知的元素拾取，单击右键即可对选中的元素进行改变线型处理，结合操作者的需求选择新的类型即可。

：单击该按钮可以将已知的元素拾取，单击右键即可对选中的元素进行改变颜色处理，结合操作者的需求选择新的颜色即可。

：单击该按钮可以将已知的元素拾取，单击右键即可对选中的元素进行移动层处理。

：单击该按钮可以将已知的尺寸标注拾取，根据弹出的对话框进行数据处理即可。

：单击该按钮可以将已知的尺寸标注拾取，进行尺寸驱动处理。

：单击该按钮可以进行格式刷处理，拾取作为目标格式的元素，再单击需改变的已知元素即可。

2.2.4 数控车工具栏

将零件轮廓绘制完成后，需要得到数控机床的G代码指令。可以通过数控车工具栏进行相关车削参数的设置，并生成相应的加工轨迹路线，结合所需加工设备的要求转换成对应的G代码指令。数控车削的设置是否合理，直接影响加工精度和产品质量。操作者在生成轨迹、转换G代码前，需对数控车工具栏的各按钮进行充分认识和理解。本书以通过鼠标点击操作数控车工具栏为例进行相关介绍。数控车工具栏如图2-15所示。

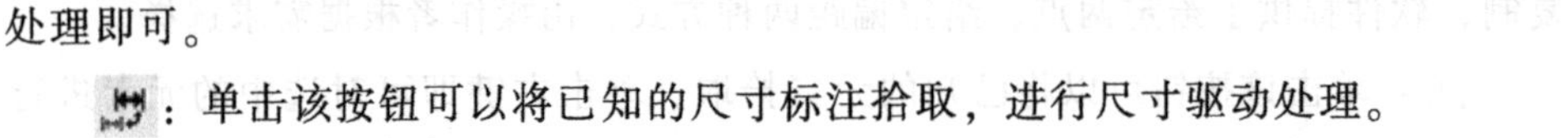

图2-15　CAXA数控车工具栏

数控车工具栏中各按钮的含义及用途如下：

：单击该按钮可以进行数控车粗加工参数设置，生成相应的轨迹路线。

：单击该按钮可以进行数控车精加工参数设置，生成相应的轨迹路线。

：单击该按钮可以进行数控车切槽加工参数设置，生成相应的轨迹路线。

：单击该按钮可以进行数控车钻孔加工参数设置，生成相应的轨迹路线。使用该功能时，需要对数控车床的钻孔装备进行优化。

：单击该按钮可以进行数控车螺纹加工参数设置，生成相应的轨迹路线。

：单击该按钮可以进行数控车螺纹加工参数设置，生成相应的轨迹路线。

：单击该按钮可以进行数控车螺纹加工参数设置，生成相应的轨迹路线。

：单击该按钮可以进行数控车等截面粗加工参数设置，生成相应的轨迹路线。

：单击该按钮可以进行数控车等截面精加工参数设置，生成相应的轨迹路线。

：单击该按钮可以进行数控车径向 G01 钻孔加工参数设置，生成相应的轨迹路线。

：单击该按钮可以进行数控车端面 G01 钻孔加工参数设置，生成相应的轨迹路线。

：单击该按钮可以进行数控车埋入式键槽加工参数设置，生成相应的轨迹路线。

：单击该按钮可以进行数控车开放式键槽加工参数设置，生成相应的轨迹路线。

：单击该按钮可以进行数控车后置处理设置，生成相应的 G 代码。

：单击该按钮可以查看代码，选择已生成的 .CUT 文件即可查看程序代码。

：单击该按钮可以进行代码反读，选择相关代码后可生成相应的轨迹路线。

：单击该按钮可以查看已有轨迹路线的相关参数设置。

：单击该按钮可以查看已有轨迹路线的仿真模拟，软件提供了动态、静态、二维实体三种方式的仿真模拟，让操作者根据需求选择查看。

：单击该按钮可以结合软件提供的刀具库轨迹路线对刀具进行管理和优化。

：单击该按钮可以对后置处理进行设置，对轨迹路线的 G 代码进行优化和完善。

：单击该按钮可以对机床类型进行设置，对轨迹路线的 G 代码进行优化和完善。

：单击该按钮可以对刀具轨迹路线进行管理，以便程序的优化和完善。

2.2.5 CAXA 数控车常用键的基本操作

1. 鼠标键

（1）鼠标左键

鼠标左键可以用来激活菜单、确定位置点、拾取元素等。

例如，要运行绘制直线功能，要先把光标移动到“直线”按钮上，然后单击鼠标左键，激活绘制直线功能，此时，在命令提示区出现下一步操作的提示“输入起点:”，再把光标移动到绘图区内，单击鼠标左键，输入一个位置点，再根据提示输入第二个位置点，就生成了一条直线。

（2）鼠标右键

鼠标右键用来确认拾取、结束操作、终止命令等。

例如，在删除集合元素时，当拾取完毕要删除的元素后，单击鼠标右键就可以结束拾取，被拾取的元素就被删除了；在生成样条曲线的功能中，当顺序输入一系列点完毕后，单击鼠标右键就可以结束输入点的操作，样条曲线就生成了。

（3）鼠标中键

通过鼠标中键的滚动可以实现绘图区元素的缩放操作，便于细节的拾取及编辑等。

2. 回车键和数值键

在 CAXA 数控车中，在系统要求输入点时，通过回车键〈ENTER〉和数值键可以激活一个坐标输入条，在输入条中可以输入坐标值。如果坐标值以“@”开始，表示相对于前一个输入点的相对坐标。在某些情况下也可以输入字符串，如角度线的绘制可用“@30<45”，其中“30”表示角度线距离，“45”表示所绘线段与 X 轴正方向的夹角为 45°。

2.3 加工前的基本设置

2.3.1 颜色设置

CAXA 数控车提供了较为丰富的颜色选项，操作者可以针对自己的视觉感知进行设置，通常会将绘图区设为白底界面，便于绘图及截屏打印等。单击 CAXA 数控车主菜单中的【工具】→【选项】即可弹出 CAXA 数控车的“颜色设置”选项卡，图 2-16a 所示为系统的默认设置。如需重新设置相关颜色，单击相关区域的小三角形，在下拉列表框中选择所需的颜色，最后单击【确定】按钮即可实现设置，设置后的界面如图 2-16b 所示。如需恢复系统默认的颜色设置，单击该界面中的【恢复缺省颜色】即可。

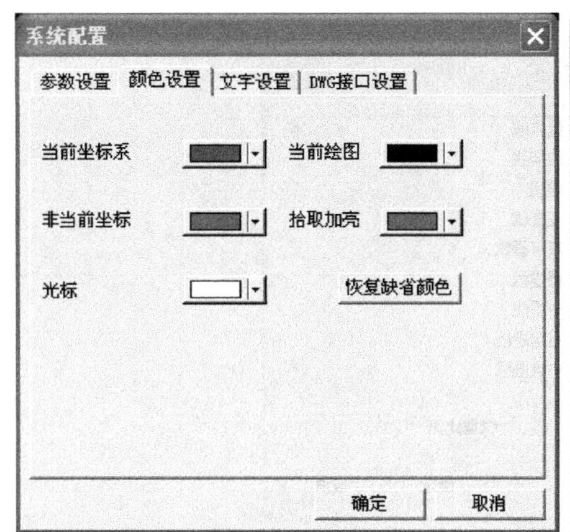

a) 系统默认设置

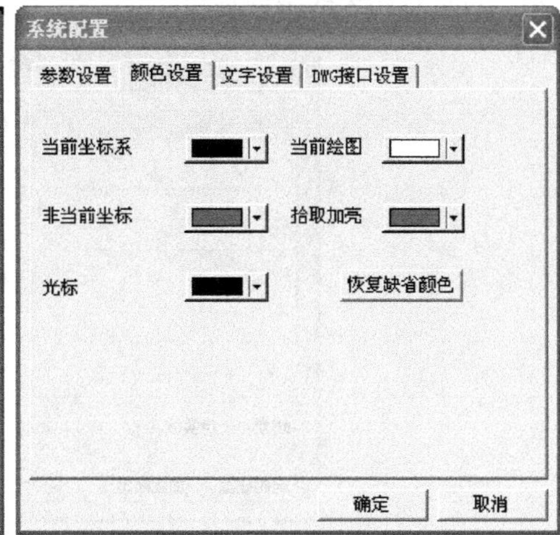

b) 修改后界面

图 2-16 “颜色设置”选项卡

2.3.2 图层设置

图层是 CAXA 数控车非常重要的管理方式，可以利用图层对指定的元素进行分层管理，相同图层元素具有相同的属性，更改起来非常便捷。可以通过“层控制”对话框对图层进行设置，如图 2-17 所示。

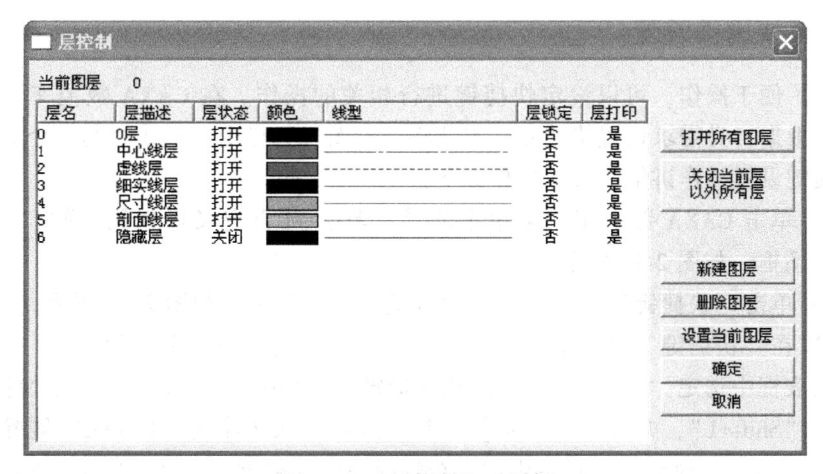

图 2-17 “层控制”对话框

1）双击“层名”可以对图层的名称进行修改。

2）双击“层描述”可以对图层进行备注和定义。

3）单击“颜色”可以对相应线型的颜色进行设置。

4）单击“线型”的相关内容，会弹出“设置线型”对话框，如图2-18所示，可进行相关线型的选择。

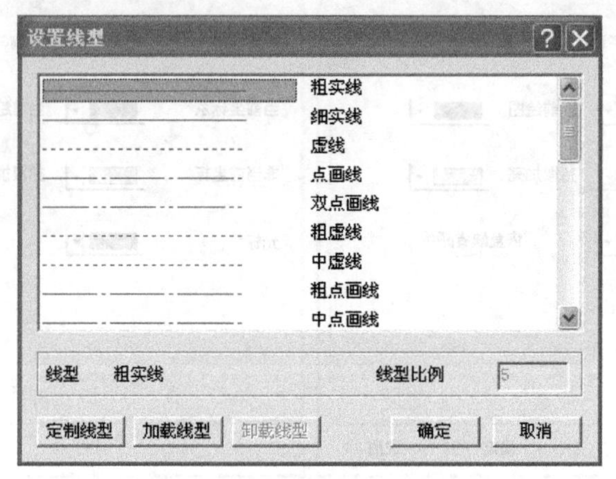

图2-18 “设置线型”对话框

5）单击“层锁定”，可对相关图层进行锁定，被锁定的图形不可进行编辑、删除等操作。

6）单击“层打印”，可对相关图层的打印输出进行设置。如“层打印”设定为“否”，则该图层的内容可在软件中显示，但打印时不输出。

7）单击【新建图层】可以新建一个图层，用于绘图、辅助标示等。

8）单击【删除图层】可以删除现有的图层。

2.3.3 快捷键设置

为了便于操作，可以设定快捷键进行相关的操作。在CAXA数控车中，操作者可根据自身需求设置快捷键。本节将以绘图工具栏中的直线绘制命令为例进行快捷键设置操作讲解，具体操作如下：

1）单击CAXA数控车主菜单中的【工具】→【自定义操作】，弹出“自定义”对话框，如图2-19所示。

2）单击“快捷键”标签，弹出“快捷键”选项卡，如图2-20所示。

3）在“快捷键”选项卡中的“类别”下拉列表框中选定“绘图”，在“命令”列表框中选定“直线”，显示默认快捷键为“Ctrl+L”，在“请按新快捷键”中输入“Shift+L”，并单击【指定】按钮，且将默认快捷键“Ctrl+L”删除，如图2-21所示。此时绘图工具栏中的直线快捷命令已被重新定义，即按〈Shift+L〉

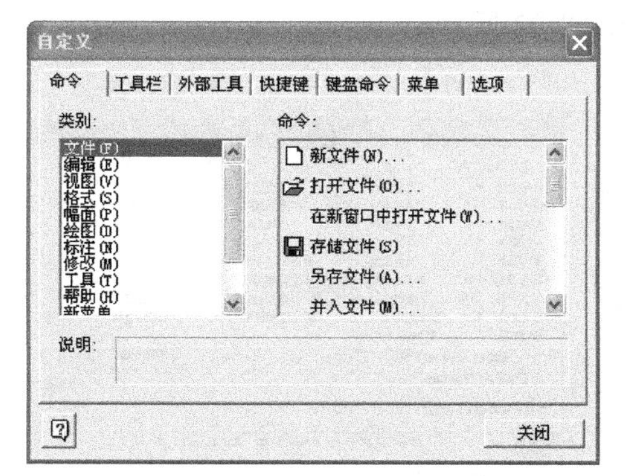

图 2-19　“自定义”对话框

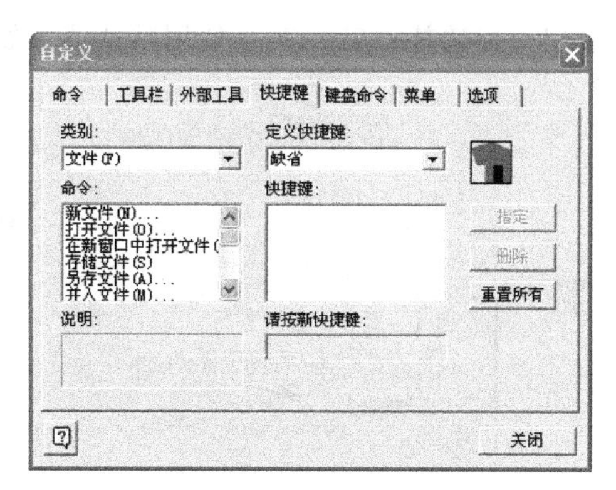

图 2-20　“快捷键”选项卡

键为直线命令快捷键。

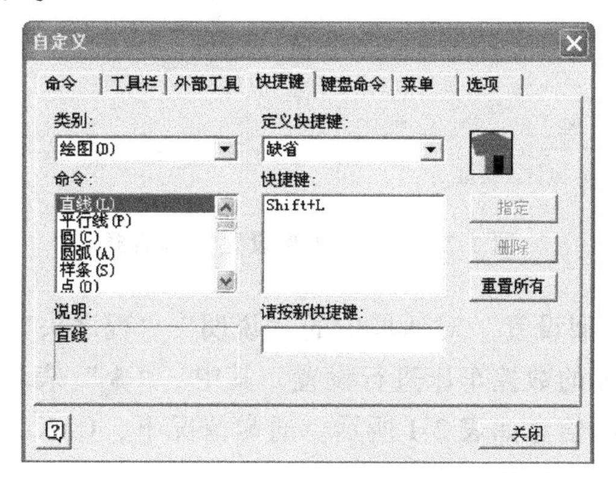

图 2-21　快捷键的设置

提示：对已经定义的快捷键进行第二次定义时，会有冲突提示，这时建议更换快捷键。

2.4　机床设置和后置设置

2.4.1　CAXA 数控车机床设置

CAXA 数控车软件中的机床设置具有非常重要的意义和作用，只有机床设置合理，才能使软件生成正确的 G 代码，否则生成的程序将无法被数控车床识别，可能会出现报警，甚至会导致机床发生撞机事故，造成机床故障。CAXA 数控车机床设置如下：

1）单击数控车工具栏中的机床类型设置按钮，将螺纹节距“K”改为“F”，螺纹切削“G33”改为“G32”，刀具号和补偿号输出位数“3”改为

"2"，勾选补"0"，其余使用默认值，如图 2-22 所示。

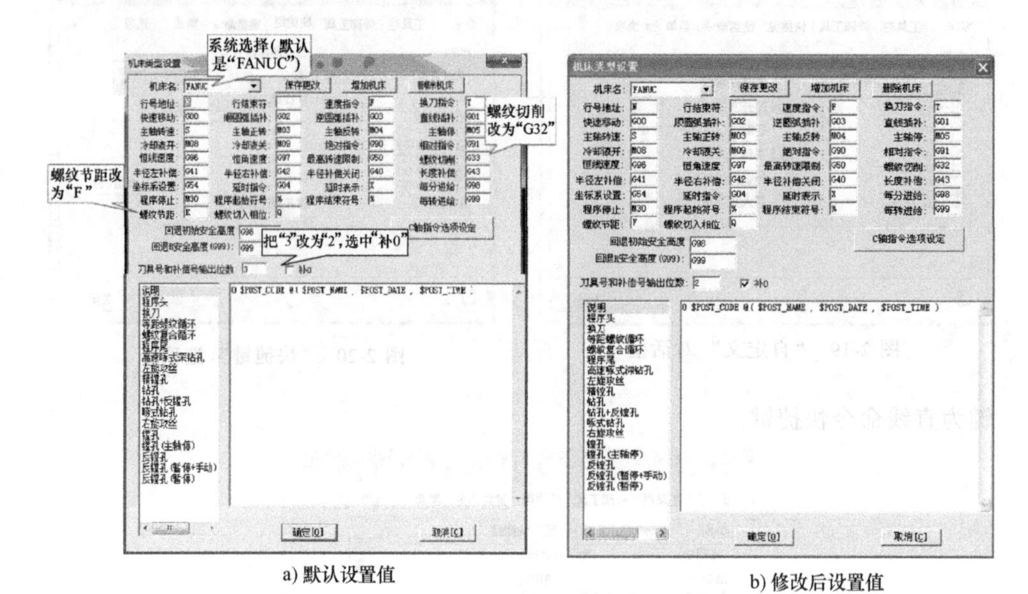

a) 默认设置值

b) 修改后设置值

图 2-22 "机床类型设置"对话框

2）对"机床类型设置"对话框中的"说明""程序头""换刀"等进行设置，具体值根据实际的数控车床进行设置。其中，"$"表示取地址，"@"表示换行，相关设置的信息如表 2-1 所示。通常情况下，CAXA 数控车机床设置值如表 2-2 所示。

表 2-1 CAXA 数控车机床相关设置含义

序号	所在位置	代　码	含　义
1	程序头	$CHANGE_TOOL	换刀"T"
2		$TOOL_NO	刀具号生效
3		$COMP_NO	刀偏号生效
4		@ $SPN_CW	M03，主轴正转
5		$SPN_F	S 指令
6		$CONST_VC	转速，实际转速
7		@ $COOL_ON	M08，冷却开
8	换刀	$CHANGE_TOOL	换刀"T"
9		$TOOL_NO	刀具号生效
10		$COMP_NO	刀偏号生效
11		@ $SPN_CW	M03，主轴正转

（续）

序号	所在位置	代　码	含　义
12	换刀	$SPN_F	S 指令
13		$CONST_VC	转速，实际转速
14	程序尾	$COOL_OFF	M09，冷却关
15		@ $PRO_STOP	M30，程序结束

表 2-2　CAXA 数控车机床常规设置值

项目	默认设置值	更改设置值
说明	O $POST_CODE @ ($POST_NAME, $POST_DATE, $POST_TIME)	O1234
程序头	$G50 $ $SPN_F $MAX_SPN_SPEED @ G00 $ $IF_CONST_VC $ $SPN_F $CONST_VC $ $CHANGE_TOOL $TOOL_NO $COMP_NO@ $SPN_CW@ $COOL_ON	$CHANGE_TOOL $TOOL_NO $COMP_NO @ $SPN_CW $SPN_F $CONST_VC@ $COOL_ON
换刀	M01@ $G50 $ $SPN_F $MAX_SPN_SPEED @ G00 $ $IF_CONST_VC $ $SPN_F $CONST_VC $ $CHANGE_TOOL $TOOL_NO $COMP_NO@ $SPN_CW@ $COOL_ON	$CHANGE_TOOL $TOOL_NO $COMP_NO @ $SPN_CW $SPN_F $CONST_VC
程序尾	$COOL_OFF@ $PRO_STOP	$COOL_OFF@ $PRO_STOP

2.4.2　CAXA 数控车后置处理设置

CAXA 数控车后置处理设置是生成 G 代码的关键所在，系统默认机床名是“FANUC”，将圆弧控制码改为“圆弧坐标”，R 的含义改为“圆弧>180 度时用 I，J，K 表示”，选中“圆弧圆心 X 分量表示直径”，其余使用默认值，单击【确认】即可。更改后的 CAXA 数控车“后置处理设置”对话框如图 2-23 所示。

2.4.3　CAXA 数控车通信设置

G 代码生成后，需将程序传输至数控机床上，通常用两种方式进行传输：CF 卡传输和 RS232 接口传输。当选用 RS232 接口传输时，需对机床的通信和 CAXA 数控车的通信进行设置，否则程序无法传输至数控机床上。CAXA 数控车通信设置步骤如下所述。

单击 CAXA 数控车软件主菜单中的【通信】→【设置】，弹出“参数设置”对话框，对话框中的“波特率”“数据口”“发送前等待 XON 信号”等参数结合所使用的数控机床进行设置即可，设置后的参数如图 2-24 所示。

提示： 只有 CAXA 数控车软件和数控车床的波特率等参数设置一致时，方可进行程序传输，否则将无法利用 RS232 接口实现程序传输功能。

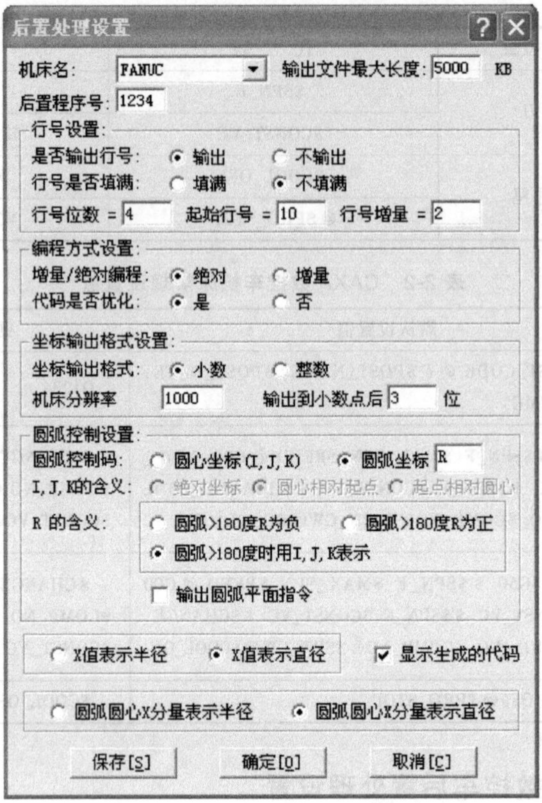

后置处理设置

机床名: FANUC　输出文件最大长度: 5000 KB

后置程序号: 1234

行号设置:

是否输出行号: ⊙ 输出　○ 不输出

行号是否填满: ○ 填满　⊙ 不填满

行号位数 = 4　起始行号 = 10　行号增量 = 2

编程方式设置:

增量/绝对编程: ⊙ 绝对　○ 增量

代码是否优化: ⊙ 是　○ 否

坐标输出格式设置:

坐标输出格式: ⊙ 小数　○ 整数

机床分辨率 1000　输出到小数点后 3 位

圆弧控制设置:

圆弧控制码: ○ 圆心坐标(I, J, K)　⊙ 圆弧坐标 R

I, J, K的含义: ○ 绝对坐标　⊙ 圆心相对起点　○ 起点相对圆心

R 的含义: ○ 圆弧>180度R为负　○ 圆弧>180度R为正

⊙ 圆弧>180度时用I, J, K表示

☐ 输出圆弧平面指令

○ X值表示半径　⊙ X值表示直径　☑ 显示生成的代码

○ 圆弧圆心X分量表示半径　⊙ 圆弧圆心X分量表示直径

保存[S]　确定[O]　取消[C]

图 2-23 “后置处理设置”对话框

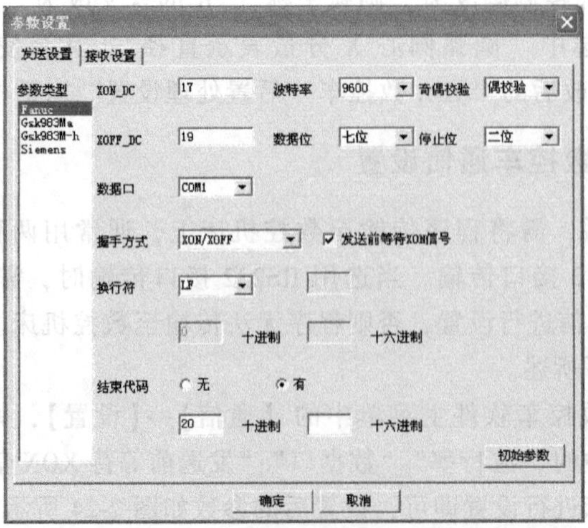

参数设置

发送设置 | 接收设置

参数类型: Fanuc, Gsk983Ma, Gsk983M-h, Siemens

XON_DC 17　波特率 9600　奇偶校验 偶校验

XOFF_DC 19　数据位 七位　停止位 二位

数据口 COM1

握手方式 XON/XOFF　☑ 发送前等待XON信号

换行符 LF

0 十进制　十六进制

结束代码 ○ 无　⊙ 有

20 十进制　十六进制

初始参数

确定　取消

图 2-24 “参数设置”对话框

习题

1. 结合 CAXA 数控车 2016 的界面，简述界面各组成部分的含义？

2. CAXA 数控车自定义设置快捷键的具体步骤是什么？

3. 简述要对 CAXA 数控车进行机床设置的原因是什么？并举例说明一种典型数控系统机床的设置要素。

4. 试分析 CAXA 数控车的程序如何传输至数控车床中，并简述几种不同传输方式的优、缺点。

CAXA 数控车轮廓造型及编辑

CAXA 数控车为用户提供了完备的绘图功能，主要可绘制点、线、圆弧、样条曲线、公式曲线等，除绘图功能外，CAXA 数控车还提供了便捷的图形编辑功能，主要有拉伸、删除、裁剪、曲线过渡、曲线打断等编辑功能。灵活应用 CAXA 数控车的绘图功能、图形编辑功能可以绘制出较为复杂的零件轮廓。

在 CAXA 数控车的应用上，可选择鼠标点击操作和键盘输入命令操作两种方式。必要时，可以将两种方式结合起来应用。绘图功能的菜单如图 3-1a 所示，

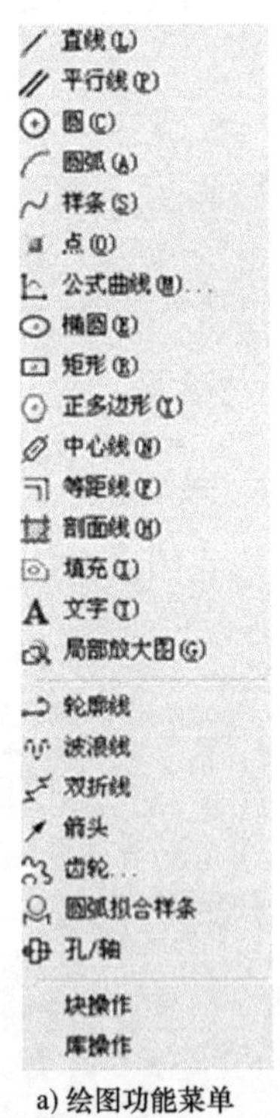

a) 绘图功能菜单

b) 绘图功能快捷按钮(绘图工具栏)

图 3-1　CAXA 数控车绘图功能菜单及按钮

快捷按钮如图 3-1b 所示。通过鼠标操作时，单击菜单选项或菜单选项对应的按钮，作用完全相同，为了表述方便，本文将以单击快捷按钮为例进行介绍。

图形绘制出来后，通常还需要借助图形编辑功能进行优化和完善，以使图像轮廓更加合理。图形编辑功能可选择鼠标点击操作和键盘输入命令操作两种方式实现。图形编辑功能的菜单如图 3-2a 所示，快捷按钮如图 3-2b 所示。通过鼠标操作时，单击菜单选项和菜单选项对应的按钮，作用完全相同。为了表述方便，本文将以单击快捷按钮为例进行介绍。

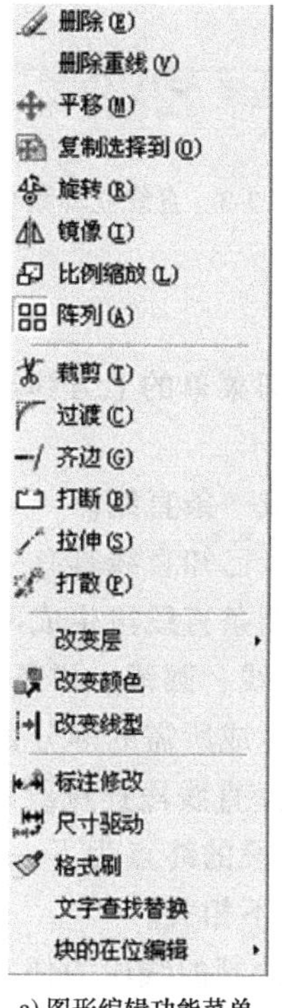

a) 图形编辑功能菜单

b) 图形编辑功能快捷按钮(编辑工具栏)

图 3-2 CAXA 数控车图形编辑功能菜单及按钮

3.1 简单要素的绘制

常见的数控车零件主要以直线段构造而成，如直线段、角度线、任意倒角线等。

3.1.1　直线的绘制与编辑

单击绘图工具栏上的直线按钮，即可激活直线绘制功能。通过在左下角的立即菜单中选择两点线、角度线、角等分线、切线/法线、等分线五种方式中的一种，即可生成所需的直线。直线立即菜单如图 3-3 所示。

图 3-3　直线立即菜单

1. 直线的基本绘制方法

单击立即菜单【1:】，在立即菜单的上方弹出一个直线类型的列表框。操作者可根据实际需求进行选择。

1）两点线：通过两个点生成一条直线。

2）角度线：生成与坐标轴、已知直线具有一定角度的直线。

3）角度分线：根据已知的两条直线段生成两条直线段的角度分线。

4）切线/法线：根据已知直线、圆弧、样条曲线生成相切或垂直的直线段。

5）等分线：根据已知直线生成所需的等分直线。

单击立即菜单【2:】，可选择直线段连续绘制或单段绘制。【连续】表示每段直线段相互连接，前一段直线段的终点为下一段直线段的起点。【单个】表示每次绘制的直线段相互独立，互不相关。

单击立即菜单【3:】，限制绘制的线段为任意角度线段或平行于坐标轴的线段。【正交】表示所绘制的直线为正交线段，即与坐标轴平行的线段。【非正交】表示所绘制的直线为任意角度线段，由光标进行角度控制。

根据立即菜单的设定条件和要求，用光标拾取两点或利用键盘输入两个点的坐标/距离，则一条直线被绘制出来。

提示：这里的直线绘制是以两点线为例，其他类型的直线绘制中立即菜单略有变化，根据实际情况进行选取即可。

直线生成方式如表 3-1 所示。

单击绘图工具栏上的平行线按钮，即可激活平行线绘制功能。通过左下角的立即菜单选择两点方式、偏移方式两种方式中的一种，即可生成所需的平行线。平行线的生成方式如表 3-2 所示。

表 3-1 直线生成方式

直线生成的方式		立即菜单	实例	说明
两点线	单个	1:两点线 2:单个 3:非正交	单　连续	可以利用该功能实现任意直线段的绘制
	连续	1:两点线 2:连续 3:非正交		
角度线	X 轴夹角	1:角度线 2:X轴夹角 3:到点	X轴夹角　Y轴夹角	可以利用该功能实现具有一定角度直线段的绘制
	Y 轴夹角	1:角度线 2:Y轴夹角 3:到点		
	直线夹角	1:角度线 2:直线夹角 3:到点		
角等分线	份数	1:角等分线 2:份数=2 3:长度=100	角等分线	可根据现有的线段,自动绘制出角平分线
切线/法线	切线	1:切线/法线 2:切线 3:非对称	法线　切线	可根据现有的线段,绘制出该线段的法线(垂直)或切线(平行)
	法线	1:切线/法线 2:法线 3:非对称		
等分线	等分量	1:等分线 2:等分量 2	等分线	可根据现有两条线段,绘制出其等分线

表 3-2 平行线生成方式

平行线生成的方式	立即菜单	实例	说　明
两点方式	1:两点方式 2:点方式 3:到点	偏移后　基准线	可以利用该功能生成现有线段的平行线
偏移方式	1:偏移方式 2:单向		

2. 典型直线段的绘制及编辑

直线是数控车图形的基本要素，要实现快捷的、正确的直线绘制，关键在对直线绘图功能的灵活应用、对拾取点的把握、对图形编辑功能的熟练掌握。本节将结合一个多边形图形的案例进行综合操作讲解，展示直线段的绘图功能，以达到举一反三的目的。多边形平面图形如图 3-4 所示。

1）单击 CAXA 数控车 2016 桌面快捷图标，打开软件。

2）建立文件存储路径。单击保存按钮，弹出存储路径对话框，选取存储路径后单击【确定】即可。本例路径为“E:\2018-2019-2\CAXA 书籍\CAXA

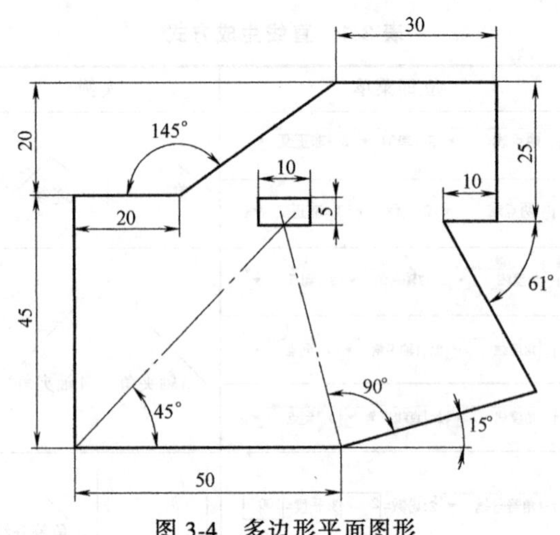

图 3-4 多边形平面图形

数控车书籍\ 直线命令范例”，如图 3-5 所示。

E:\2018-2019-2\CAXA书籍\CAXA数控车书籍\直线命令范例.lxe - CAXA数控车2016

图 3-5 本例存储路径

3）单击绘图工具栏中的直线按钮，单击立即菜单中的【1：两点线】、【2：连续】、【3：正交】、【4：长度方式】、【5：长度＝50】，如图 3-6 所示。在绘图区任意选择一点作为直线段的一个端点，为便于绘制，直线方向为自右向左，绘制多边形的 50mm 底边。

1: 两点线 2: 连续 3: 正交 4: 长度方式 5: 长度= 50

图 3-6 直线立即菜单（1）

4）沿用上一步的命令，将长度更改为“45”即可，如图 3-7 所示，直线方向为自下向上，绘制多边形的 45mm 左侧边。

1: 两点线 2: 连续 3: 正交 4: 长度方式 5: 长度= 45

图 3-7 直线立即菜单（2）

5）沿用上一步的命令，将长度更改为“20”即可，如图 3-8 所示，直线方向为自左向右绘制多边形的 20mm 顶边。此时绘制的图形如图 3-9 所示。

图 3-8 直线立即菜单（3）

6）根据多边形平面图形可知，下一条直线段为斜线，且未告知该线段长度，因此绘制的这条线段，需进行后期修剪。单击立即菜单中的【1：角度线】、【2：X 轴夹角】、【3：到点】、【4：度=35】、【5：分=0】、【6：秒=0】，如图 3-10 所示。由于该斜线长度在图形中未注明，先定义为 30mm。利用键盘输入“30”，按回车键确认即可出现图 3-11 所示图形，斜线段 *AB* 绘制完成。

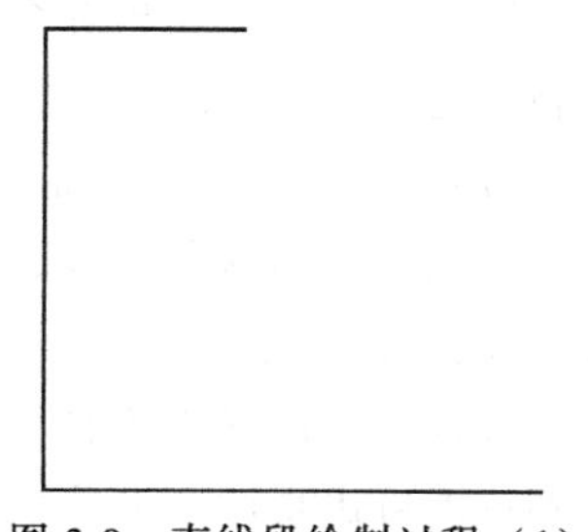
图 3-9 直线段绘制过程（1）

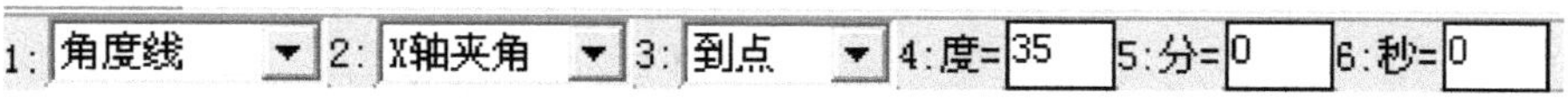

1: 角度线 ▼ 2: X轴夹角 ▼ 3: 到点 ▼ 4:度= 35 5:分= 0 6:秒= 0

图 3-10 直线立即菜单（4）

7）单击绘图工具栏中的平行线按钮，单击立即菜单中的【1：偏移方式】、【2：单向】，如图 3-12 所示，根据提示框的提示，拾取 50mm 的底边，提示框提示“输入距离”。先用光标确定平行线的方向，再通过键盘输入“50”后按回车键即可，绘制的平行线 *CD* 如图 3-13 所示。

8）通过平行线 *CD* 辅助求出 *AB* 和 *CD* 的交点，单击绘图工具栏中的直线按钮，单击立即菜单中的【1：两点线】、【2：连续】、【3：正交】、【4：长度方式】、【5：长度=30】，选取 *AB* 和 *CD* 的交点为直线段起点，直线方向为自左向右，绘制多边形的 30mm 顶边。

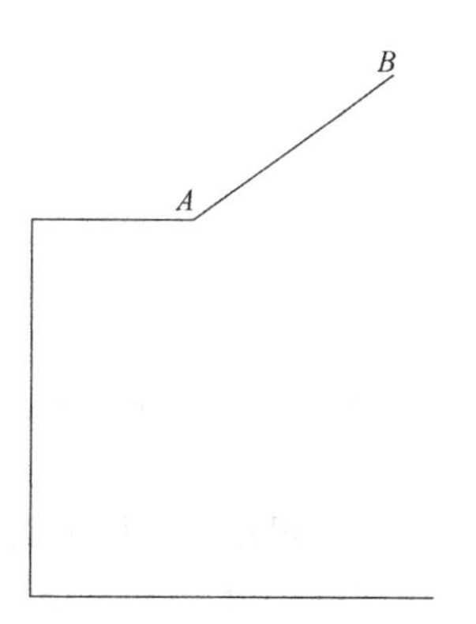

图 3-11 直线段绘制过程（2）

图 3-12 平行线立即菜单（1）

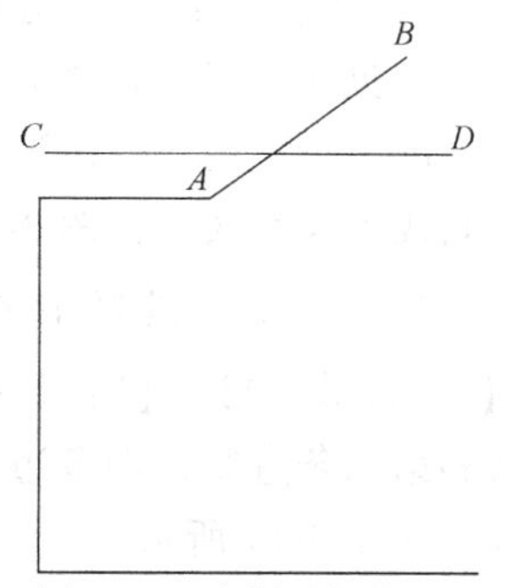

图 3-13 绘制平行线 *CD*

9）沿用上一步的命令，将长度更改为“25”即可，直线方向为自上向下，绘制多边形的 25mm 右侧边。

10）沿用上一步的命令，将长度更改为“10”即可，直线方向为自右向左，绘制多边形的10mm直线段。此时绘制的多边形如图3-14所示。

11）根据多边形平面图形可知，下一条直线段为斜线，且未告知该线段长度，因此绘制的这条线段，需进行后期修剪。单击立即菜单中的【1：角度线】、【2：X轴夹角】、【3：到点】、【4：度=-61】、【5：分=0】、【6：秒=0】。由于该斜线长度在图形中未注明，先定义其为30mm。利用键盘输入“30”，按回车键确认即可出现图3-15所示图形，斜线段*EF*绘制完成。

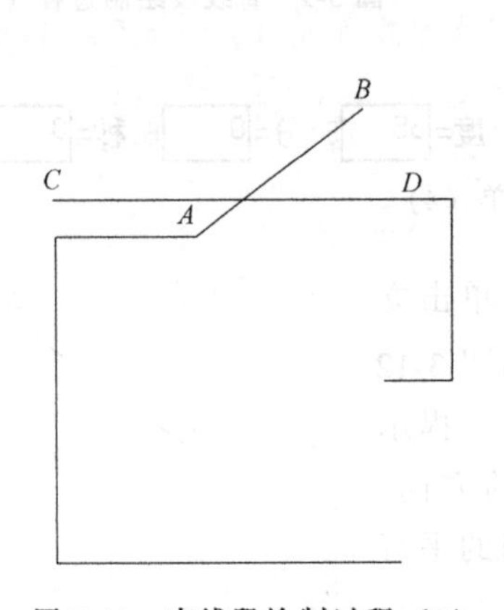

图3-14　直线段绘制过程（3）

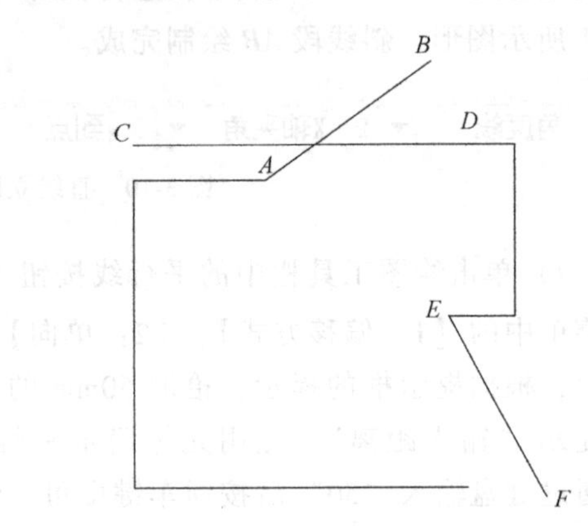

图3-15　绘制斜线段*EF*

12）根据多边形平面图形可知，多边形底边的右侧是一条斜线段，且未告知该线段长度，因此绘制的这条线段，需进行后期修剪。单击立即菜单中的【1：角度线】、【2：X轴夹角】、【3：到点】、【4：度=15】、【5：分=0】、【6：秒=0】。单击多边形的底边右侧点为斜线段的起点，由于该斜线长度在图形中未注明，先定义其为20mm。利用键盘输入“20”，按回车键确认即可出现图3-16所示图形，斜线段*GH*绘制完成。

13）根据多边形平面图形可知，多边形的外轮廓基本成形，后期进行修剪即可。绘制多边形内部的矩形框，需要借助辅助线完成。单击“图层管理器”，选定点画线为辅助线，如图3-17所示。

14）单击绘图工具栏中的直线按钮，单击立即菜单中的【1：角度分线】、【2：份数=2】、【3：长度=60】，如图3-18所示。根据提示分别拾取第一条直线和第二条直线，即多边形的底边和左侧边，软件自动生成这两条直线的角等分线，如图3-19所示。

15）根据多边形平面图形可知，多边形内部的矩形框的底边中点为角等分线与*GH*线段的法线的交点。单击绘图工具栏中的直线按钮，单击立即菜单中的【1：切线/法线】、【2：法线】、【3：非对称】、【4：到点】，如图3-20所

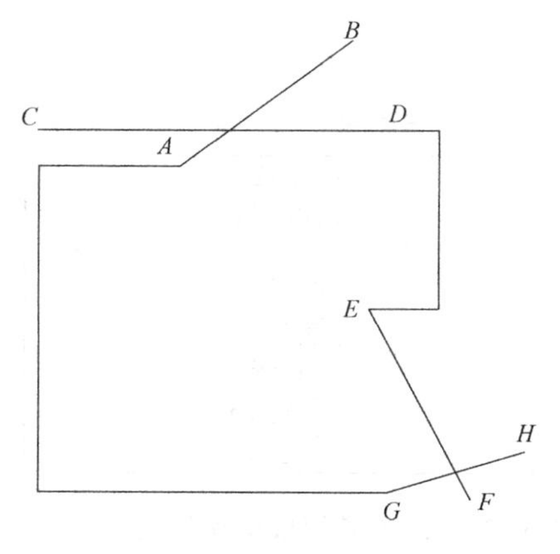

图 3-16　斜线段 *GH* 绘制

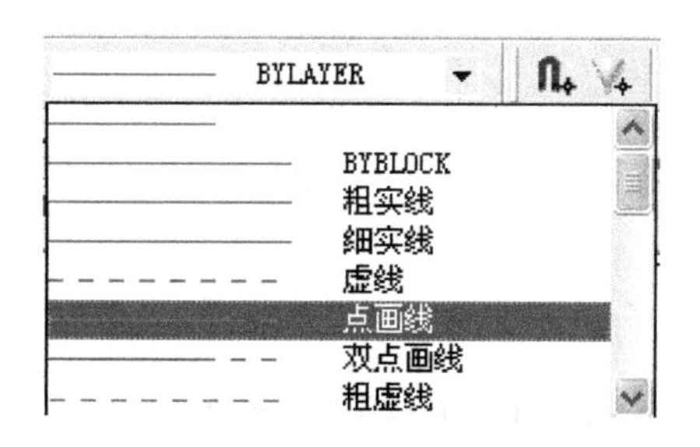

图 3-17　更改当前图层线型为点画线

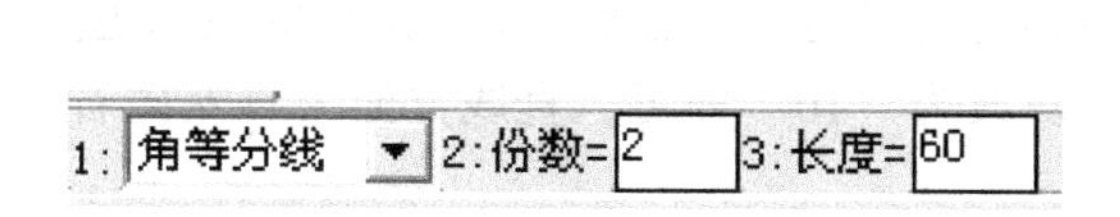

图 3-18　角等分线立即菜单

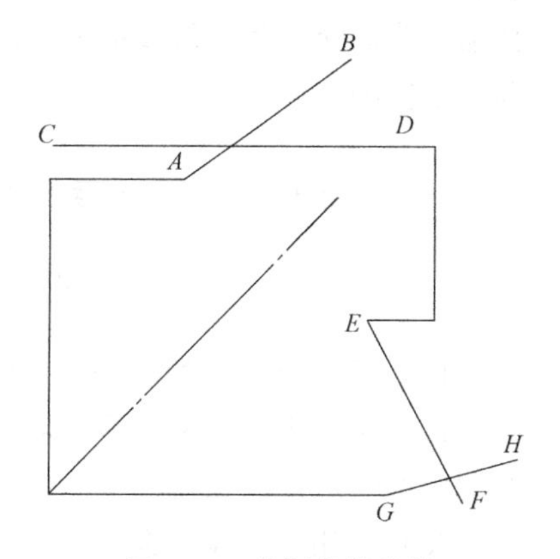

图 3-19　绘制角等分线

示。选取 *GH* 线段为所需绘制法线的参考曲线，选取多边形底边的右端点为法线的起点。由于该线段未标明长度，通过光标预估位置即可。绘制的 *GH* 线段的法线如图 3-21 所示。此时内部矩形框的底边中点已经被找出。

图 3-20　切线/法线立即菜单

16）根据多边形平面图形可知，内部矩形框的辅助线绘制完成后即找出了内部矩形框底边中点。在进行内部矩形框绘制之前，需将图层线型更改为粗实线。单击“图层管理器”，选定粗实线为当前线型，如图 3-22 所示。

17）单击绘图工具栏中的直线按钮，单击立即菜单中的【1：两点线】、

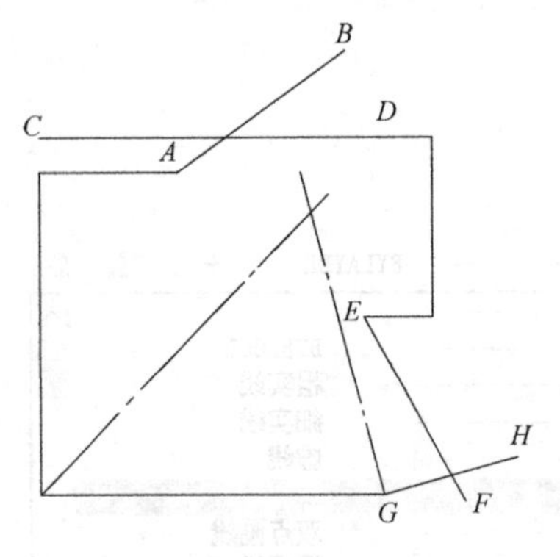

图 3-21　*GH* 线段法线的绘制

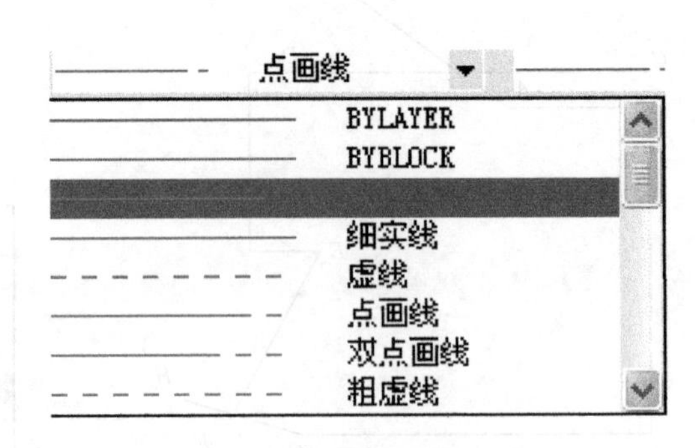

图 3-22　更改当前图层线型为粗实线

【2：连续】、【3：正交】、【4：长度方式】、【5：长度=5】，如图 3-23 所示，选择辅助线的交点为直线段的一个端点，为便于绘制，直线方向为自右向左绘制内部矩形框的底边。

图 3-23　直线立即菜单（5）

18）沿用上一步的命令，直线方向为自下向上，绘制内部矩形框的左侧边。

19）沿用上一步的命令，将长度更改为“10”即可，直线方向为自左向右，绘制内部矩形框的顶边。

20）沿用上一步的命令，将长度更改为“5”即可，直线方向为自上向下，绘制内部矩形框的右侧边。

21）沿用上一步的命令，直线方向为自右向左，绘制内部矩形框的底边。此时内部矩形框绘制完成，如图 3-24 所示。

22）多边形图形基本绘制完毕，部分线段需要经过修剪处理。单击编辑工具栏中的修剪按钮，根据提示框提示，单击需要被修剪掉的线段即可。修剪后的图形如图 3-25 所示。

23）绘制后的图形尺寸是否达到要求，可通过标注菜单进行检验，标注菜单如图 3-26 所示。图形的标注在此不展开讲解。

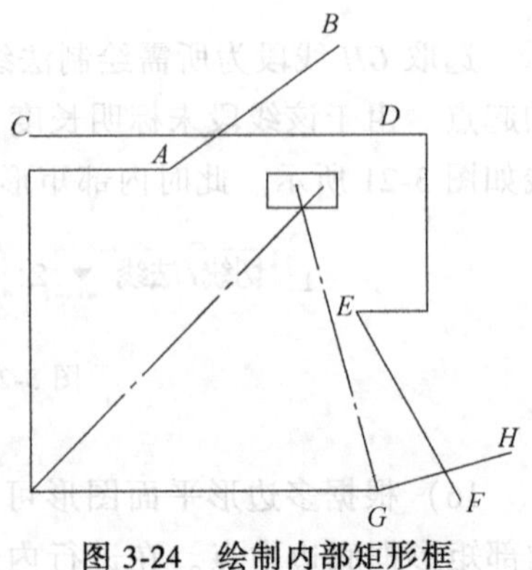

图 3-24　绘制内部矩形框

24）所有元素均符合要求后，对绘制的图形进行保存，单击按钮即可。

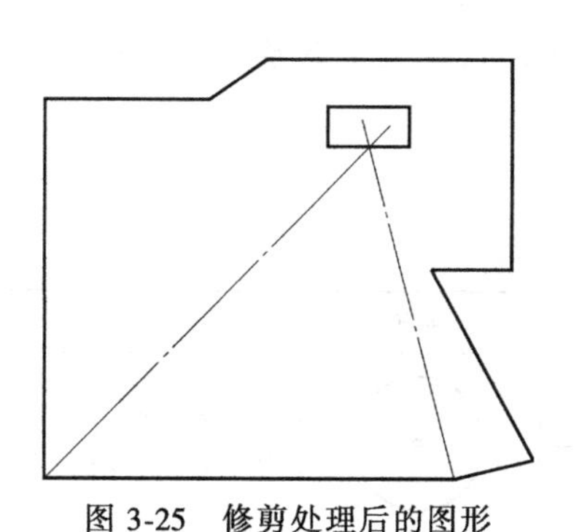

图 3-25 修剪处理后的图形

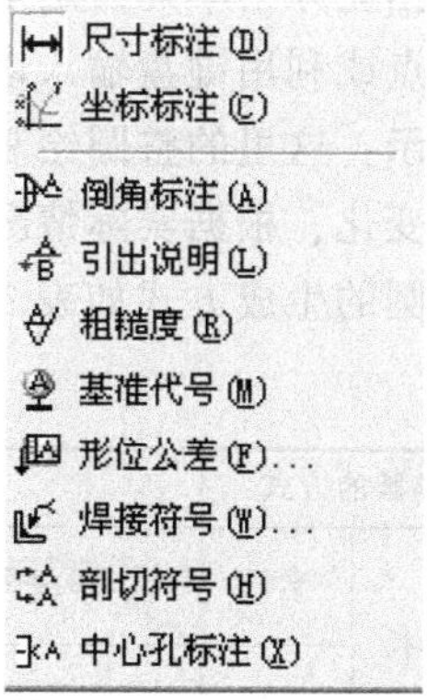

尺寸标注(D)
坐标标注(C)
倒角标注(A)
引出说明(L)
粗糙度(R)
基准代号(M)
形位公差(F)...
焊接符号(W)...
剖切符号(H)
中心孔标注(X)

图 3-26 图形尺寸标注菜单

3.1.2 圆与圆弧的绘制与编辑

数控车零件中常见线段还有圆弧和圆，如圆弧段、倒圆角、球头等。

1. 整圆的基本绘制方法

单击绘图工具栏上的整圆按钮，即可激活整圆绘制功能。通过在左下角的立即菜单中选择圆心_半径、两点、三点、两点_半径四种方式中的一种，即可生成所需的整圆。整圆立即菜单如图 3-27 所示。

圆心_半径
两点
三点
两点_半径
1: 圆心_半径
2: 直径

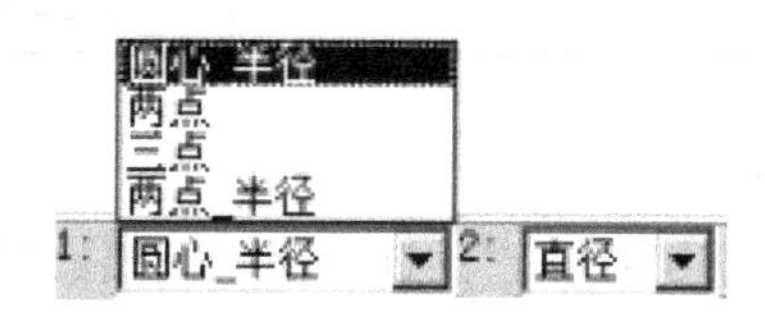

图 3-27 整圆立即菜单

单击立即菜单【1:】，在立即菜单的上方弹出一个整圆类型的列表框。操作者可根据实际需求进行选择。

1）圆心_半径：通过指定的圆心和该圆的半径/直径生成一个整圆。

2）两点：通过指定的圆上的两个点生成一个整圆。

3）三点：通过指定的圆上的三个点生成一个整圆。

4）两点_半径：通过指定的圆上的两个点和半径值生成一个整圆。

单击立即菜单【2:】，可选择直径或半径。【直径】表示输入的数值为该圆的直径值；【半径】表示输入的数值为该圆的半径值。

单击立即菜单【3:】，根据操作者的需求选择绘制的整圆是否需要绘制中心线。【无中心线】表示所绘制的整圆不添加中心线；【有中心线】表示所绘制的整圆需添加中心线，并根据立即菜单【4:】的提示输入中心线长度。

根据立即菜单的设定条件和要求，用光标拾取整圆中心点、整圆的两点、整圆的三点或利用键盘输入该圆半径、直径值，则指定的整圆被绘制出来。

提示：这里的整圆绘制是以圆心_半径为例，其他类型的整圆绘制中立即菜单略有变化，根据实际情况进行选取即可。

整圆的生成方式如表 3-3 所示。

表 3-3　整圆生成方式

生成整圆的方式		立即菜单	实例	说明
圆心_半径	半径	1: 圆心_半径 2: 半径 3: 无中心线		根据圆心、半径或直径生成一个整圆
	直径	1: 圆心_半径 2: 直径 3: 无中心线		
两点		1: 两点 2: 无中心线		根据圆上的两点直接生成一个整圆
三点		1: 三点 2: 无中心线		可根据指定的三个点构成一个整圆
两点_半径		1: 两点_半径 2: 无中心线		根据圆上的两点和给定的半径值生成一个整圆

2. 圆弧的基本绘制方法

单击绘图工具栏上的圆弧按钮，即可激活圆弧绘制功能。通过在左下角的立即菜单中选择三点圆弧、圆心_起点_圆心角、两点_半径、圆心_半径_起终角、起点_终点_圆心角、起点_半径_起终角六种方式中的一种，即可生成所需的圆弧。圆弧立即菜单如图 3-28 所示。

单击立即菜单【1:】，在立即菜单的上方弹出一个圆弧类型的列表框。操作者可根据实际需求进行选择。

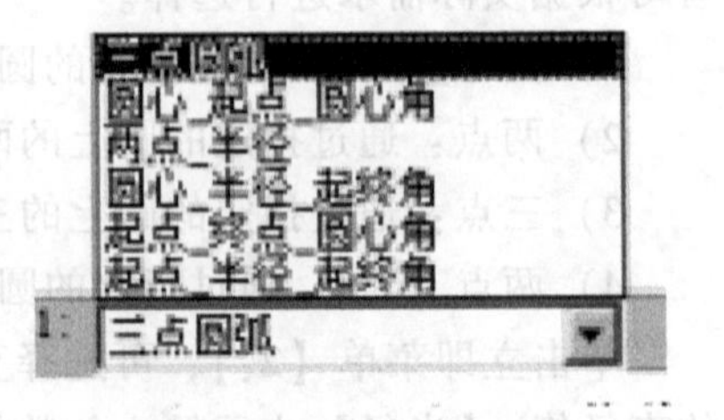

图 3-28　圆弧立即菜单

1）三点圆弧：通过指定的三点生成圆弧，其中第一点为起点，第三点为终点，第二点决定圆弧的位置和方向。

2）圆心_起点_圆心角：通过已知圆心、起点及圆心角生成圆弧。

3）两点_半径：通过已知圆弧上的两个点和圆弧半径值生成圆弧。

4）圆心_半径_起终角：通过圆弧的圆心、圆弧半径值和起终角生成圆弧。

5）起点_终点_圆心角：通过圆弧的起点、圆弧的终点和该圆弧的圆心角生成圆弧。

6）起点_半径_起终角：通过圆弧的起点、圆弧的半径和该圆弧的起终角生成圆弧。

提示：圆弧绘制中的立即菜单相对较为直观，绘制圆弧时，根据实际情况进行选取即可。

圆弧的生成如表 3-4 所示。

表 3-4 圆弧生成方式

生成圆弧的方式	立即菜单	实例	说明
三点圆弧	1:三点圆弧		可根据圆弧上的任意三点绘制圆弧
圆心_起点_圆心角	1:圆心_起点_圆心角		可根据圆心、圆弧起点，再输入圆心角，绘制圆弧
两点_半径	1:两点_半径		可根据圆弧上的两点，再输入圆弧半径，绘制圆弧
圆心_半径_起终角	1:圆心_半径_起终角 2:半径=3 3:起始角=0 4:终止角=125		根据圆心、半径、起终角，绘制圆弧
起点_终点_圆心角	1:起点_终点_圆心角 2:圆心角=60		可根据圆弧起点、终点，再输入圆心角，绘制圆弧
起点_半径_起终角	1:起点_半径_起终角 2:半径=30 3:起始角=0 4:终止角=60		可根据圆弧起点，再输入半径、起始角、终止角，绘制圆弧

3. 典型整圆/圆弧的绘制及编辑

圆弧、整圆是数控车图形的基本要素之一，要实现快捷的、正确的圆弧、整圆绘制，关键在对整圆/圆弧绘图功能的灵活应用、对拾取点的把握、对图形编辑功能的熟练掌握。本节将结合一个槽轮图形的案例进行综合操作讲解，展示圆弧、整圆的绘图功能，以达到举一反三的目的。槽轮图形如图 3-29 所示。

1）单击 CAXA 数控车 2016 桌面快捷图标打开软件。

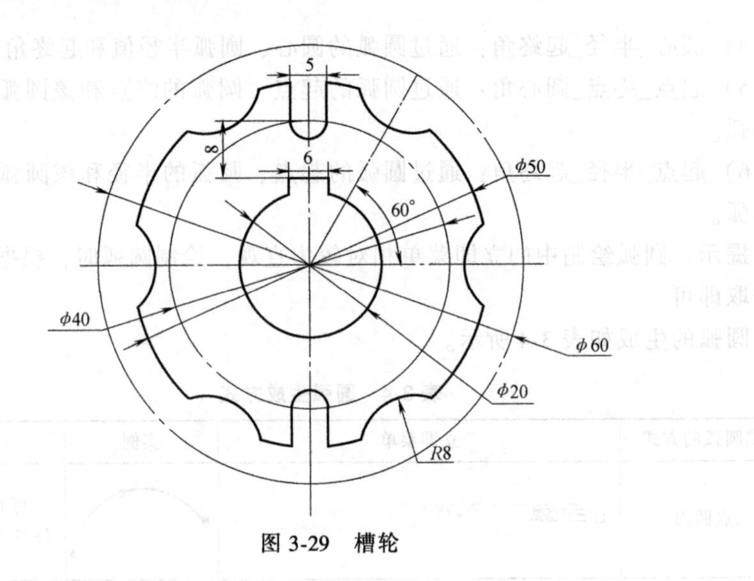

图 3-29　槽轮

2）建立文件存储路径。单击保存按钮 ，弹出存储路径对话框，选取存储路径后单击【确定】即可。本例路径为“E:\2018-2019-2\CAXA 书籍\CAXA 数控车书籍\ 整圆圆弧命令范例”，如图 3-30 所示。

E:\2018-2019-2\CAXA书籍\CAXA数控车书籍\整圆圆弧命令范例.lxe - CAXA数控车2016

图 3-30　本例存储路径

3）单击绘图工具栏中的整圆按钮 ，单击立即菜单中的【1：圆心_半径】、【2：半径】、【3：有中心线】、【4：中心线延长长度 3】，如图 3-31 所示。在绘图区选择一个点作为圆的中心点，为便于零件绘制，先绘制直径 50mm 的圆，通过键盘输入“25”后按回车键即可绘制直径 50mm 的圆。因直径 50mm 的圆和直径 20mm 的圆为同心圆，因此通过键盘输入“10”即可得到直径 20mm 的整圆，如图 3-32 所示。绘制完成后按〈Esc〉退出即可。

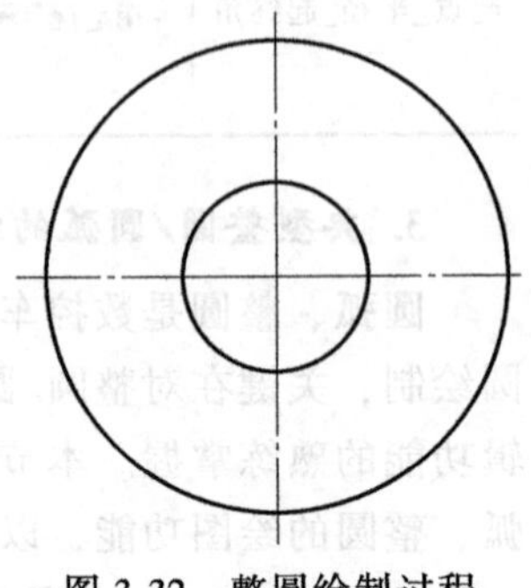

1: 圆心_半径　2: 半径　3: 有中心线　4: 中心线延长长度 3

图 3-31　整圆立即菜单

图 3-32　整圆绘制过程

4）单击绘图工具栏中的平行线按钮，单击立即菜单中的【1：偏移方式】、【2：双向】，如图3-33所示，根据提示框的提示，拾取整圆的Y轴中心线，提示框提示“输入距离”。先用光标确定平行线的方向，再通过键盘输入“2.5”，按回车键即可绘制平行线AB、CD，继续通过键盘输入“3”，按回车键即可绘制平行线EF、GH，如图3-34所示。

1: 偏移方式 2: 双向

图3-33 平行线立即菜单（2）

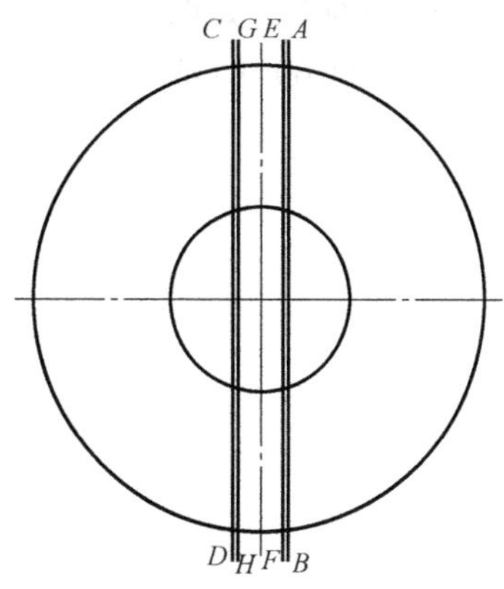

图3-34 绘制平行线AB、CD、EF、GH

5）单击绘图工具栏中的平行线按钮，单击立即菜单中的【1：偏移方式】、【2：单向】，如图3-35所示，根据提示框的提示，拾取整圆的X轴中心线，提示框提示“输入距离”。先用光标确定平行线的方向，再通过键盘输入“12”，按回车键即可绘制平行线IJ，如图3-36所示。

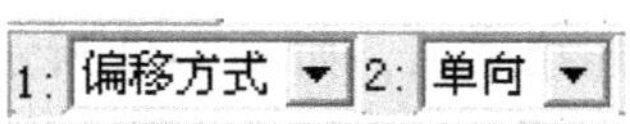

1: 偏移方式 2: 单向

图3-35 平行线立即菜单（3）

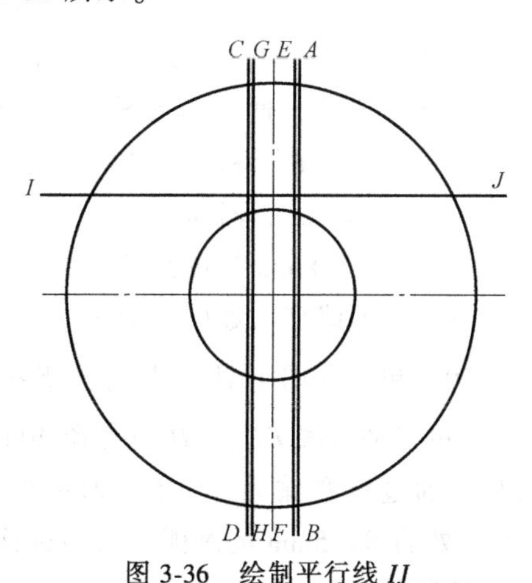

图3-36 绘制平行线IJ

6）根据槽轮图形可知，绘制槽轮中半径8mm的圆弧，需要借助辅助线确定圆心完成。单击“图层管理器”，选定点画线为辅助线，如图3-37所示。

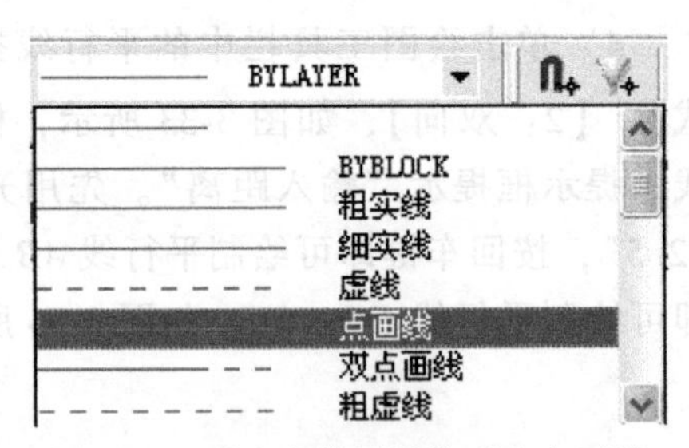

图 3-37　更改当前图层线型为点画线

7）绘制一条通过圆心且为 60°的斜线段。单击绘图工具栏中的直线按钮，单击立即菜单中的【1：两点线】、【2：单个】、【3：非正交】，单击选择直径 50mm 的圆的圆心作为辅助线的端点，通过键盘输入“@ 33<60”，如图 3-38 所示，按回车键即可得到 60° 的辅助线，如图 3-39 所示。

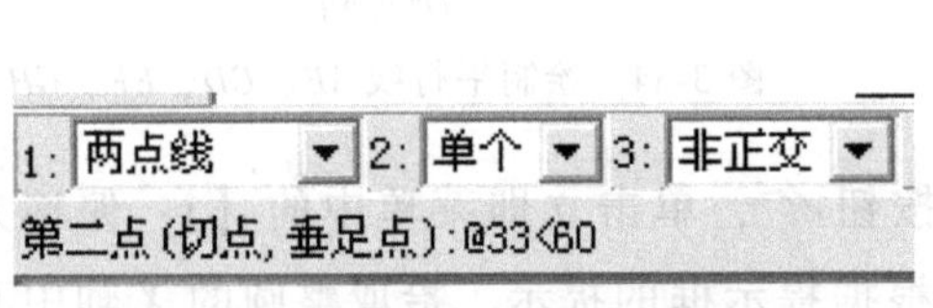

图 3-38　利用两点线方式绘制斜线

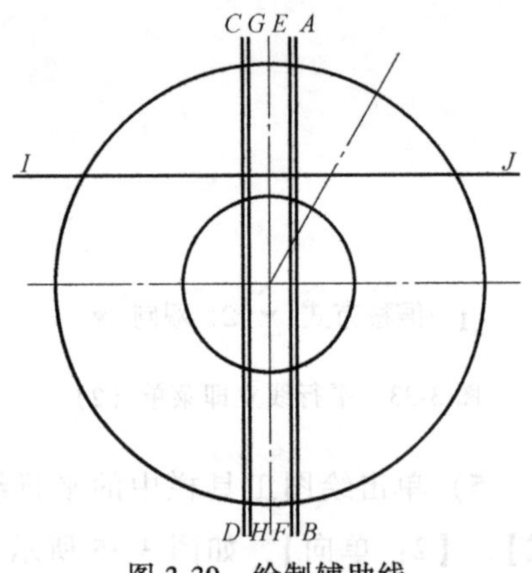

图 3-39　绘制辅助线

8）单击绘图工具栏中的整圆按钮，单击立即菜单中的【1：圆心_半径】、【2：半径】、【3：无中心线】，单击选择直径 50mm 的圆的圆心作为中心点，绘制辅助圆，通过键盘输入“30”，按回车键即可绘制直径 60mm 的辅助圆。直径 60mm 的圆和直径 40mm 的圆属于同心圆，因此通过键盘输入“20”即可得到直径 40mm 的辅助圆，如图 3-40 所示。绘制完成后按〈Esc〉退出即可。

9）半径为 8mm 的圆弧的辅助线绘制完成后，需单击“图层管理器”，选定粗实线为当前线型，如图 3-41 所示。

10）单击绘图工具栏中的圆弧按钮，单击立即菜单中的【1：两点_半径】，单击平行线 *EF*、*GH* 与直径 40mm 辅助圆的两处交点，并由光标设定圆弧方向，通过键盘输入“2.5”即可得到 R2.5mm 的连接圆弧，如图 3-42 所示。(另一处的 R2.5mm 的圆弧也可通过该方法得到，为了便于讲解镜像功能，此处先不绘制另一处 R2.5mm 的圆弧。)

11）单击绘图工具栏中的整圆按钮，单击立即菜单中的【1：圆心_半径】、【2：半径】、【3：无中心线】，单击选择直径 60mm 的辅助圆和 60°辅助线的交点作

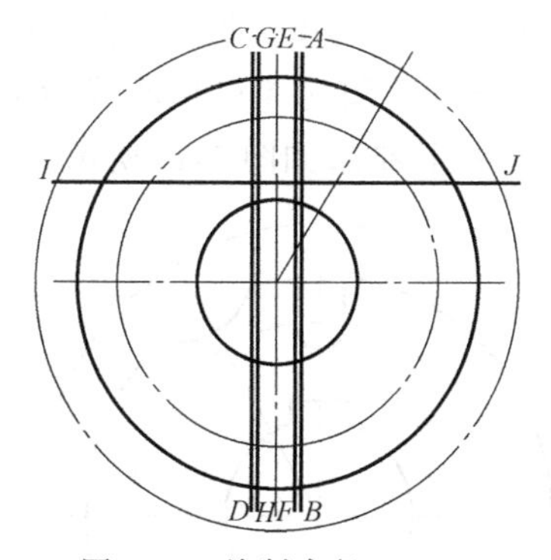

图 3-40　绘制直径 60mm、直径 40mm 的辅助圆

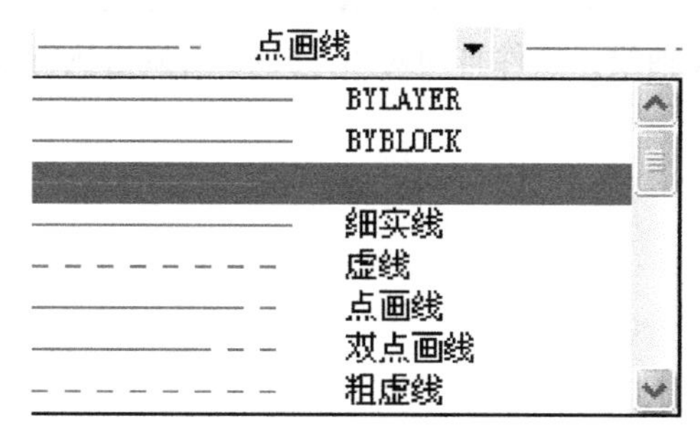

图 3-41　更改当前图层线型为粗实线

为中心点，绘制 R8mm 整圆，通过键盘输入“8”，按回车键即可生成半径 8mm 的整圆，如图 3-43 所示。绘制完成后按〈Esc〉退出即可。通过槽轮图形可知，图形中共有六处 R8mm 圆弧，为了便捷绘制，后续将采用阵列功能实现。

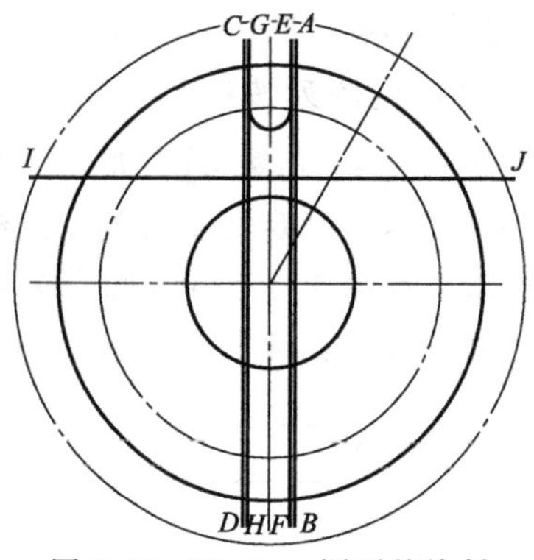

图 3-42　R2.5mm 圆弧的绘制

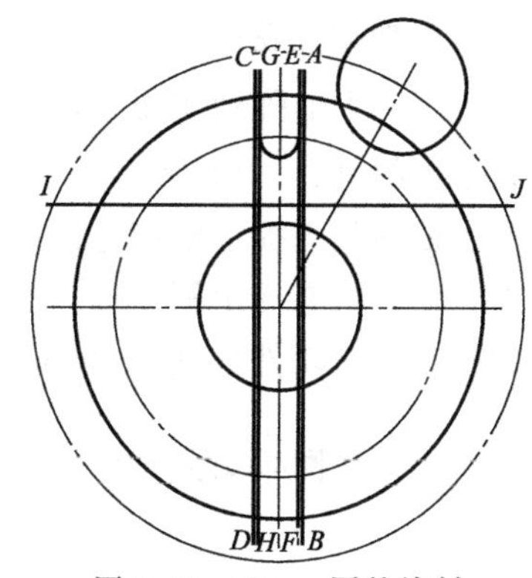

图 3-43　R8mm 圆的绘制

12）接下来需要借助修剪工具对图形进行处理。单击编辑工具栏中的修剪按钮或删除按钮，根据提示框提示，单击需要被修剪或删除的线段即可。修剪后的图形如图 3-44 所示。

13）根据槽轮图可知，两个 R2.5mm 的圆弧槽是上下对称的，可以通过编辑工具栏中的镜像按钮进行绘制。单击编辑工具栏中的镜像按钮，单击立即菜单中的【1：选择轴线】、【2：拷贝】，如图 3-45 所示，根

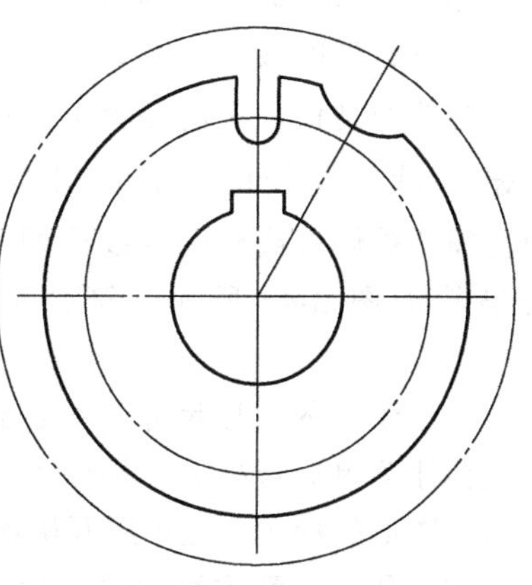

图 3-44　修剪处理后的槽轮图

据状态提示框信息提示拾取添加要被镜像的元素，确定元素后单击鼠标右键，根据状态提示框信息提示“拾取轴线”，单击选择直径50mm圆的X轴中心线为镜像轴线，软件自动对R2.5mm圆弧槽执行镜像处理，执行结果如图3-46所示。

1: 选择轴线 2: 拷贝

图3-45 镜像立即菜单

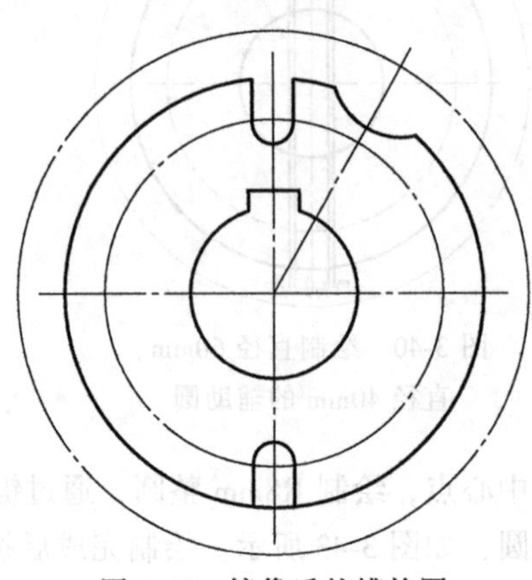

图3-46 镜像后的槽轮图

14）根据槽轮图可知，六个R8mm的圆弧槽是阵列均匀布置的，可以通过编辑工具栏中的阵列按钮进行绘制。单击编辑工具栏中的阵列按钮，单击立即菜单中的【1：圆形阵列】、【2：旋转】、【3：均布】、【4：份数6】，如图3-47所示，根据状态提示框信息提示拾取添加要被阵列的元素，确定元素后单击鼠标右键，根据状态提示框信息提示“中心点”，单击选择直径50mm圆的圆心为阵列的中心点，软件自动对R8mm圆弧槽执行阵列处理，执行结果如图3-48所示。

1: 圆形阵列 2: 旋转 3: 均布 4:份数 6

图3-47 阵列立即菜单

15）通过上述的绘制过程，槽轮已基本成形，需要借助修剪工具对其进行处理即可完成槽轮的制作。单击编辑工具栏中的修剪按钮或删除按钮，根据提示框提示，单击需要被修剪或删除的线段即可。修剪后的槽轮如图3-49所示，符合槽轮的图形要求。

16）绘制的图形尺寸是否达到要求，可通过标注菜单进行检验，标注菜单如图3-50所示。图形的标注在此不展开讲解。

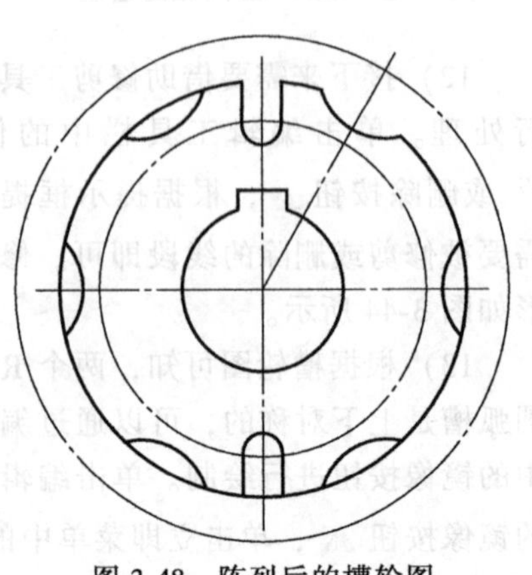

图3-48 阵列后的槽轮图

17）所有元素均符合要求后，对绘制的

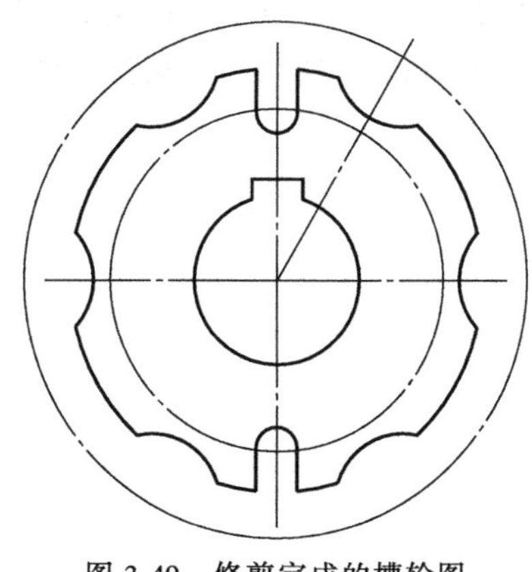

图 3-49 修剪完成的槽轮图

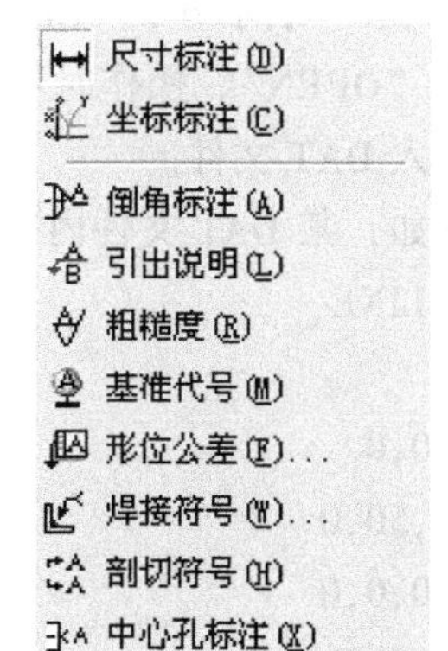

图 3-50 图形尺寸标注菜单

图形进行保存，单击按钮即可。

3.1.3 样条曲线的绘制与编辑

除了由直线、圆弧构成简单的轮廓外，较为复杂的图形还需要借助样条曲线进行构造。样条曲线是通过给定相关顶点进行曲线拟合的样条线段，顶点坐标值可以通过光标选定、键盘输入或样条数据文件读取等形式给出。

1. 样条曲线的基本绘制方法

单击绘图工具栏上的样条曲线按钮，即可激活样条曲线绘制功能。通过在左下角的立即菜单中选择直接作图、从文件读入两种方式中的一种，即可生成所需的样条曲线。样条曲线立即菜单如图 3-51 所示。

1: 直接作图 2: 缺省切矢 3: 开曲线

图 3-51 样条曲线立即菜单

样条曲线的绘制步骤：单击立即菜单【1:】，在立即菜单的上方会弹出一个样条曲线类型的列表框。操作者可根据实际需求进行选择。

1）直接作图。通过光标选定、键盘输入的方式给出样条曲线的顶点坐标值，生成所需的样条曲线。

2）从文件读入。通过文件导入数据的方式给出样条曲线的顶点坐标值，生成所需的样条曲线。

2. 典型样条曲线的绘制与编辑

绘制样条曲线可以直接用鼠标操作完成，该方法相对简单。还有一种相对精确的操作方法就是利用现有的 DAT 文件中的关键字生成开曲线或闭曲线。关键字“OPEN”表示开，“CLOSED”表示闭合。没有“OPEN”或“CLOSED”则默认为“OPEN”。操作时可从样条功能函数处读入 DAT 文件，也可从打开的文件处读入 DAT 文件。

例如，某 DAT 文件内容如下：

```
SPLINE
3
0,0,0
50,50,0
100,0,0
SPLINE
CLOSED
3
0,0,0
50,50,0
100,30,0
SPLINE
OPEN
4
0,0,0
30,20,0
100,100,0
30,36,0
EOF
```

则生成的第一根样条默认为“OPEN”（开），第二根“CLOSED”（闭），第三根“OPEN”（开）。

直角坐标系中样条 DAT 文件的格式说明（参考上面例子中的 DAT 文件）：

1）第一行应为关键字“SPLINE”。

2）第二行应为关键字“OPEN”或“CLOSED”，若不写此关键字则默认为“OPEN”。

3）第三行应为所绘制的样条的型值点数，这里假设有三个型值点。

如果有三个型值点，则第四至六行应为型值点的坐标，每行描述一个点，用坐标值 X，Y，Z 表示，Z 坐标值为 0。

4）如果文件中要做多个样条，则从第七行开始继续输入数据，格式如前所述；若文件到此结束，则最后一行可加关键字“EOF”，也可以不加此关键字。

本系统设置空行对操作没有影响。

样条曲线绘制步骤如下：

1）单击 CAXA 数控车 2016 桌面快捷图标，打开软件。

2）建立文件存储路径。单击保存按钮，弹出存储路径对话框，选取存储路径后单击【确定】即可。本例路径为“E:\2018-2019-2\CAXA 书籍\CAXA 数控车书籍\样条曲线命令范例”，如图 3-52 所示。

E:\2018-2019-2\CAXA书籍\CAXA数控车书籍\样条曲线命令范例.lxe - CAXA数控车2016

图 3-52 本例存储路径

3）单击绘图工具栏中的样条曲线按钮，单击立即菜单中的【1：从文件读入】，如图 3-53 所示，弹出样条数据文件的路径对话框，根据现有的 DAT 数据进行选择即可。自动生成所需的样条曲线，如图 3-54 所示。

图 3-53 样条曲线立即菜单

图 3-54 样条曲线图

3.1.4 公式曲线的绘制与编辑

公式曲线即数学表达式的曲线图形，也就是根据数学公式（或参数表达式）绘制出相应的曲线。公式既可以是直角坐标形式的，也可以是极坐标形式的。公式曲线提供一种更方便、更精确的作图手段，以适应某些精确型腔、轨迹线的作图设计。操作者只要交互输入数学公式，给定参数，CAXA 数控车软件便会自动绘制出该公式描述的曲线。公式曲线相比样条曲线而言，数据更加准确，线条更加光滑，常见的有椭圆、抛物线、双曲线等形式的公式曲线。

1. 公式曲线的基本绘制方法

单击绘图工具栏上的公式曲线按钮，即可激活公式曲线绘制功能。通过弹出的“公式曲线”对话框选择直角坐标系、极坐标系两种方式中的一种，输入特定的参数、变量、起始值和终止值等生成所需的公式曲线。

在文本框中输入公式名、公式及精度，然后可以单击【预显】按钮，在左上角的预览框中可以看到设定的曲线，如图 3-55 所示。

设定完曲线后，单击【确定】，按照 CAXA 数控车提示输入定位点以后，生成公式曲线，如图 3-56 所示。

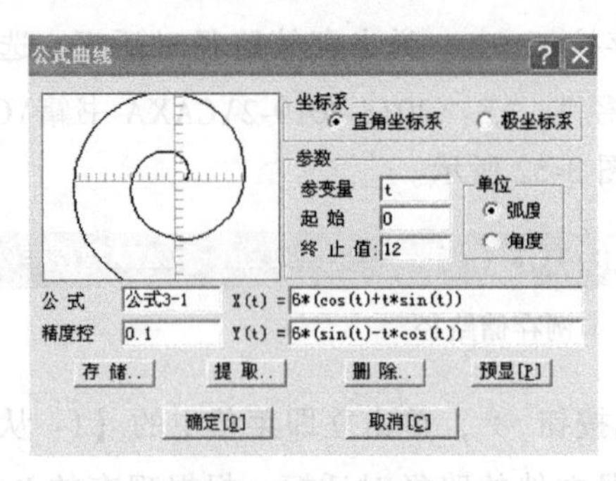

图 3-55 公式曲线

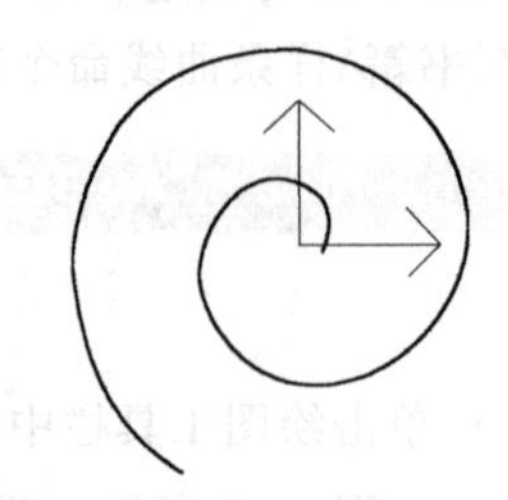

图 3-56 生成的公式曲线

2. 典型公式曲线的绘制及编辑

数控车床的零件除了由直线、圆弧等常用元素构成外，有时候还可能由特殊的公式曲线（双曲线、抛物线等）构成。对于典型的公式曲线，最重要的是要清晰地分析出其方程式。本节以双曲线（$x=10\times\sqrt{1+z^2/169}$）为例进行公式曲线绘制的步骤讲解。双曲线公式曲线图如图 3-57 所示。

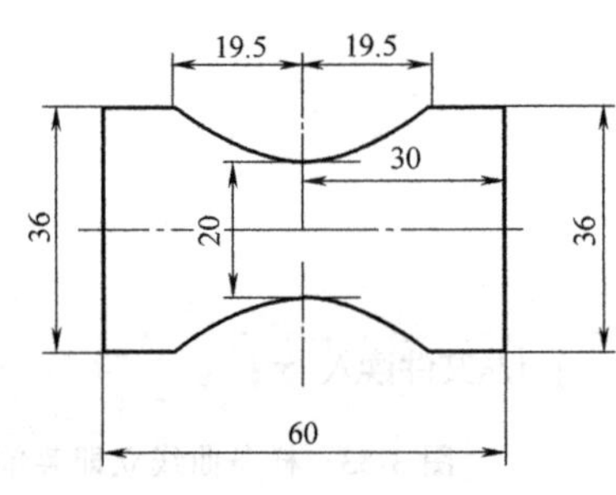

图 3-57 双曲线公式曲线图

1）单击 CAXA 数控车 2016 桌面快捷图标，打开软件。

2）建立文件存储路径。单击保存按钮，弹出存储路径对话框，选取存储路径后单击【确定】即可。本例路径为“E：\ 2018-2019-2 \ CAXA 书籍 \ CAXA 数控车书籍 \ 双曲线公式曲线命令范例”，如图 3-58 所示。

E:\2018-2019-2\CAXA书籍\CAXA数控车书籍\双曲线公式曲线命令范例.lxe - CAXA数控车2016

图 3-58 本例存储路径

3）首先绘制中心线，单击“图层管理器”，选定点画线为中心线的线型，如图 3-59 所示。

4）单击绘图工具栏中的直线按钮，单击立即菜单中的【1：两点线】、【2：连续】、【3：正交】、【4：长度方式】、【5：长度＝63】，如图 3-60 所示。在绘图区选

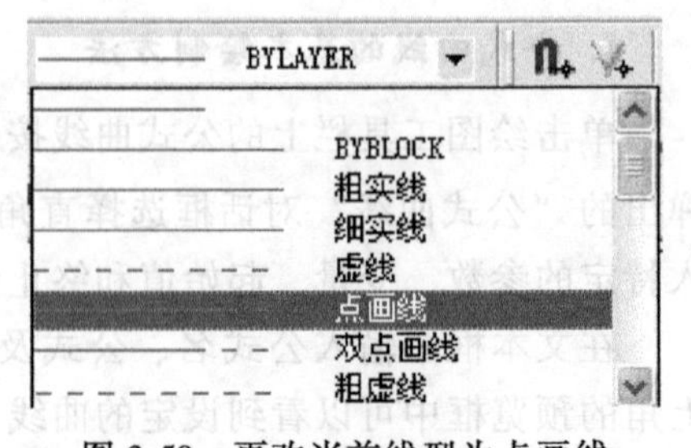

图 3-59 更改当前线型为点画线

择任意点作为直线段的一个端点，直线方向为自左向右，绘制中心线。

图 3-60 直线立即菜单

5）单击绘图工具栏中的直线按钮，单击立即菜单中的【1：两点线】、【2：连续】、【3：正交】、【4：长度方式】、【5：长度=20】，如图 3-61 所示，在 63mm 长的中心线的中点上绘制直线，直线方向为自下向上。

图 3-61 直线立即菜单

6）中心线和辅助线绘制完成后，需单击“图层管理器”，选定粗实线为当前线型，进行轮廓的绘制，如图 3-62 所示。

7）单击绘图工具栏中的直线按钮，单击立即菜单中的【1：两点线】、【2：连续】、【3：正交】、【4：长度方式】、【5：长度=18】，在 63mm 中心线的右端绘制直线，直线方向为自下向上绘制。

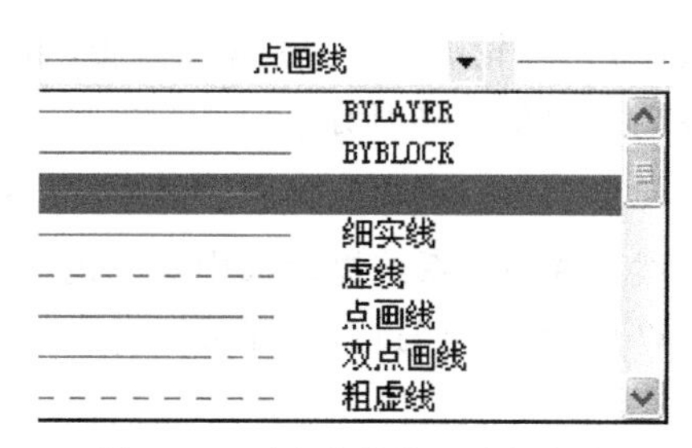

图 3-62 更改当前线型为粗实线

8）沿用上一步的命令，将长度更改为“10.5”即可，直线方向为自右向左绘制。

9）单击绘图工具栏中的公式曲线按钮，弹出“公式曲线”对话框，如图 3-63a 所示。结合公式曲线的公式及图样进行修改，修改后的“公式曲线”对话框如图 3-63b 所示，单击【确定】。系统提示曲线定位点，在绘图区任意位置

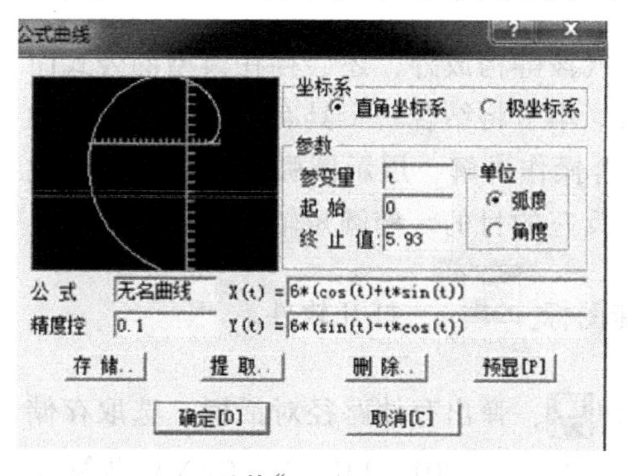

a) 默认的“公式曲线”对话框

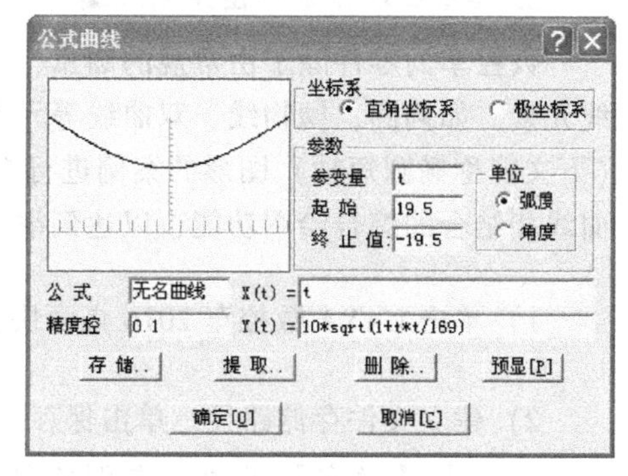

b) 修改后的“公式曲线”对话框

图 3-63 公式曲线对话框

单击绘制即可，如图 3-64 所示。

10）单击编辑工具栏中的平移按钮，根据系统提示，先将双曲线选中，拾取第一点为公式曲线的右端点，拾取第二点为 10.5mm 线段的左端，平移命令执行后如图 3-65 所示。

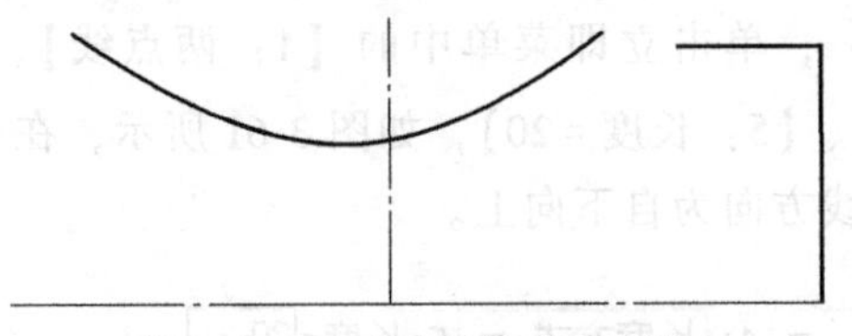

图 3-64　公式曲线绘制过程图

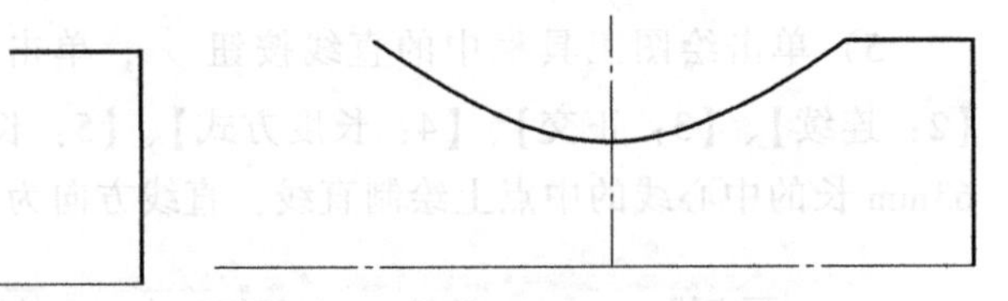

图 3-65　公式曲线绘制过程图（平移）

11）单击编辑工具栏中的镜像按钮，根据系统提示，选中 10.5mm、18mm 两条轮廓线，并根据系统提示选中垂直的中心线为镜像轴线，执行镜像命令后，如图 3-66 所示。

12）单击编辑工具栏中的镜像按钮，根据系统提示，选中所需镜像的轮廓线，并根据系统提示选中水平的中心线为镜像轴线，执行镜像命令后，如图 3-67 所示。再经过调整即可得到双曲线公式曲线图。

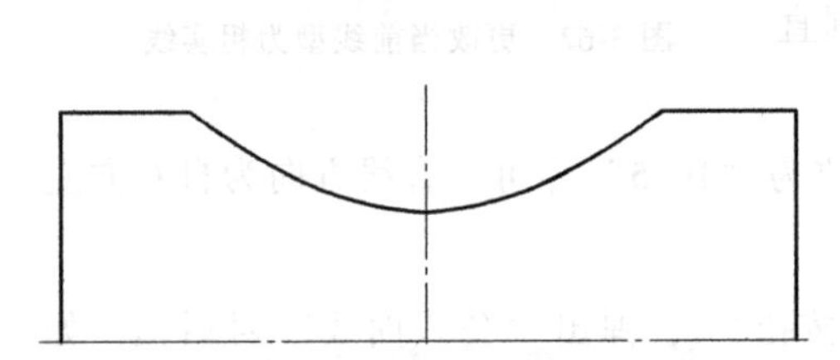

图 3-66　公式曲线绘制过程图（*Y* 轴镜像）

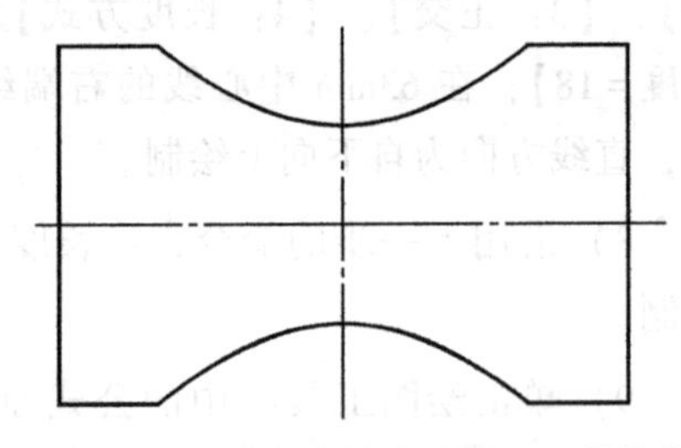

图 3-67　公式曲线绘制过程图（*X* 轴镜像）

3. 典型回转体零件图绘制及编辑

数控车的零件除了由常规的圆弧、直线段等构成外，还会存在典型的公式曲线元素，如椭圆、抛物线、双曲线等元素。本节将结合一个具有椭圆元素的短轴（下文简称椭圆短轴）图形的案例进行综合操作讲解，展示圆弧、直线段、公式曲线相结合的综合绘图功能，以达到举一反三的目的。椭圆短轴如图 3-68 所示。

1）单击 CAXA 数控车 2016 桌面快捷图标 ，打开软件。

2）建立文件存储路径。单击保存按钮，弹出存储路径对话框，选取存储路径后单击【确定】即可。本例路径为“E：\ 2018-2019-2 \ CAXA 书籍 \ CAXA 数控车书籍 \ 椭圆短轴范例”，如图 3-69 所示。

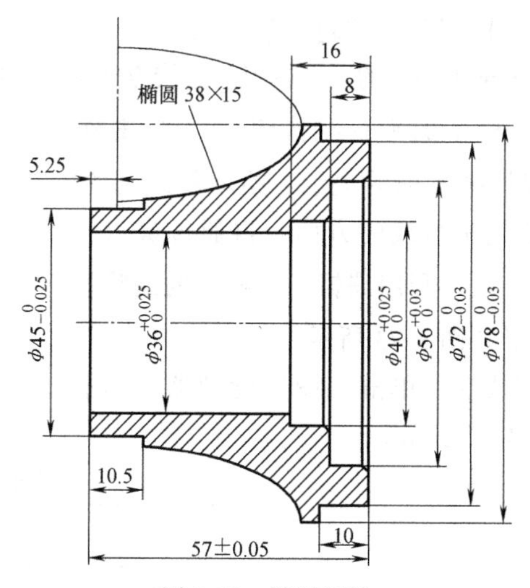

图 3-68 椭圆短轴

E:\2018-2019-2\CAXA书籍\CAXA数控车书籍\椭圆短轴范例.lxe - CAXA数控车2016

图 3-69 椭圆短轴范例存储路径

3）首先绘制中心线，单击“图层管理器”，选定点画线为中心线的线型，如图 3-70 所示。

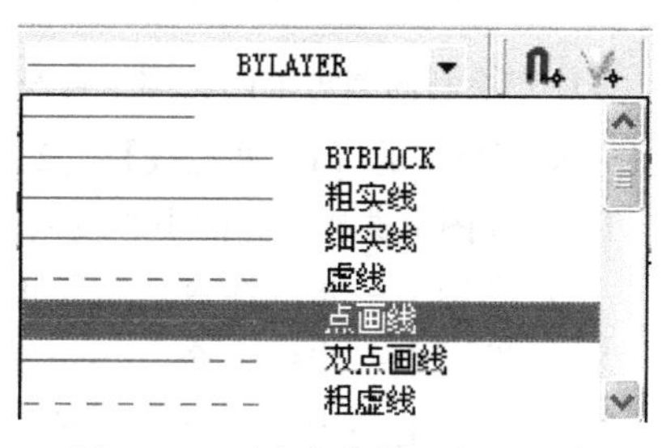

图 3-70 更改当前线型为点画线

4）单击绘图工具栏中的直线按钮，单击立即菜单中的【1：两点线】、【2：连续】、【3：正交】、【4：长度方式】、【5：长度 = 63】，如图 3-71 所示，在绘图区选择任意点作为直线段的一个端点，直线方向为自左向右，绘制中心线。

1: 两点线 2: 连续 3: 正交 4: 长度方式 5:长度= 63

图 3-71 直线立即菜单（1）

5）单击绘图工具栏中的平行线按钮，单击立即菜单中的【1：偏移方式】、【2：单向】，如图 3-72 所示，根据提示框的提示，拾取椭圆的 X 轴中心线，提示框提示“输入距离”。先用光标确定平行线的方向，再通过键盘输入“39”，按回车键即可绘制椭圆短轴的中心线。

1: 偏移方式 2: 单向

图 3-72 椭圆短轴的中心线立即菜单

6）单击绘图工具栏中的直线按钮，单击立

即菜单中的【1：两点线】、【2：连续】、【3：正交】、【4：长度方式】、【5：长度=43】，在图上选择椭圆短轴中心线的一个端点，直线方向为自下向上，绘制中心线。

7）单击绘图工具栏中的平行线按钮，单击立即菜单中的【1：偏移方式】、【2：单向】，根据提示框的提示，拾取新绘制的中心线，提示框提示“输入距离”。先用光标确定平行线的方向，再通过键盘输入“5.25”，按回车键即可绘制椭圆的短轴中心线。利用编辑工具栏中的删除按钮，对多余的辅助线进行删除，所绘制的图形如图3-73所示。

8）中心线绘制完成后，单击“图层管理器”，选定粗实线为当前线型，进行轮廓的绘制，如图3-74所示。

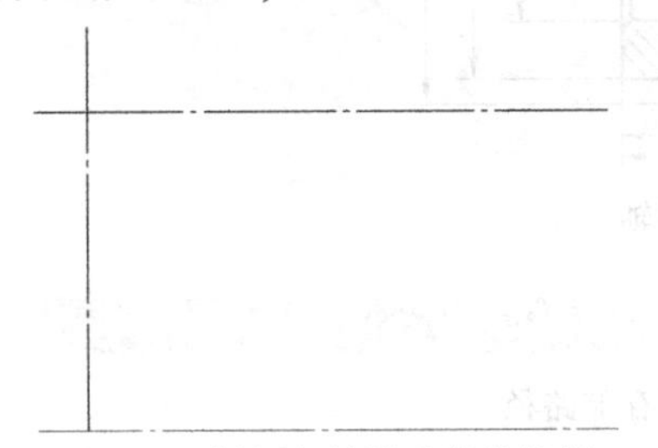

图3-73　椭圆短轴辅助线的绘制

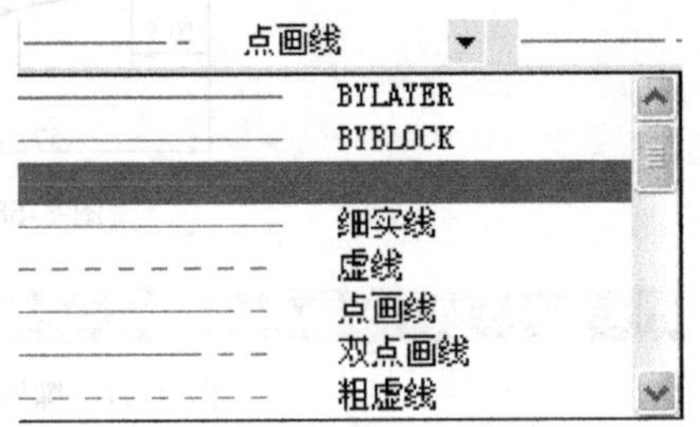

图3-74　更改当前线型为粗实线

9）先绘制椭圆短轴内轮廓，自左向右绘制。单击绘图工具栏中的直线按钮，单击立即菜单中的【1：两点线】、【2：连续】、【3：正交】、【4：长度方式】、【5：长度=18】，在图上选择下方的中心线左侧一个端点为起始点，直线自下向上绘制。

10）沿用上一步的命令，将长度更改为“41”即可，直线自左向右绘制。

11）沿用上一步的命令，将长度更改为“2”即可，直线自下向上绘制。

12）沿用上一步的命令，将长度更改为“8”即可，直线自左向右绘制。

13）沿用上一步的命令，将长度更改为“8”即可，直线自下向上绘制。

14）沿用上一步的命令，将长度更改为“8”即可，直线自左向右绘制。

15）沿用上一步的命令，将长度更改为“28”即可，直线自上向下绘制。此时绘制的零件如图3-75所示。

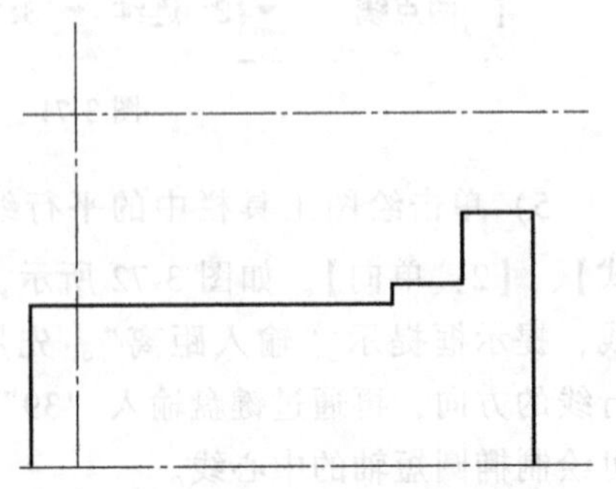

图3-75　椭圆短轴内轮廓绘制过程

16）此时绘制的椭圆短轴内轮廓基本和原图样上半部分的内侧轮廓接近，其中倒角部分后期利用倒角功能进行处理即可。完整图形的绘制通过镜像功能进行处理即可。

17）继续单击绘图工具栏中的直线按钮，单击立即菜单中的【1：两点线】、【2：连续】、【3：正交】、【4：长度方式】、【5：长度=4.5】，在图上选择内轮廓的左侧线端点为起始点，直线自下向上绘制。

18）沿用上一步的命令，将长度更改为“10.5”即可，直线自左向右绘制。

19）沿用上一步的命令，将长度更改为“11.5”即可，直线自下向上绘制。

20）沿用上一步的命令，将长度更改为“36.5”即可，直线自左向右绘制。

21）沿用上一步的命令，将长度更改为“3”即可，直线自上向下绘制。

22）沿用上一步的命令，将长度更改为“10”即可，直线自左向右绘制。

23）沿用上一步的命令，将长度更改为“8”即可，直线自上向下绘制。此时外轮廓基本框架绘制完毕，按鼠标右键结束当前直线命令。绘制的图形如图3-76所示。

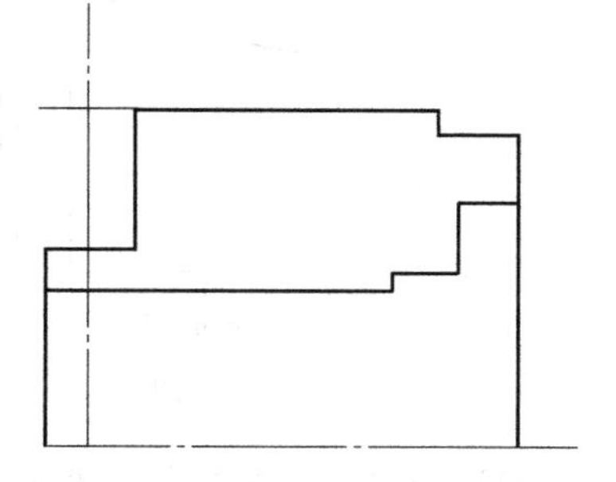

图3-76 椭圆短轴整体框架绘制过程

24）单击绘图工具栏中的椭圆按钮，单击立即菜单中的【1：给定长短轴】、【2：长半轴38】、【3：短半轴15】、【4：旋转角0】、【5：起始角0】、【6：终止角360】，如图3-77所示。选择椭圆长轴辅助线与椭圆短轴辅助线的交点作为椭圆的中心点，生成椭圆如图3-78所示。

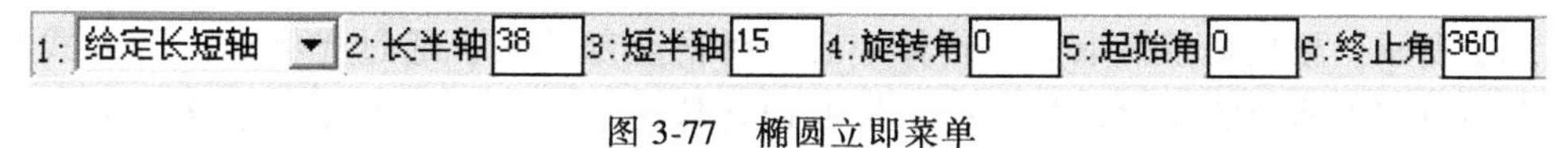

图3-77 椭圆立即菜单

25）通过上述的绘制过程，椭圆短轴已基本成形，需要借助修剪工具对其进行修剪处理。单击编辑工具栏中的修剪按钮或删除按钮，根据提示框提示，单击需要被修剪掉或删除的线段即可。单击绘图工具栏中的直线按钮，对部分线段进行修补，修剪后的椭圆短轴如图3-79所示。

26）椭圆短轴的内轮廓还有两处倒角需要处理。单击编辑工具栏中的倒角按钮，单击立即菜单中的【1：倒角】、【2：裁剪】、【3：长度=2】、【4：倒

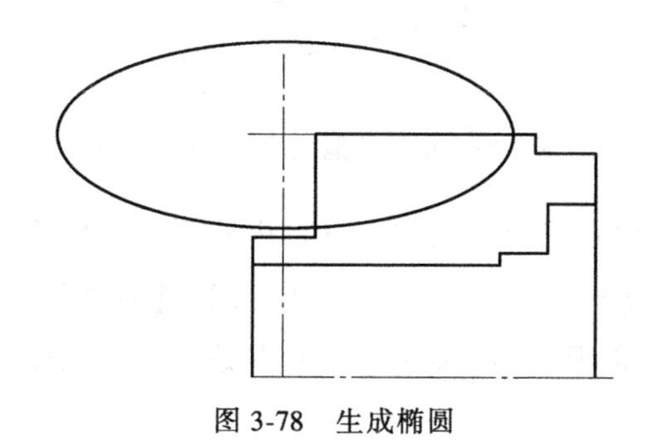

图3-78 生成椭圆

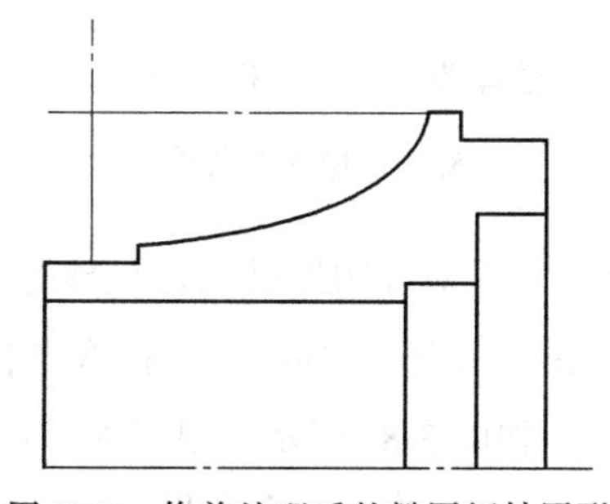

图3-79 修剪处理后的椭圆短轴图形

角 =45】，如图 3-80 所示。再单击绘图工具栏中的直线按钮，对部分线段进行修补。经倒角处理、直线修补后的椭圆短轴如图 3-81 所示。

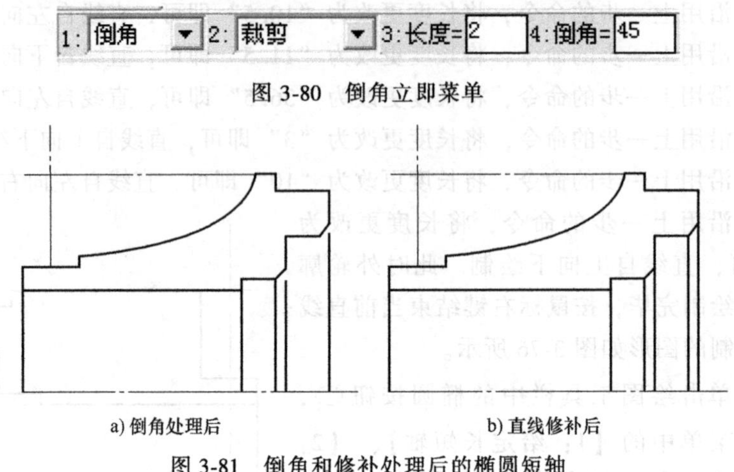

图 3-80　倒角立即菜单

a) 倒角处理后　　b) 直线修补后

图 3-81　倒角和修补处理后的椭圆短轴

27）通过上述的绘制、处理，椭圆短轴的上半轴部分已完全成形。由于该零件图形属于回转体，下半轴部分的绘制可以通过镜像功能实现。单击编辑工具栏中的镜像按钮，单击立即菜单中的【1：选择轴线】、【2：拷贝】，如图 3-82 所示。根据提示拾取除回转体中心线外的全部元素，通过光标框选的方式选中所有需镜像的元素。根据提示拾取回转体中心线为镜像轴线。镜像功能完成，如图 3-83 所示。

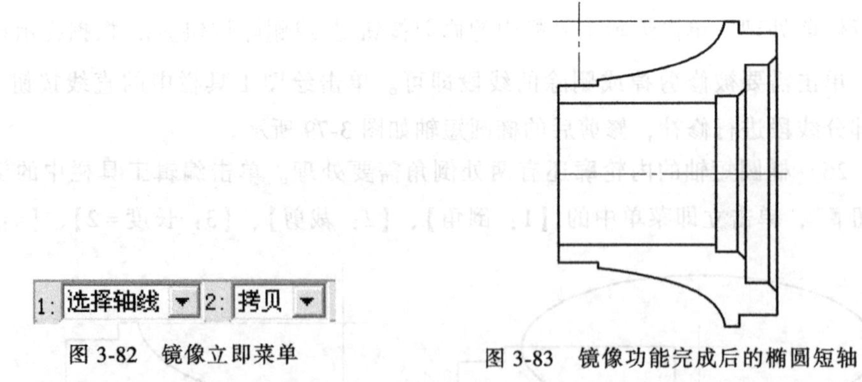

图 3-82　镜像立即菜单

图 3-83　镜像功能完成后的椭圆短轴

28）最后对椭圆短轴的剖面线进行绘制。单击绘图工具栏中的剖面线按钮，单击立即菜单中的【1：拾取点】、【2：比例 3】、【3：角度 45】、【4：间距错开 0】，如图 3-84 所示。根据提示拾取需要绘制剖面线的封闭轮廓，单击鼠标右键确定，即可生成如图 3-85 所示的剖面线。

1: 拾取点 2: 比例 3 3: 角度 45 4: 间距错开 0

图 3-84 剖面线立即菜单

29）绘制后的图形尺寸是否达到要求，可通过标注菜单进行检验，标注菜单如图 3-86 所示。图形的标注在此不展开讲解。

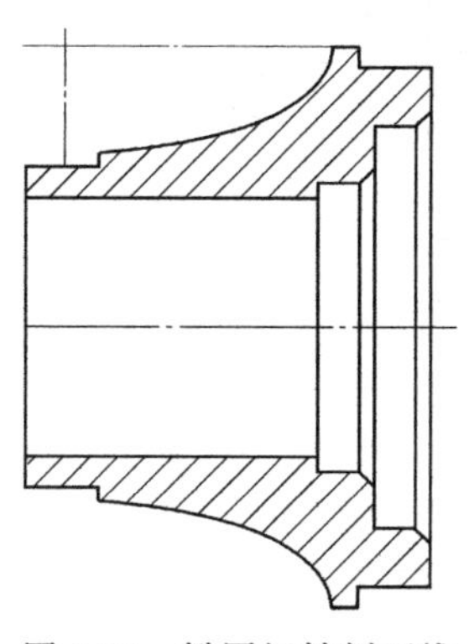

图 3-85 椭圆短轴剖面线

图 3-86 图形尺寸标注菜单

30）所有元素均符合要求后，对绘制的图形进行保存，单击按钮即可。

3.2 数控车典型零件案例的绘制

本节将以一个带螺纹椭圆轴-配合件为例，进行典型案例的绘制过程讲解。配合件如图 3-87 所示。

3.2.1 带螺纹椭圆轴-件 1 的绘制与修改

1）单击 CAXA 数控车 2016 桌面快捷图标，打开软件。

2）建立文件存储路径。单击保存按钮，弹出存储路径对话框，选取存储路径后单击【确定】即可。本例路径为“E：\ 2018-2019-2 \ CAXA 书籍 \ CAXA 数控车书籍 \ 带螺纹椭圆轴-件 1”。

3）根据带螺纹椭圆轴-件 1 可知，应首先绘制中心线。单击“图层管理器”，选定点画线为中心线的线型，如图 3-88 所示。

4）单击绘图工具栏中的直线按钮，单击立即菜单中的【1：两点线】、【2：连续】、【3：正交】、【4：长度方式】、【5：长度＝84】，如图 3-89 所示，在绘图区选择任意点为直线段的一个端点，直线方向为自左向右，绘制中心线。

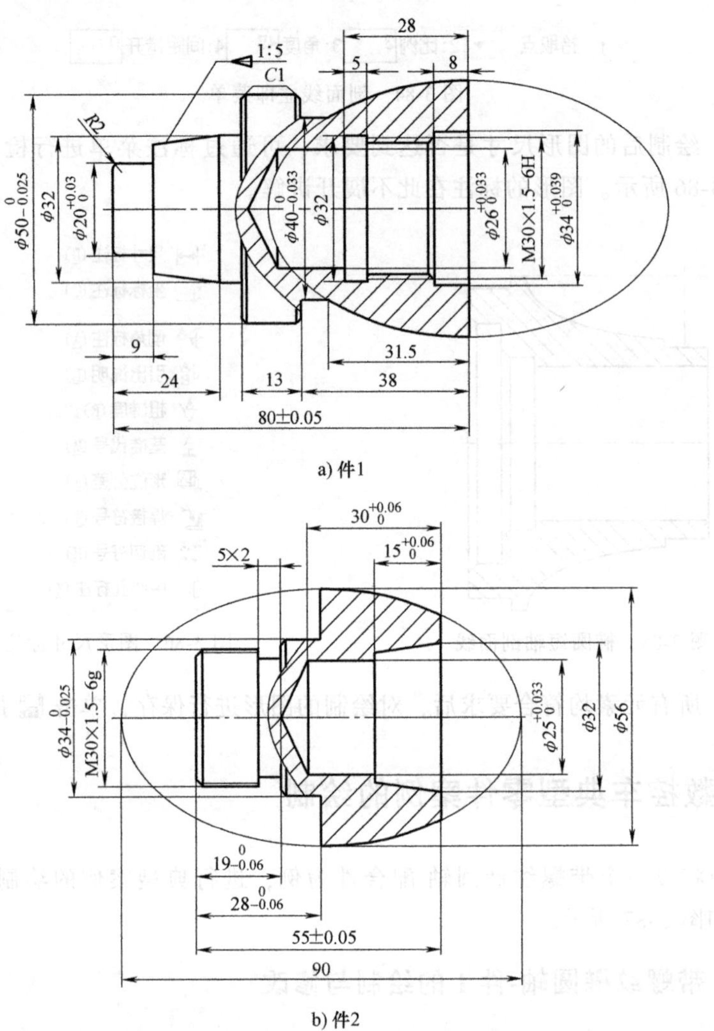

图 3-87　带螺纹椭圆轴-配合件图

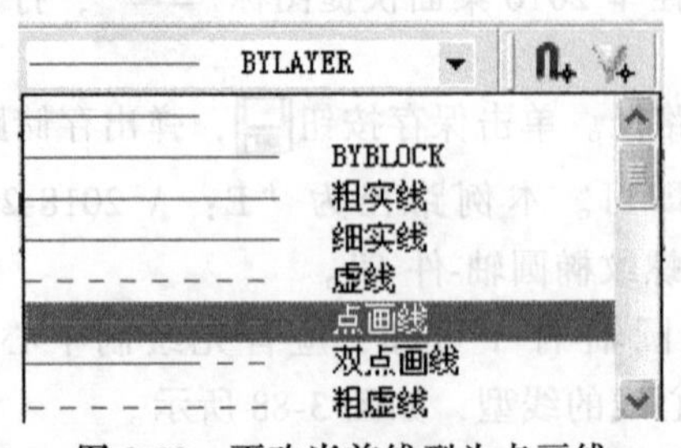

图 3-88　更改当前线型为点画线

图 3-89　直线立即菜单

5）中心线绘制完成后，单击“图层管理器”，选定粗实线为当前线型，进行轮廓的绘制，如图3-90所示。

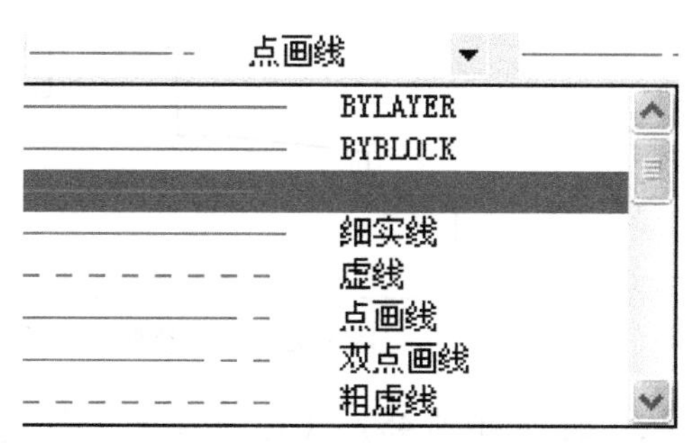

图3-90 更改当前线型为粗实线

6）先绘制带螺纹椭圆轴-件1的外轮廓，自左向右绘制。单击绘图工具栏中的直线按钮，单击立即菜单中的【1：两点线】、【2：连续】、【3：正交】、【4：长度方式】、【5：长度=10】，在绘图区选择中心线左侧一个端点为起始点，直线自下向上绘制。

7）沿用上一步的命令，将长度更改为“9”即可，直线自左向右绘制。

8）沿用上一步的命令，将长度更改为“4.5”即可，直线自下向上绘制。

9）单击绘图工具栏中的平行线按钮，单击立即菜单中的【1：偏移方式】、【2：单向】，根据系统提示拾取刚绘制的4.5mm线段，再根据系统提示输入偏移距离“15”。绘制的图形如图3-91所示。

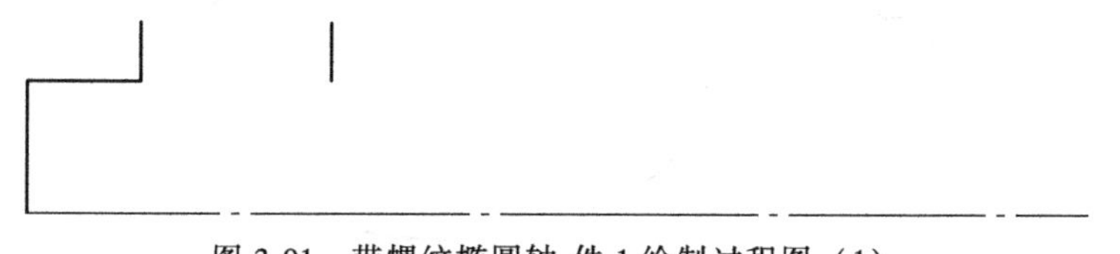

图3-91 带螺纹椭圆轴-件1绘制过程图（1）

10）单击绘图工具栏中的直线按钮，单击立即菜单中的【1：两点线】、【2：连续】、【3：正交】、【4：长度方式】、【5：长度=1.5】，拾取新绘制的平行线的上端点为起始点，直线自下向上绘制。

11）单击立即菜单中的【1：两点线】、【2：连续】、【3：非正交】，选择左端的1.5mm线段上端点为直线的第二个端点并结束当前命令。

12）单击绘图工具栏中的直线按钮，单击立即菜单中的【1：两点线】、【2：连续】、【3：正交】、【4：长度方式】、【5：长度=5】，根据系统提示拾取斜线段的右端点为起始点，直线自左向右绘制。

13）沿用上一步的命令，将长度更改为“9”即可，直线自下向上绘制。

14）沿用上一步的命令，将长度更改为“13”即可，直线自左向右绘制。

15）沿用上一步的命令，将长度更改为“5”即可，直线自上向下绘制。

16）沿用上一步的命令，将长度更改为“6.5”即可，直线自左向右绘制，结束当前命令。此时绘制的轮廓如图3-92所示。

17）单击绘图工具栏中的椭圆按钮，单击立即菜单中的【1：给定长短

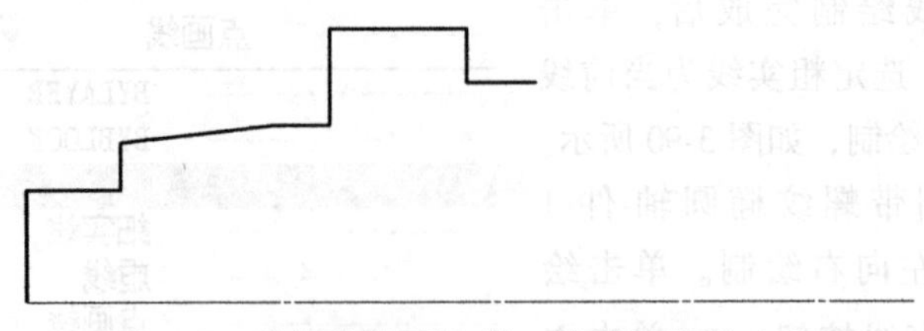

图 3-92　带螺纹椭圆轴-件 1 绘制过程图（2）

轴】、【2：长半轴 45】、【3：短半轴 28】、【4：旋转角 0】、【5；起始角 0】、【6：终止角 360】，如图 3-93 所示。选择中心线的右端端点为椭圆的中心点，生成椭圆如图 3-94 所示。

1:	给定长短轴	2:长半轴	45	3:短半轴	28	4:旋转角	0	5:起始角	0	6:终止角	360

图 3-93　椭圆立即菜单

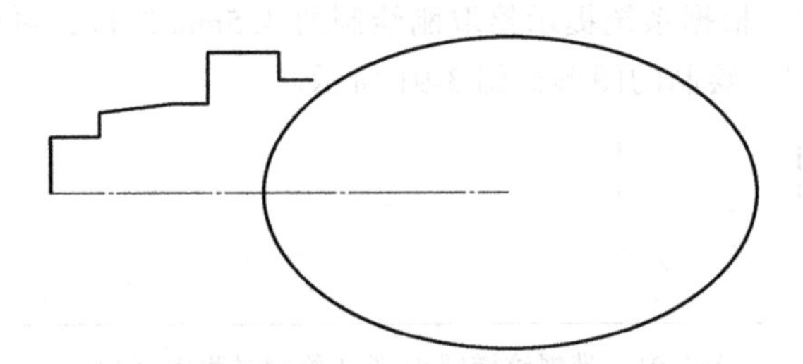

图 3-94　带螺纹椭圆轴-件 1 绘制过程图（3）

18）单击绘图工具栏中的平行线按钮，单击立即菜单中的【1：偏移方式】、【2：单向】，根据系统提示拾取的直线为中心线，根据系统提示输入偏移距离“20”。单击编辑工具栏中的平移按钮，根据系统提示拾取椭圆为平移对象，移动的第一点为椭圆与偏移的中心线交点，移动的第二点为步骤 16 所绘制的 6.5mm 线段的右端点。将偏移的中心线删除。平移椭圆后的图形如图 3-95 所示。

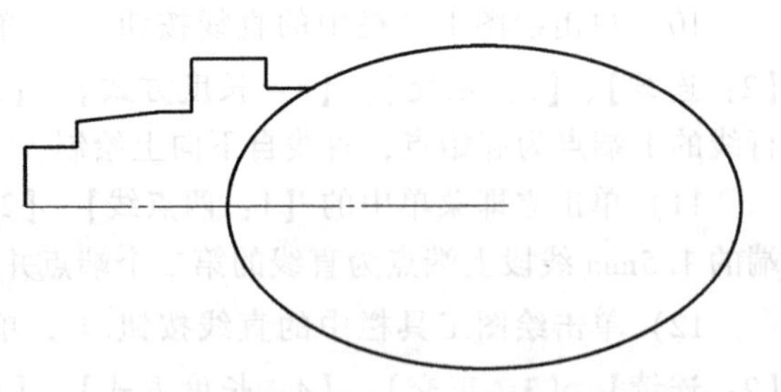

图 3-95　带螺纹椭圆轴-件 1 绘制过程图（4）

19）单击绘图工具栏中的平行线按钮，单击立即菜单中的【1：偏移方式】、【2：单向】，根据系统提示拾取最左端的 10mm 线段，再根据系统提示输入偏移距离“80”。

20）单击编辑工具栏中的齐边按钮，根据系统提示拾取所绘制的椭圆，再拾取要编辑的曲线为步骤 19 所平移的线段，退出命令即可。所绘制的图形如图 3-96 所示。

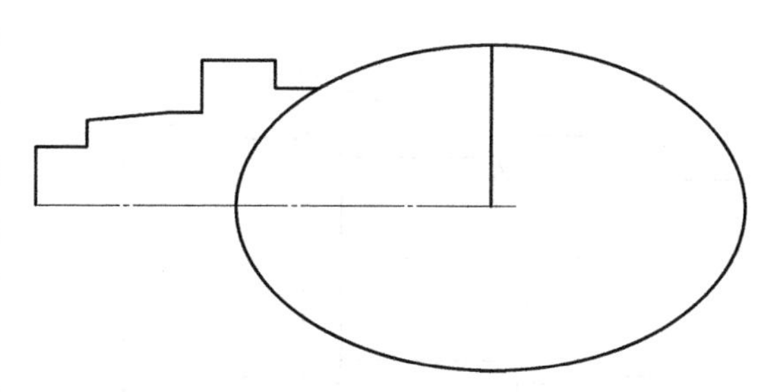

图 3-96 带螺纹椭圆轴-件 1 绘制过程图（5）

21）单击绘图工具栏中的直线按钮，单击立即菜单中的【1：两点线】、【2：连续】、【3：正交】、【4：长度方式】、【5：长度 = 17】，根据系统提示拾取右端线段与中心线交点为起始点，直线自下向上绘制。

22）沿用上一步的命令，将长度更改为“8”即可，直线自右向左绘制。

23）沿用上一步的命令，将长度更改为“2”即可，直线自上向下绘制。

24）沿用上一步的命令，将长度更改为“15”即可，直线自右向左绘制。

25）沿用上一步的命令，将长度更改为“1”即可，直线自下向上绘制。

26）沿用上一步的命令，将长度更改为“5”即可，直线自右向左绘制。

27）沿用上一步的命令，将长度更改为“3”即可，直线自上向下绘制。

28）沿用上一步的命令，将长度更改为“20”即可，直线自右向左绘制。

29）单击绘图工具栏中的直线按钮，单击立即菜单中的【1：两点线】、【2：连续】、【3：非正交】，选择步骤 28 所绘制的左端点为起点，输入“@30<240”绘制斜线段。

30）利用编辑工具栏中的修剪按钮、删除按钮、平移按钮等对图形进行修剪处理，修剪后的图形如图 3-97 所示。

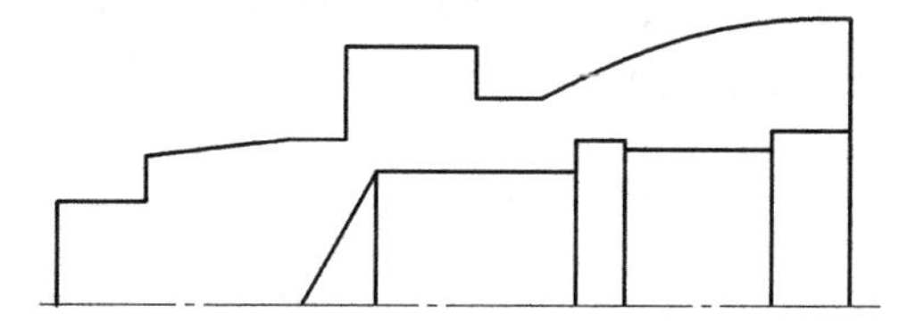

图 3-97 带螺纹椭圆轴-件 1 绘制过程图（6）

31）单击编辑工具栏中的镜像按钮，根据系统提示，选择所需镜像的元素，拾取中心线为镜像轴线。镜像完成后的图形如图 3-98 所示。

32）利用绘图工具栏中的直线按钮、倒角按钮、样条曲线按钮、剖面线按钮对图形进行处理，再利用编辑工具栏中的修剪按钮、删除按钮等对图形进行修剪。完成后的图形如图 3-99 所示。

3.2.2 带螺纹椭圆轴-件 2 的绘制与修改

1）单击 CAXA 数控车 2016 桌面快捷图标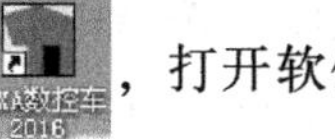，打开软件。

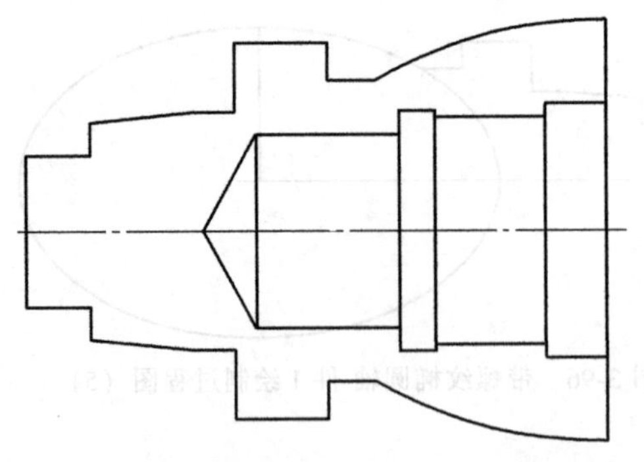

图 3-98　带螺纹椭圆轴-件 1 绘制过程图（7）

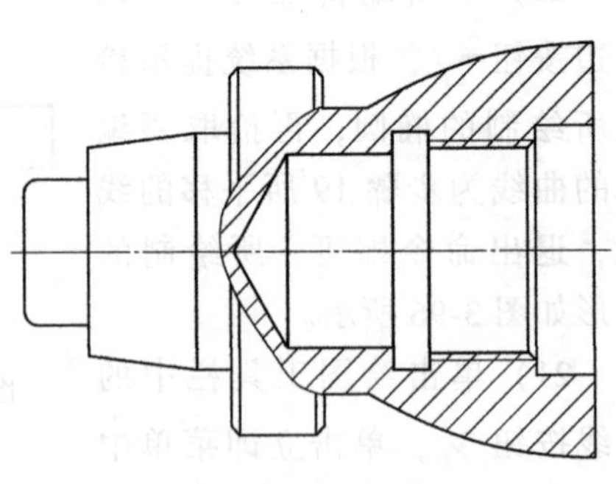

图 3-99　带螺纹椭圆轴-件 1 绘制过程图（8）

2）建立文件存储路径。单击保存按钮，弹出存储路径对话框，选取存储路径后单击【确定】即可。本例路径为“E：\ 2018-2019-2 \ CAXA 书籍 \ CAXA 数控车书籍 \ 带螺纹椭圆-件 2”。根据带螺纹椭圆-件 2 可知，应首先绘制中心线。单击“图层管理器”，选定点画线为中心线的线型，如图 3-100 所示。

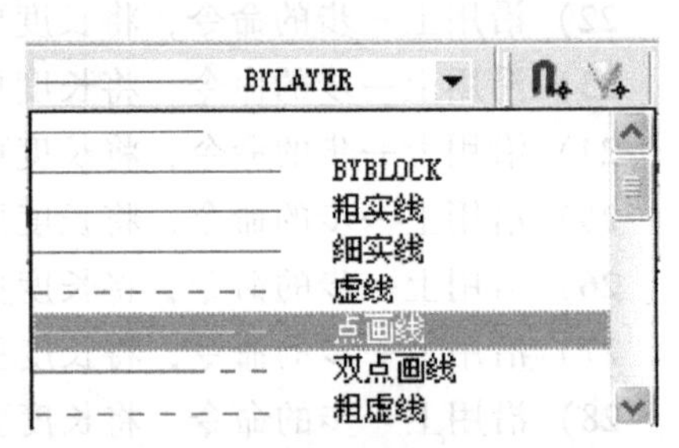

图 3-100　更改当前线型为点画线

3）单击绘图工具栏中的直线按钮，单击立即菜单中的【1：两点线】、【2：连续】、【3：正交】、【4：长度方式】、【5：长度 = 94】，如图 3-101 所示。在绘图区选择任意点为直线段的一个端点，直线方向为自左向右，绘制中心线。

图 3-101　直线立即菜单

4）中心线绘制完成后，单击“图层管理器”，选定粗实线为当前线型，进行轮廓的绘制，如图 3-102 所示。

5）先绘制带螺纹椭圆轴-件 2 的外轮廓，自左向右绘制。单击绘图工具栏中的直线按钮，单击立即菜单中的【1：两点线】、【2：连续】、【3：正交】、【4：长度方式】、【5：长度 = 15】，在图上选择中心线左侧一个端点为起始点，直线自下

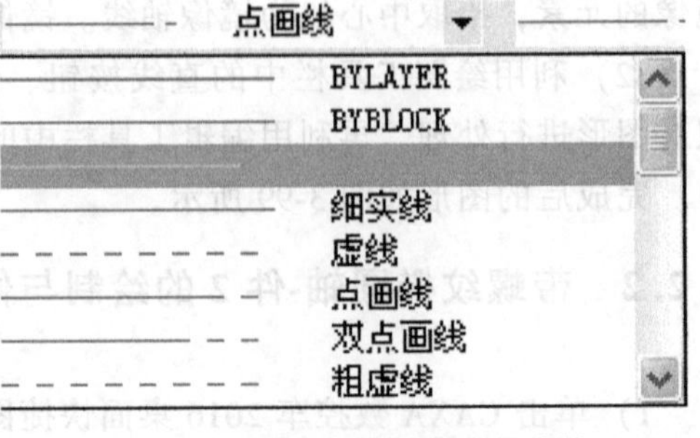

图 3-102　更改当前线型为粗实线

向上绘制。

6）沿用上一步的命令，将长度更改为“14”即可，直线自左向右绘制。

7）沿用上一步的命令，将长度更改为“2”即可，直线自上向下绘制。

8）沿用上一步的命令，将长度更改为“5”即可，直线自左向右绘制。

9）沿用上一步的命令，将长度更改为“4”即可，直线自下向上绘制。

10）沿用上一步的命令，将长度更改为“9”即可，直线自左向右绘制。

11）沿用上一步的命令，将长度更改为“11”即可，直线自下向上绘制。

12）单击绘图工具栏中的直线按钮，单击立即菜单中的【1：两点线】、【2：连续】、【3：非正交】、【4：点方式】，根据系统提示选择步骤11所绘制的11mm线段的下端端点为起点，第二点为该点到中心线的垂点。

13）单击绘图工具栏中的椭圆按钮，单击立即菜单中的【1：给定长短轴】、【2：长半轴45】、【3：短半轴28】、【4：旋转角0】、【5；起始角0】、【6：终止角360】，如图3-103所示。选择步骤12）中的垂点为椭圆的基点，生成椭圆如图3-104所示。

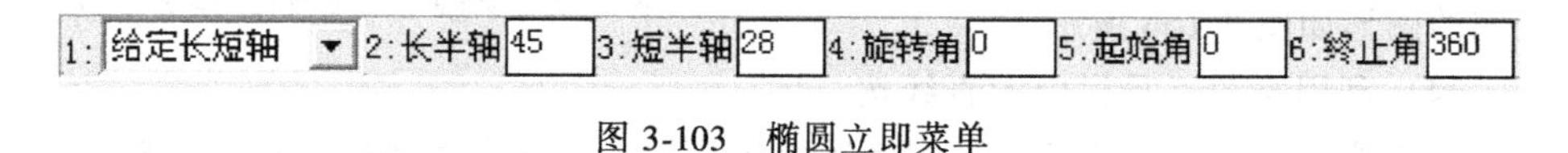

图3-103 椭圆立即菜单

14）单击绘图工具栏中的平行线按钮，单击立即菜单中的【1：偏移方式】、【2：单向】，根据系统提示拾取最左端的15mm线段，再根据系统提示输入偏移距离“55”。

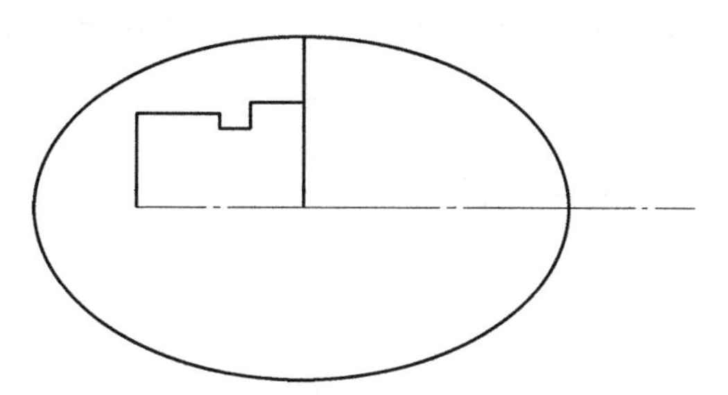

图3-104 带螺纹椭圆轴-件2绘制过程图（1）

15）单击绘图工具栏中的直线按钮，单击立即菜单中的【1：两点线】、【2：连续】、【3：正交】、【4：长度方式】、【5：长度=15】，根据系统提示选取步骤14所绘制的直线与中心线的交点为起点，直线自右向左绘制。

16）沿用上一步的命令，将长度更改为“12.5”即可，直线自下向上绘制。

17）沿用上一步的命令，将长度更改为“15”即可，直线自右向左绘制。

18）单击绘图工具栏中的直线按钮，单击立即菜单中的【1：两点线】、【2：连续】、【3：非正交】，选择步骤17所绘制的左端点为起点，输入“@30<240”绘制斜线段。

19）单击绘图工具栏中的直线按钮，单击立即菜单中的【1：两点线】、

【2：连续】、【3：正交】、【4：长度方式】、【5：长度=16】，根据系统提示选取步骤14所绘制的直线与中心线的交点为起点，直线自下向上绘制。

20）单击绘图工具栏中的直线按钮，单击立即菜单中的【1：两点线】、【2：连续】、【3：正交】、【4：长度方式】、【5：长度=2】，根据系统提示选取步骤16所绘制的直线的上端点为起点，直线自下向上绘制。

21）单击绘图工具栏中的直线按钮，单击立即菜单中的【1：两点线】、【2：连续】、【3：非正交】、【4：点方式】，根据系统提示选取步骤19所绘制的直线的上端点为起点，选取步骤20所绘制的直线的上端点为终点。

22）利用编辑工具栏中的修剪按钮、删除按钮等对图形进行修剪处理，修剪后的图形如图3-105所示。

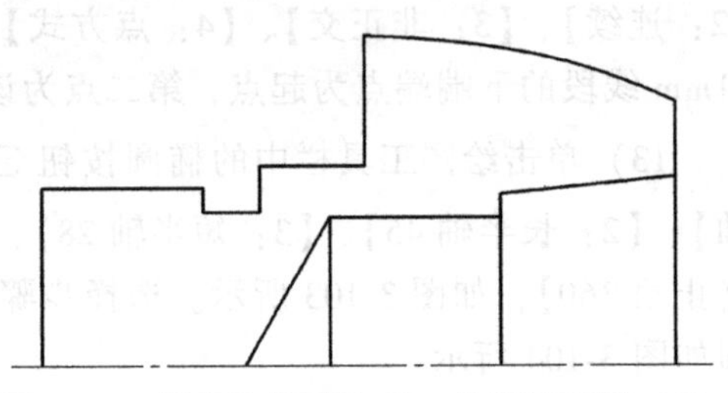

图3-105　带螺纹椭圆轴-件2绘制过程图（2）

23）单击编辑工具栏中的镜像按钮，根据系统提示，选择所需镜像的元素，拾取中心线为镜像轴线。绘制的图形如图3-106所示。

24）利用绘图工具栏中的直线按钮、倒角按钮、样条曲线按钮、剖面线按钮，编辑工具栏中的修剪按钮、删除按钮等对图形进行修剪处理。修剪后的图形如图3-107所示。

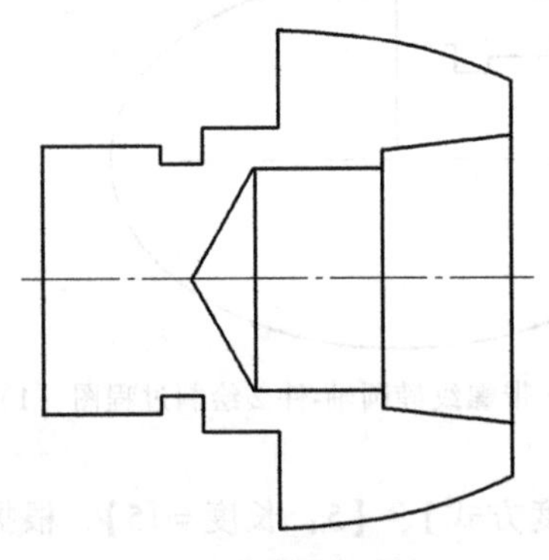

图3-106　带螺纹椭圆轴-件2绘制过程图（3）

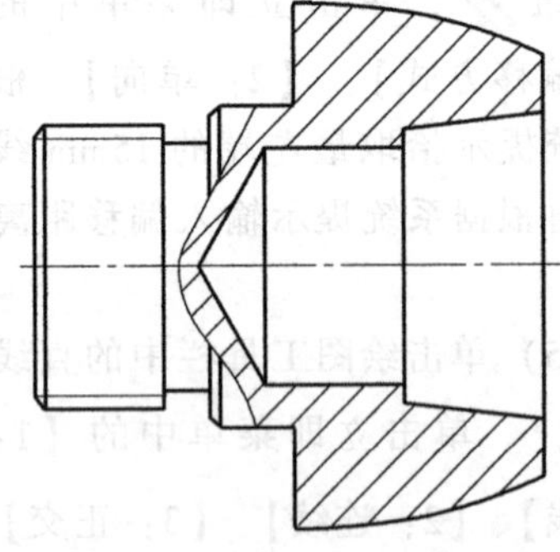

图3-107　带螺纹椭圆轴-件2绘制过程图（4）

习题

1. 绘制如图3-108所示的零件图，并进行尺寸标注。

2. 绘制如图3-109所示的配合件零件图，并进行尺寸标注。

3. 绘制如图3-110所示的零件图，并结合CAXA数控车轨迹生成要求对其内、外轮廓线的进、退刀线，毛坯轮廓线，螺纹的进、退刀线进行补充。

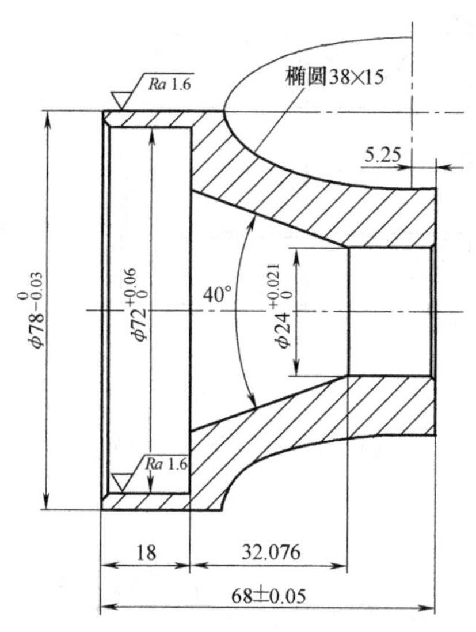

图 3-108 椭圆空心套

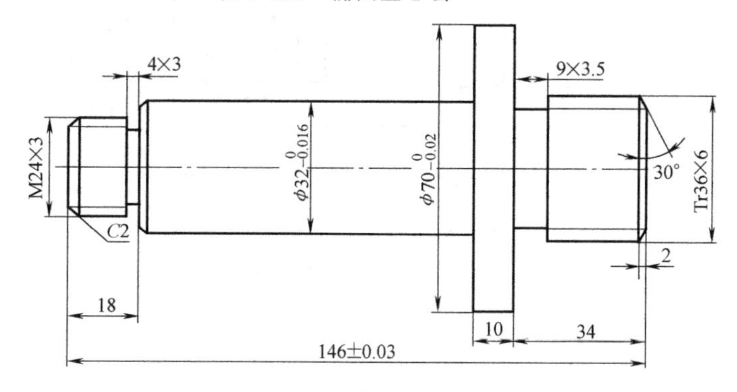

a) 配合件－件1

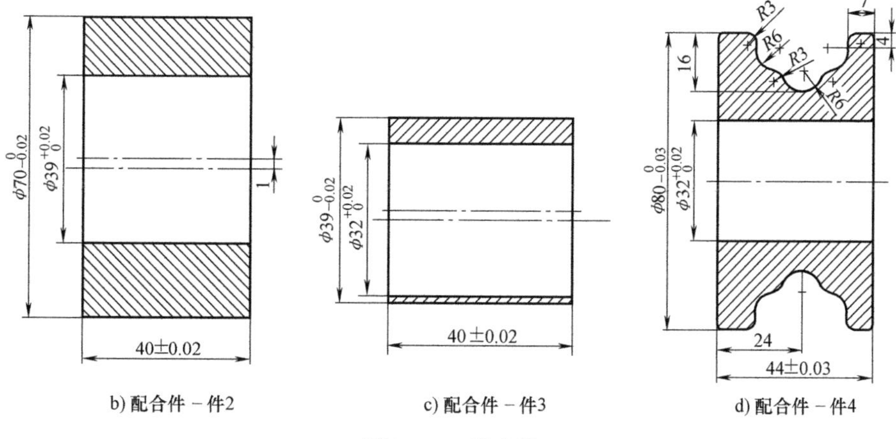

b) 配合件－件2　　c) 配合件－件3　　d) 配合件－件4

图 3-109 配合件

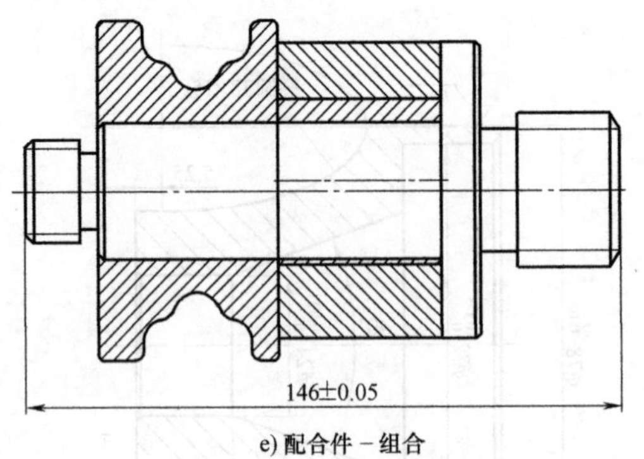

e) 配合件－组合

图 3-109 配合件（续）

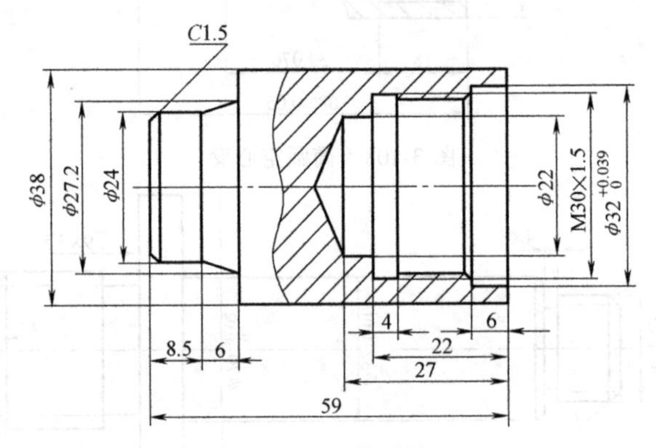

图 3-110 传递轴

第4章

CAXA数控车车削路径生成及后处理

CAXA 数控车具有功能强大的轨迹生成及通用后置处理功能。该软件提供了便捷的轨迹生成方式，可按加工要求生成各种复杂的加工轨迹。通用的后置处理模块可将轨迹路径转换成数控机床可识别的 G 代码指令用于切削加工。为了校验轨迹路径是否存在干涉等问题，CAXA 数控车还具有对已生成的加工轨迹进行校验及加工仿真的功能。CAXA 数控车的加工实施流程如图 4-1 所示。

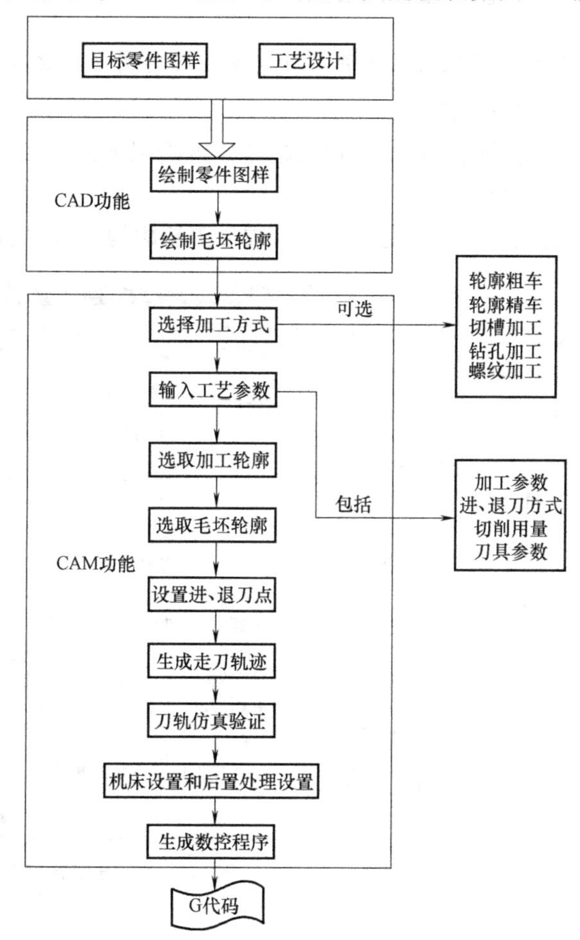

图 4-1　数控车的加工实施流程

4.1 轮廓粗车加工

轮廓粗车加工主要用于对工件毛坯的多余部分进行快速清除，使工件外表面、内表面和端面达到粗加工工序尺寸。

利用CAXA数控车生成轮廓粗车加工轨迹时要确定被加工轮廓和毛坯轮廓等元素。被加工轮廓就是加工结束后的工件表面轮廓；毛坯轮廓就是加工前毛坯的表面轮廓。将被加工轮廓和毛坯轮廓两端点相连，构成一个封闭的加工区域，在此区域内的材料将被加工去除。

提示： 被加工轮廓和毛坯轮廓不能单独闭合或自相交，否则无法生成轮廓粗车轨迹。

4.1.1 轮廓粗加工基本操作方法

1. 利用CAXA数控车生成轮廓粗车加工轨迹时对图形的要求

1）图形不可有重复线段。

2）为使加工轨迹顺畅，被加工轮廓起点处可绘制辅助线，使轨迹经切线或圆弧过渡至被加工轮廓起点。

3）需要绘制毛坯轮廓，且毛坯轮廓与被加工轮廓构成封闭加工区域。

2. 刀具选择

为便于CAXA数控车轨迹生成时对刀具进行优化管理，需结合加工工艺对刀具库进行管理。在“数控车”菜单中选取“刀具库管理”功能或在数控车工具栏中单击图标，弹出“刀具库管理”对话框，选择“轮廓车刀”选项卡，如图4-2所示。

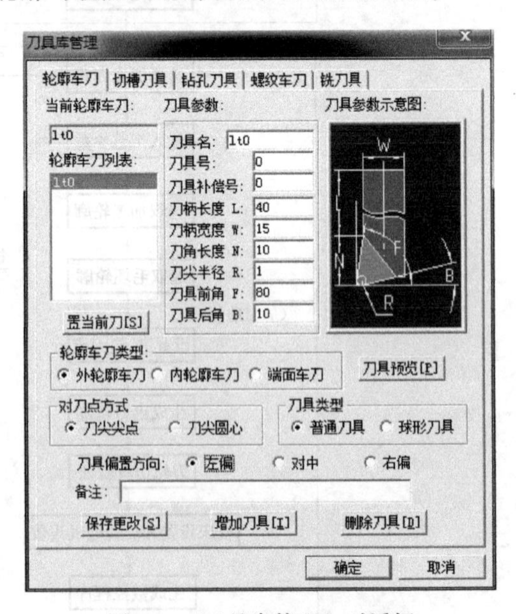

图4-2 “刀具库管理”对话框

（1）当前轮廓车刀

“当前轮廓车刀”文本框显示当前使用刀具的刀具名。当前刀具是指当前加工需使用的刀具，即在加工轨迹生成时需使用的刀具。

（2）轮廓车刀列表

“轮廓车刀”列表框中显示刀具库中所有同类型刀具的名称，可通过光标或键盘的上、下键选择不同的刀具名，“刀具参数”选项组中将显示所选刀具的参数。单击【置当前刀】或双击所选的刀具，可将其置为当前刀具。

(3) 刀具参数

① 刀具名：刀具的名称，用于标识刀具。刀具不可同名。

② 刀具号：刀具的系列号，用于后置处理的自动换刀指令。刀具号是指 T0101（数控车床刀具指令格式：T+两位数字+两位数字，这里以 T0101 为例进行讲解）的前一个“01”，即换刀指令中的刀位号。

③ 刀具补偿号：刀具补偿值的序列号。刀具补偿号是指 T0101 种的后一个“01”，即换刀指令中的刀具补偿号。

④ 刀柄长度 L：刀具可夹持部分的长度。

⑤ 刀柄宽度 W：刀具可夹持部分的宽度。

⑥ 刀角长度 N：刀具可切削部分的长度。

⑦ 刀尖半径 R：刀尖圆弧的半径，与数控机床系统刀具偏置中的 R 值对应。

⑧ 刀具前角 F：刀具前刀面与基面的夹角。

⑨ 刀具后角 B：刀具后刀面与切削平面间的夹角。

(4) 刀具参数示意图

“刀具参数示意图”区域以图示的方式显示刀具库中当前刀具。定义完一把车刀参数后，可以通过单击【刀具预览】显示当前刀具的样式。

4.1.2 轮廓粗加工参数设置

在“数控车”主菜单中选取“粗车轮廓”项或在数控车工具栏中单击按钮，弹出“粗车参数表”对话框，如图 4-3 所示。

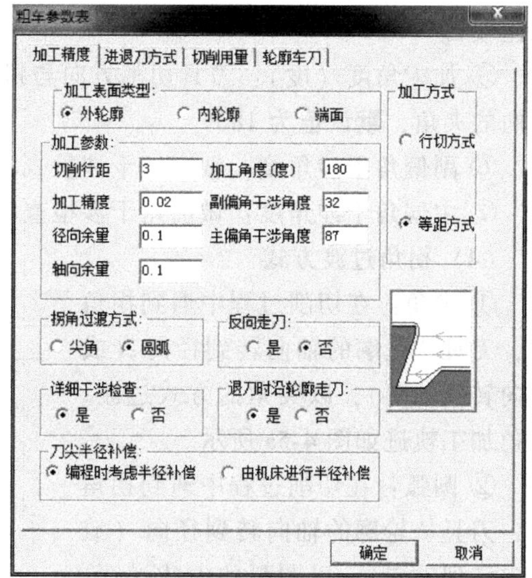

图 4-3 “粗车参数表”对话框

1. 加工精度

(1) 加工表面类型

① 外轮廓：采用当前车刀加工外轮廓，默认加工角度为 180°。

② 内轮廓：采用当前车刀加工内轮廓，默认加工角度为 180°。

③ 端面：加工端面时，默认加工方向应垂直于系统 *X* 轴，即加工角度为−90°或 270°。

(2) 加工方式

① 行切方式：行切加工刀具沿着某一固定方向往复行切，加工轨

迹样式如图 4-4a 所示。

② 等距方式：等距加工刀具轨迹以加工轮廓的等距方式进行，加工轨迹样式如图 4-4b 所示。

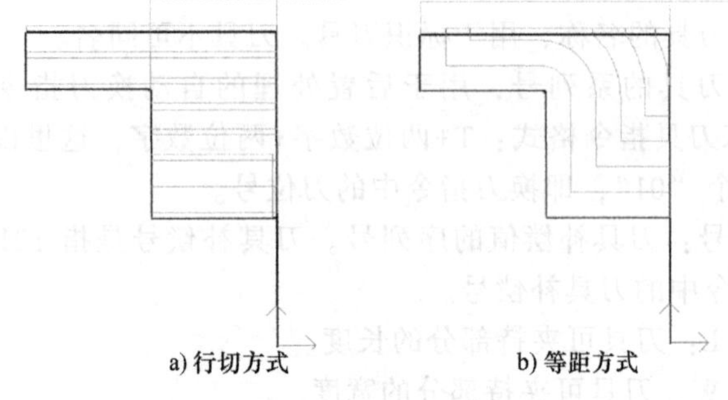

图 4-4　外轮廓粗加工加工方式

(3) 加工参数

① 切削行距：行间切入深度，即两相邻切削行之间的距离。

② 加工精度：当前元素的加工尺寸精度。对于轮廓中的直线和圆弧，基本可以较为精确地生成切削轨迹；对于由样条曲线组成的轮廓，软件系统会结合操作者给定的精度值将样条曲线转化成直线段，生成操作者所需加工精度的切削轨迹。

③ 径向余量：粗加工结束后，被加工表面直径方向上的余量值（与最终加工结果比较）。

④ 轴向余量：粗加工结束后，被加工表面轴向上的余量值（与最终加工结果比较）。

⑤ 加工角度（度）：刀具切削方向与机床 Z 轴（软件系统 X 轴正方向）正方向的夹角，默认值为 180°。

⑥ 副偏角干涉角度：做底切干涉检查时，确定干涉检查的角度。

⑦ 主偏角干涉角度：做前角干涉检查时，确定干涉检查的角度。

(4) 拐角过渡方式

① 尖角：在切削过程中遇到拐角时，刀具从轮廓的轴向转到径向（或径向转到轴向），以尖角的方式过渡。拐角加工轨迹如图 4-5a 所示。

② 圆弧：在切削过程中遇到拐角时，刀具从轮廓的轴向转到径向（或径向转到轴向），以圆弧的方式过渡。

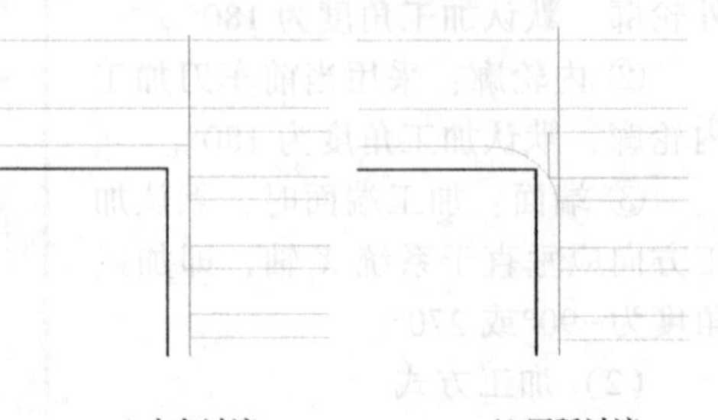

图 4-5　拐角加工轨迹

拐角加工轨迹如图 4-5b 所示。

（5）反向走刀

① 是：刀具按与默认方向相反的方向走刀，如图 4-6a 所示。

② 否：刀具按默认方向走刀，即刀具从机床 Z 轴正向往 Z 轴负向移动，如图 4-6b 所示。

（6）详细干涉检查

① 是：加工凹槽时，用定义的干涉角度检查加工中是否有刀具前角及底切干涉，并按定义的干涉角度生成无干涉的切削轨迹，如图 4-7-a 所示。

② 否：假定刀具主、副偏角的干涉角度均为 0°，对凹槽部分不做加工，以保证切削轨迹无前角及底切干涉，如图 4-7b 所示。

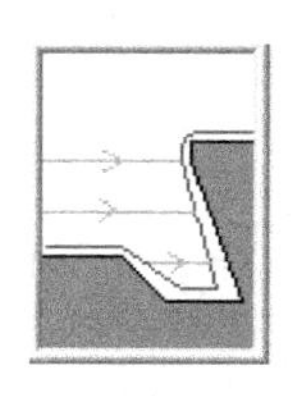

a) 反向走刀　b) 正向走刀

图 4-6　外轮廓粗加工反向走刀

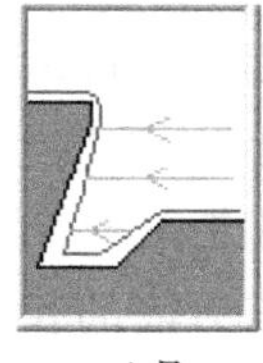

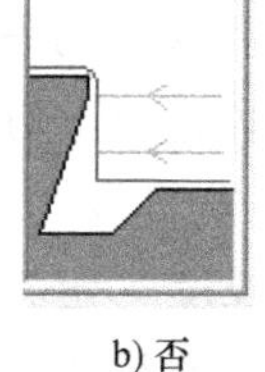

a) 是　b) 否

图 4-7　外轮廓粗加工详细干涉检查

（7）退刀时沿轮廓走刀

① 是：两刀位行之间如果有一段轮廓，在后一刀位行之前增加对行间轮廓的加工，如图 4-8a 所示。

② 否：刀位行首末直接进、退刀，不加工两刀位行之间的轮廓，如图 4-8b 所示。

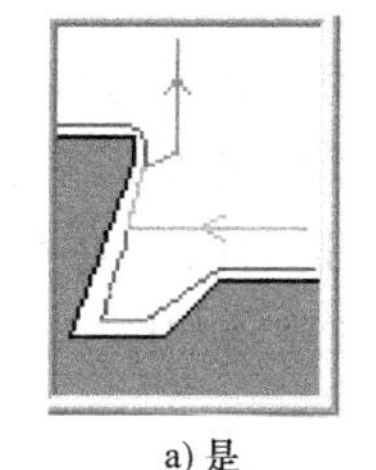

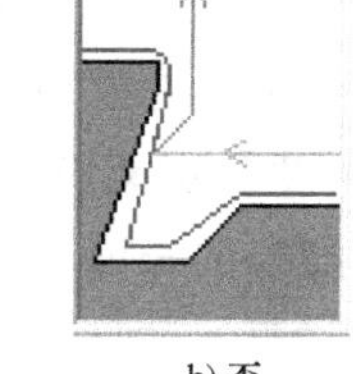

a) 是　b) 否

图 4-8　外轮廓粗加工退刀时沿轮廓走刀

（8）刀尖半径补偿

① 编程时考虑半径补偿：在生成加工轨迹时，系统根据当前所用刀具的刀尖半径进行补偿计算（按假想刀尖点编程）。所生成的数值即为已考虑半径补偿的数值，无需机床再进行刀尖半径补偿。

② 由机床进行半径补偿：在生成加工轨迹时，假设刀尖半径为 0，按轮廓编程，不进行刀尖半径补偿计算。所生成的数值在用于实际加工时应根据实际刀尖半径由机床指定补偿值。

2. 进退刀方式

单击“粗车参数表”对话框中的“进退刀方式”标签即进入“进退刀方式”选项卡，如图 4-9 所示。

(1) 进刀方式

每行相对毛坯进刀方式：该进刀方式用于指定对毛坯部分进行切削时的进刀方式。

每行相对加工表面进刀方式：该进刀方式用于指定对加工表面部分进行切削时的进刀方式。

① 与加工表面成定角：指在每一切削行前加入一段与轨迹方向成一定夹角的进刀段，刀具垂直进刀到该进刀段的起点，再沿该进刀段进刀至切削行。“角度”定义该进刀段与轨迹方向的夹角，“长度”定义该进刀段的长度。进刀路径如图 4-10a 所示。

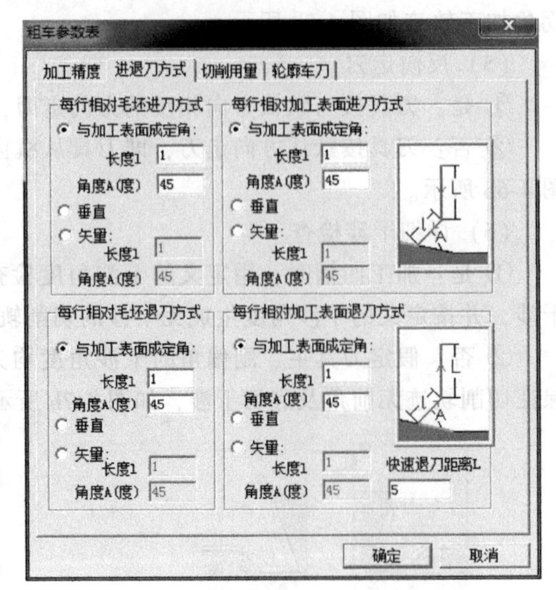

图 4-9 “进退刀方式”选项卡

② 垂直：指刀具直接进刀到每一切削行的起始点。进刀路径如图 4-10b 所示。

③ 矢量：指在每一切削行前加入一段与系统 X 轴（机床 Z 轴）正方向成一定夹角的进刀段，刀具进刀到该进刀段的起点，再沿该进刀段进刀至切削行。“角度”定义矢量（进刀段）与系统 X 轴正方向的夹角，“长度”定义矢量（进刀段）的长度。进刀路径如图 4-10c 所示。

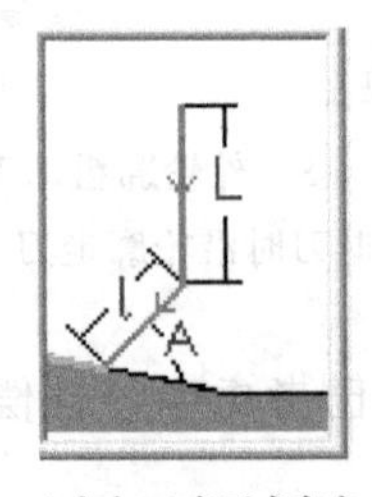
a) 与加工表面成定角

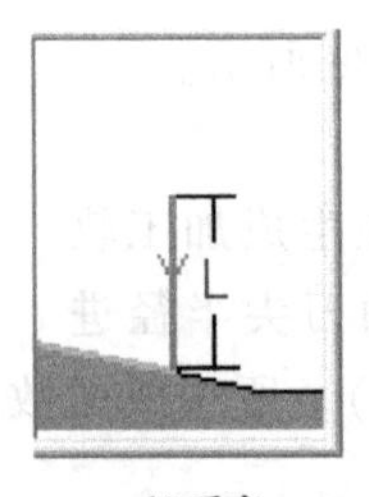
b) 垂直

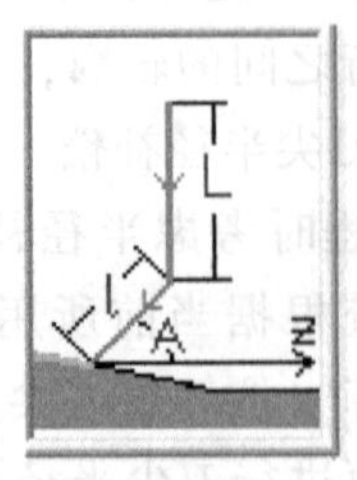
c) 矢量

图 4-10 外轮廓粗加工进刀方式

(2) 退刀方式

每行相对毛坯退刀方式：该退刀方式用于指定对毛坯部分进行切削时的退刀方式。

每行相对加工表面退刀方式：该退刀方式用于指定对加工表面部分进行切削时的退刀方式。

① 与加工表面成定角：指在每一切削行后加入一段与轨迹方向成一定夹角的退刀段，刀具先沿该退刀段退刀，再从该退刀段的末点开始垂直退刀。“角度”定义该退刀段与轨迹方向的夹角，“长度”定义该退刀段的长度。退刀路径如图 4-11a 所示。

② 垂直：指刀具直接退刀到切削行的起始点。退刀路径如图 4-11b 所示。

③ 矢量：指在每一切削行后加入一段与系统 X 轴（机床 Z 轴）正方向成一定夹角的退刀段，刀具先沿该退刀段退刀，再从该退刀段的末点开始垂直退刀。“角度”定义矢量（退刀段）与系统 X 轴正方向的夹角，“长度”定义矢量（退刀段）的长度。退刀路径如图 4-11c 所示。

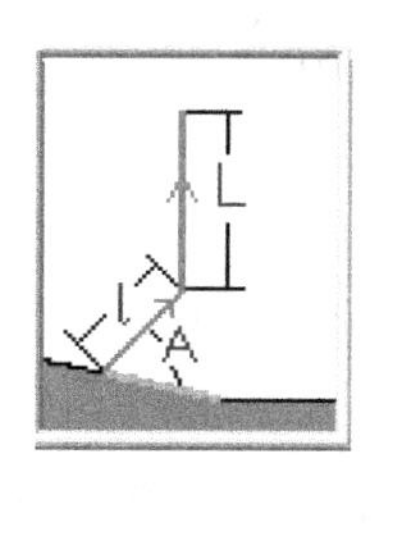

a) 与加工表面成定角

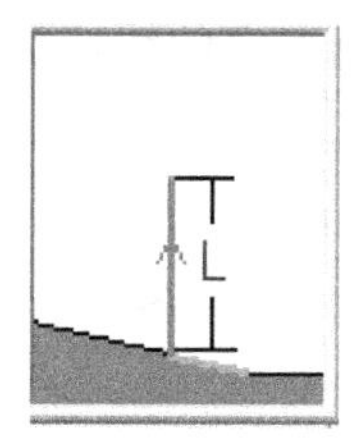

b) 垂直

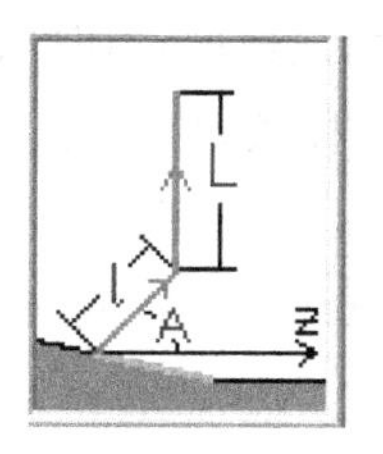

c) 矢量

图 4-11 外轮廓粗加工退刀方式

④ 快速退刀距离 L：以给定的退刀速度回退的距离（相对值），在此距离的移动过程中以机床最大的进给速度来实现退刀（G00 退刀）。

3. 切削用量

单击“粗车参数表”对话框中的“切削用量”标签即进入“切削用量”选项卡，如图 4-12 所示。

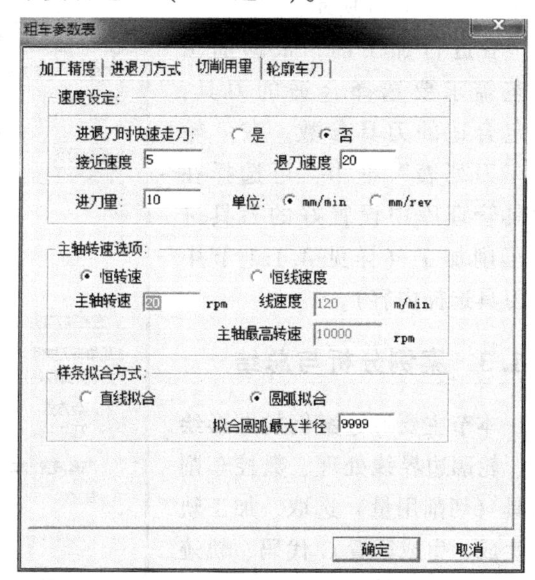

图 4-12 “切削用量”选项卡

在加工轨迹生成时，需要设置一些切削用量参数，以对数控机床的进给、转速等进行控制。在 CAXA 数控车中切削用量参数的选取非常重要，直接影响工件的质量及加工效率。

（1）速度设定

① 进退刀时快速走刀：

- 是：按所设定的接近速度、退刀速度来执行。

- 否：不能设置接近速度和退刀速度。

② 接近速度：刀具接近工件时的进给速度。

③ 退刀速度：刀具离开工件的速度。

④ 进刀量：根据操作者需求，为刀具在进给运动方向上相对工件的位移量选取一种单位：mm/min（每分钟进给）、mm/r（主轴每转进给）。

(2) 主轴转速选项

CAXA 数控车提供了两种主轴转速选项：

① 恒转速：切削过程中按指定的转速保持主轴转速恒定，直到下一指令改变该转速。

② 恒线速度：切削过程中按指定的线速度保持线速度恒定。

(3) 样条拟合方式

CAXA 数控车提供了两种样条拟合方式：

① 直线拟合：对加工轮廓中的样条线根据给定的加工精度用直线段进行拟合。

② 圆弧拟合：对加工轮廓中的样条线根据给定的加工精度用圆弧段进行拟合。

4. 轮廓车刀

单击“粗车参数表”对话框中的“轮廓车刀”标签即进入“轮廓车刀”选项卡，如图 4-13 所示。

在进行加工前，根据加工工艺需求要选择合适的刀具，给定合适的刀具参数。在“轮廓车刀列表”框中，可选择在刀具管理库中设置好的刀具进行车削加工（详见 4.1.1 节中的刀具选择内容）。

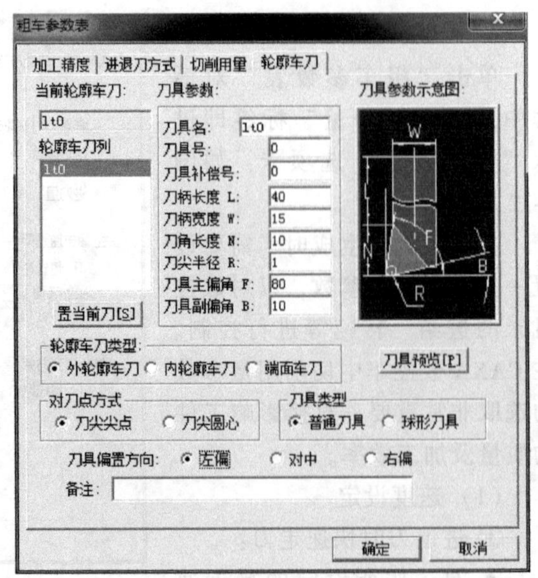

图 4-13 “轮廓车刀”选项卡

4.1.3 案例分析与总结

本节主要通过案例的图形绘制、轮廓边界线处理、数控车削刀具（切削用量）选取、加工轨迹生成、生成后置 G 代码、轨迹运动仿真、外轮廓粗加工经验总结等内容进行讲解。

1. 数控车外轮廓粗加工案例介绍

本节以台阶轴为例进行讲解，台阶轴如图 4-14 所示。CAXA 数控车在进行轨迹生成时需选定车削轮廓线、毛坯轮廓线等，因此需要对轮廓边界线进行处理，并将编程零点与 CAXA 数控车的坐标原点统一，以便生成正确、合理的 G 代码程序。轮廓边界线处理后的图形如图 4-15 所示。

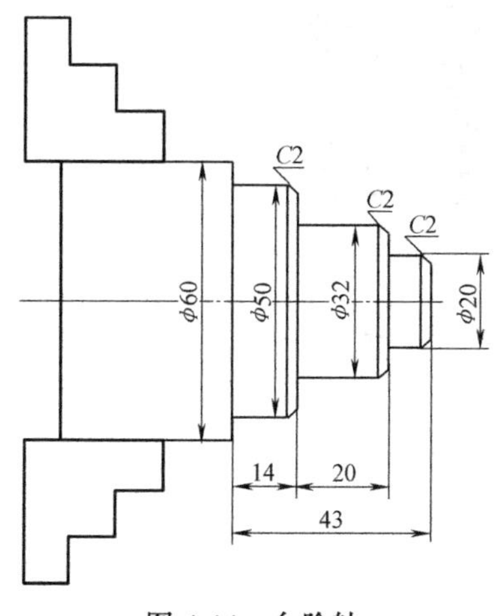

图 4-14 台阶轴

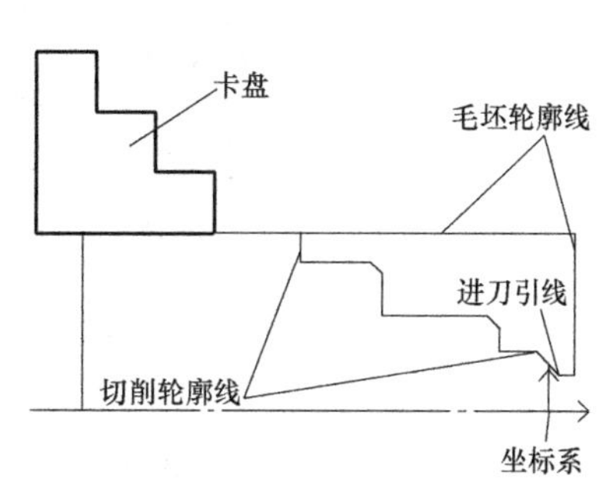

图 4-15 轮廓边界线处理后的图形

2. 数控车刀具、切削用量的选择

本例对外轮廓无特殊要求，结合刀具选用的原则，优先选用刀尖角为 55°、主偏角为 93°、刀尖圆弧半径为 0.4mm 的右偏刀。将选定的刀具参数填入数控加工刀具卡片（如图 4-16 所示）中，以便于编程和操作管理。

<table>
<tr><td colspan="3">产品名称或代号</td><td colspan="2">× × ×× × ×</td><td colspan="2">零件名称</td><td colspan="2">× × ×</td><td>零件图号</td><td colspan="2">01</td></tr>
<tr><td>序号</td><td>刀具号</td><td colspan="3">刀具规格名称</td><td>数量</td><td colspan="3">加工表面</td><td colspan="2">刀尖半径/mm</td><td>备注</td></tr>
<tr><td>1</td><td>T01</td><td colspan="3">55° 尖头右偏刀</td><td>1</td><td colspan="3">车端面、粗加工</td><td colspan="2">0.4</td><td>20×20</td></tr>
<tr><td>编制</td><td colspan="2">× × ×</td><td>审核</td><td>× × ×</td><td>批准</td><td>× × ×</td><td colspan="2">××年 ×月×日</td><td colspan="2">共 1 页</td><td>第 1 页</td></tr>
</table>

图 4-16 数控加工刀具卡片

根据被加工表面质量要求、刀具材料和工件材料，参考切削用量手册或有关资料，选取切削速度与每转进给量。

背吃刀量的选择因粗、精加工而有所不同。粗加工时，在工艺系统刚性和机床功率允许的情况下，尽可能取较大的背吃刀量，以减少进给次数；精加工时，为达到零件表面粗糙度要求，背吃刀量一般取 0.1~0.4 mm 较为合适。

3. 数控车外轮廓粗车轨迹生成

1）单击数控车工具栏中的刀具库管理按钮，弹出“刀具库管理”对话框，结合刀具选择原则，设置相关参数：刀具名、刀具号、刀具参数、刀具类型、对刀点方式、刀具偏置方向等，如图 4-17 所示。

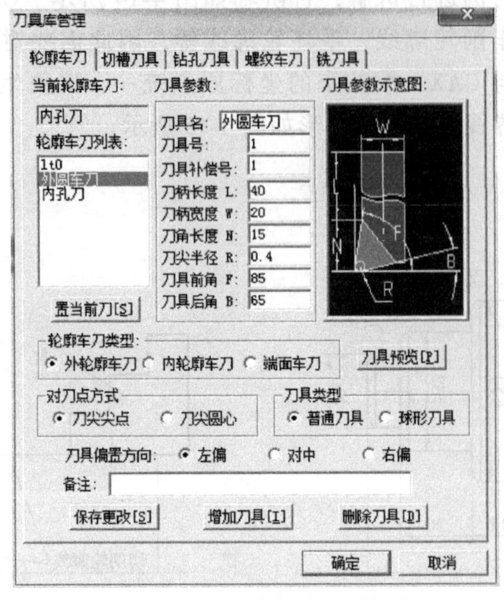

图 4-17 “刀具库管理”对话框

2）单击数控车工具栏中的轮廓粗车按钮，弹出“粗车参数表”对话框，根据刀具和切削用量选择依据设置粗车参数，确定参数后单击【确定】。粗车参数设置如图 4-18 所示。

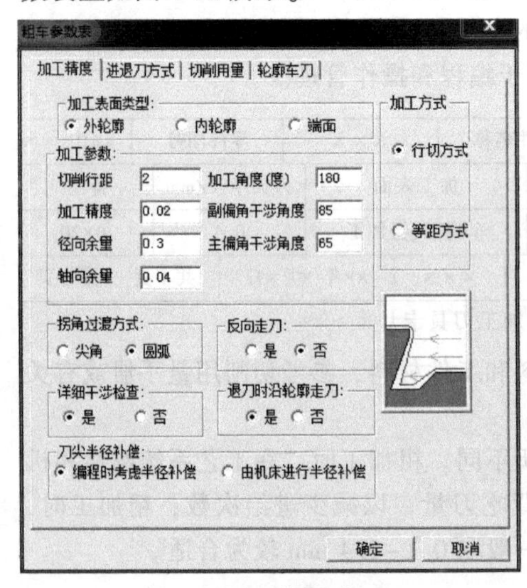

a) 加工精度参数

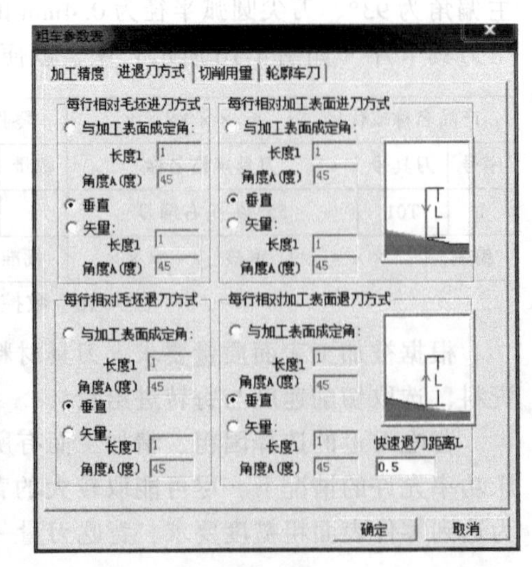

b) 进退刀参数

图 4-18 粗车参数设置

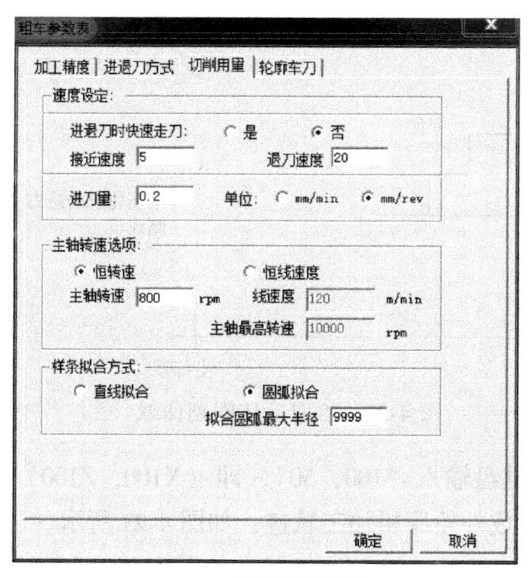

c) 切削用量参数

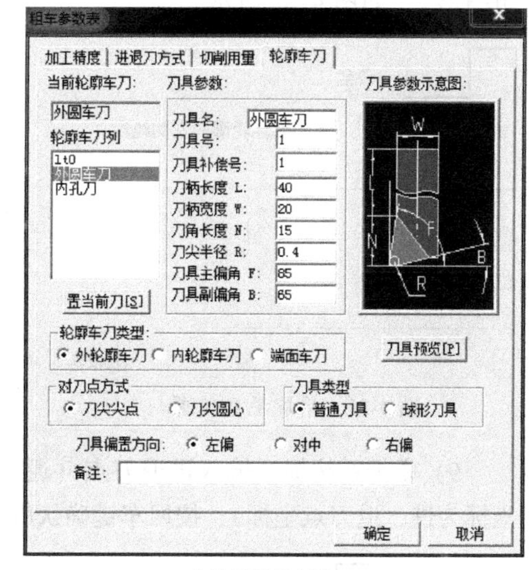

d) 轮廓车刀参数

图 4-18 粗车参数设置（续）

3）根据系统提示拾取被加工工件表面轮廓（单击进刀引线最右侧线段），如图 4-19 所示。

4）根据系统提示拾取方向（单击箭头左侧）。

5）根据系统提示拾取限制曲线（单击被加工轮廓的左上侧线段），如图 4-20 所示。

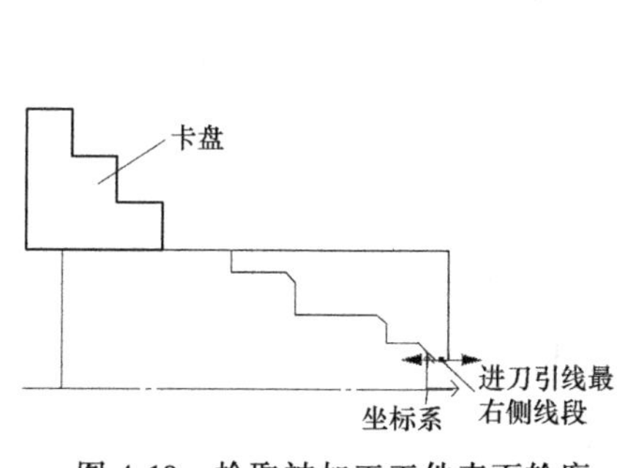

图 4-19 拾取被加工工件表面轮廓

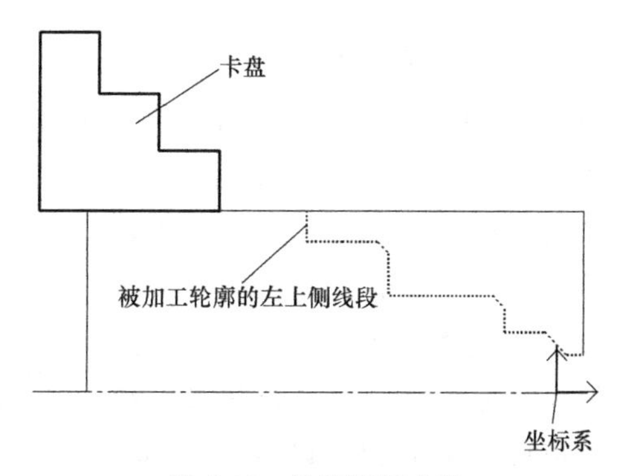

图 4-20 拾取限制曲线

6）根据系统提示拾取毛坯轮廓（单击毛坯轮廓的左侧线段），如图 4-21 所示。

7）根据系统提示拾取方向（单击箭头右侧）。

8）根据系统提示拾取限制曲线（单击毛坯轮廓的最右侧线段，构成一个封闭图形），如图 4-22 所示。

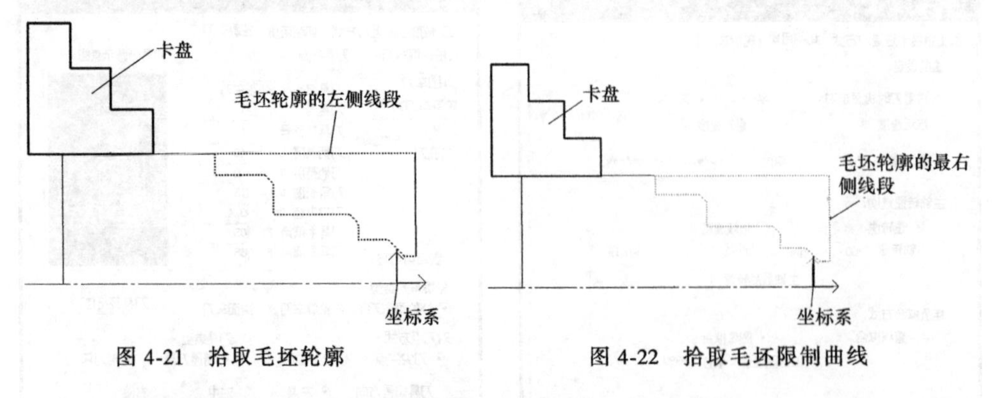

图 4-21　拾取毛坯轮廓　　　　图 4-22　拾取毛坯限制曲线

9）根据系统提示输入进退刀点（通过键盘输入“100，50”，即（X100，Z100）坐标为进、退刀点坐标），按回车键确认后生成外轮廓粗加工轨迹，如图 4-23 所示。

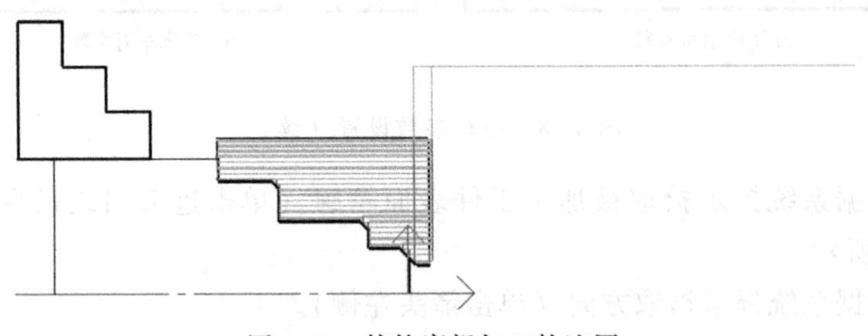

图 4-23　外轮廓粗加工轨迹图

4. 加工轨迹仿真

1）单击数控车工具栏中的轨迹仿真按钮，弹出轨迹仿真立即菜单，如图 4-24 所示。根据操作者需求可将轨迹仿真设置成动态、静态、二维实体三种仿真模式，并设置仿真步长值。仿真步长值设置越小，仿真越精细，但会增加仿真时间。通常选用动态仿真模式进行仿真模拟。

图 4-24　轨迹仿真立即菜单

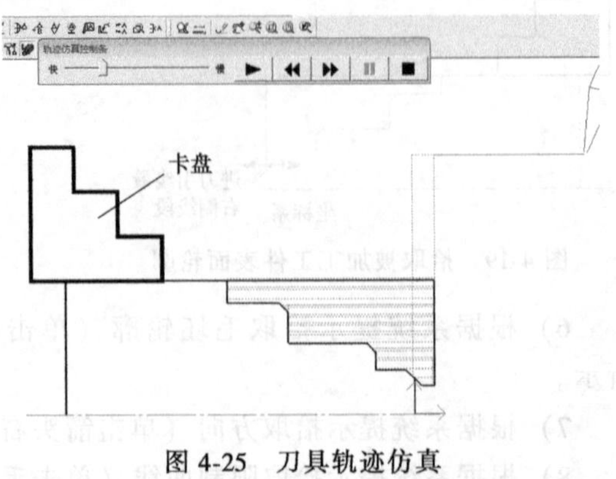

图 4-25　刀具轨迹仿真

2）根据系统提示拾取刀具轨迹，用光标将生成的轮廓粗加工轨迹选中，单击鼠标右键确认即可。可根据操作者的要求对仿真速度进行设置：用光标拖动仿真控制条即可。仿真模拟过程如图 4-25 所示。操作者可结合仿真模拟对所生成的加工轨迹进行判断与识别，如果不合理则需重新操作生成新的加工轨迹，如果合理即可生成后置 G 代码用于数控加工。

5. 生成后置 G 代码

1）单击数控车工具栏中的 G 代码生成按钮，弹出“生成后置代码”对话框，系统选用“FANUC”，如图 4-26 所示，单击【确定】按钮。

2）根据系统提示拾取刀具轨迹，用光标选择生成的轮廓粗加工轨迹后单击鼠标右键确定，后置 G 代码生成，如图 4-27 所示。

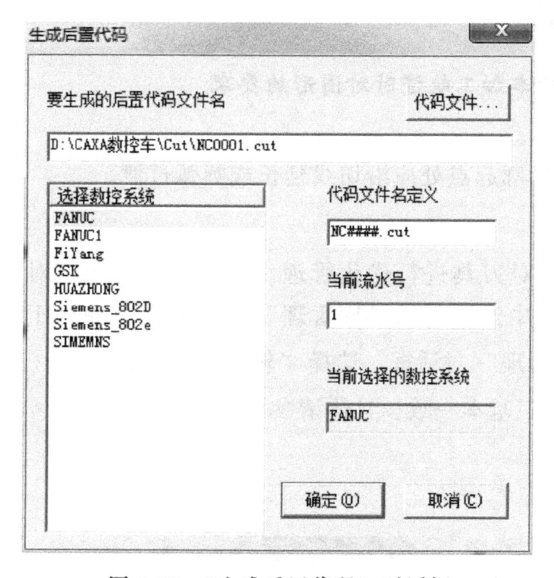

图 4-26 “生成后置代码”对话框

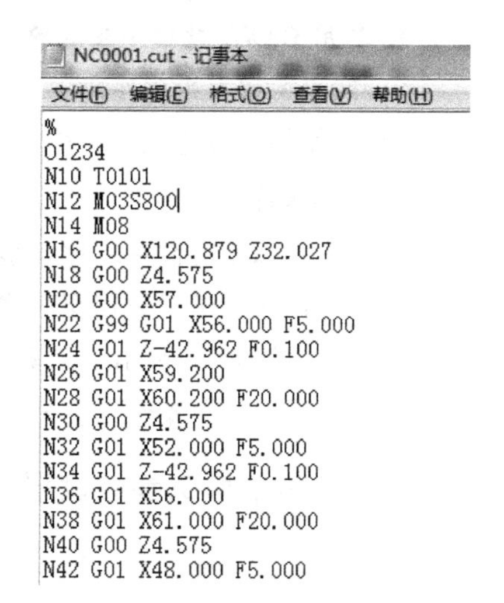

图 4-27 后置 G 代码生成

6. 轮廓粗车案例总结

1）为保证 CAXA 数控车所生成的 G 代码能在数控机床上运行，需在生成 G 代码前对“机床类型设置”进行修改，其具体步骤详见 2.4 节。

2）利用 CAXA 数控车生成加工轨迹时仅需绘制出其加工轮廓线、毛坯轮廓线（针对切槽等轮廓需进行轮廓线处理），其余线条可省略不绘制。

3）粗车轮廓加工时，绘制的轮廓图形不可有重复线段且需形成封闭区域，为使加工轨迹顺畅，被加工轮廓起点处应沿切线延长或圆弧过渡。

4）在参数设置中，拐角过渡方式选择圆弧过渡可以使交界处更光滑。为提高加工效率，快速退刀距离值设定为 0.5~1mm。

5）为便于操作者对高精度圆锥面、球面、曲线等加工，可将“刀尖半径补偿”设定为“编程时考虑半径补偿”。

6）加工凹弧面轮廓时，为防止刀具非正常损坏，可将“速度设定”中的“进退刀时快速走刀”方式设定为“否”，并设置相关速度值。

4.2 轮廓精车加工

轮廓精车是对工件外轮廓表面、内轮廓表面和端面的精车加工。轮廓精车时要确定被加工轮廓，被加工轮廓就是加工结束后的工件表面轮廓，被加工轮廓不能闭合或自相交。

4.2.1 轮廓精加工基本操作方法

1. 利用CAXA数控车生成轮廓精车加工轨迹时对图形的要求

1）图形不要有重复线段。

2）为使加工轨迹顺畅，被加工轮廓起点处应沿切线延长或圆弧过渡。

2. 刀具选择

为便于CAXA数控车轨迹生成时对刀具进行优化管理，需结合加工工艺对刀具库进行管理。在“数控车”菜单中选取“刀具库管理”功能或在数控车工具栏中单击图标，弹出“刀具库管理”对话框，选择“轮廓车刀”选项卡。

轮廓粗加工基本操作方法与粗加工基本一致，具体请参见4.1.1节内容。

4.2.2 轮廓精加工参数设置

在“数控车”菜单中选取“精车轮廓”项或在数控车工具栏中单击按钮，弹出“精车参数表”对话框，如图4-28所示。

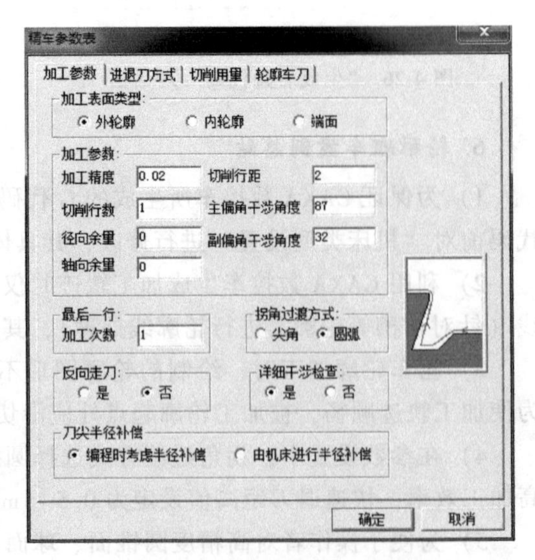

图4-28 “精车参数表”对话框

1. 加工参数

（1）加工表面类型

① 外轮廓：采用外轮廓车刀加工外轮廓，默认加工角度为180°。

② 内轮廓：采用内轮廓车刀加工内轮廓，默认加工角度为180°。

③ 端面：加工端面时，默认加工方向应垂直于系统X轴，即加工角度为-90°或270°。

（2）加工参数

① 切削行距：行与行之间的距离。沿加工轮廓走刀一次称为一行。

② 切削行数：刀位轨迹的加工行数，不包括最后行的重复次数。

③ 加工精度：用户可按需要来控制加工的精度。对轮廓中的直线和圆弧，机床可以精确地加工；对由样条曲线组成的轮廓，系统将按给定的精度把样条曲线转化成直线段。

④ 径向余量：加工结束后，直径方向上的被加工表面没有加工的部分的剩余量（与最终加工结果比较）。

⑤ 轴向余量：加工结束后，长度方向上的被加工表面没有加工的部分的剩余量（与最终加工结果比较）。

⑥ 副偏角干涉角度：做底切干涉检查时，确定干涉检查的角度。

⑦ 主偏角干涉角度：做前角干涉检查时，确定干涉检查的角度。

（3）最后一行

加工次数：精车时，为提高车削的表面质量，最后一行常常用相同的进给量进行多次车削，该处定义切削的次数。

（4）拐角过渡方式

① 尖角：在切削过程遇到拐角时，刀具从轮廓的一边切削到另一边的过程中以尖角的方式过渡，如图4-29a所示。

② 圆弧：在切削过程遇到拐角时，刀具从轮廓的一边切削到另一边的过程中以圆弧的方式过渡，如图4-29b所示。

（5）反向走刀

① 是：刀具按与默认方向相反的方向走刀，如图4-30a所示。

② 否：刀具按默认方向走刀，即刀具从机床 Z 轴正向往 Z 轴负向移动，如图4-30b所示。

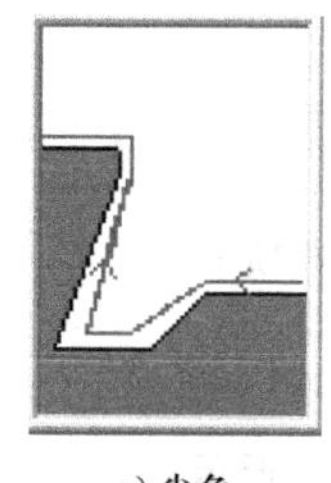

a) 尖角

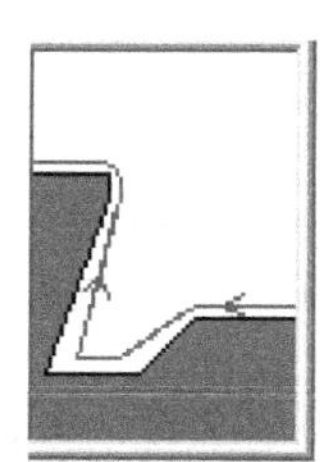

b) 圆弧

图4-29 外轮廓精加工拐角过渡方式

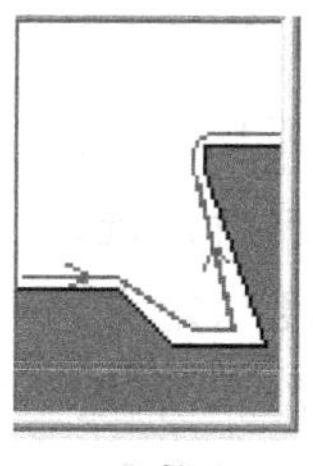

a) 是

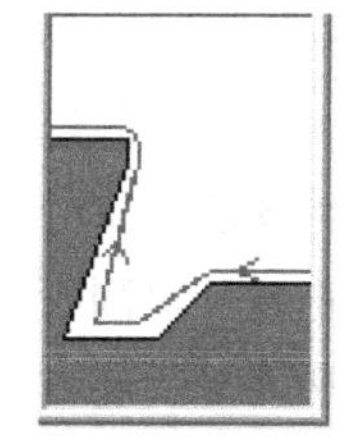

b) 否

图4-30 外轮廓精加工反向走刀

（6）详细干涉检查

① 是：加工凹槽时，用定义的干涉角度检查加工中是否有刀具前角及底切干涉，并按定义的干涉角度生成无干涉的切削轨迹，如图4-31a所示。

② 否：假定刀具主、副偏角干涉角度均为0°，对凹槽部分不做加工，以保证切削轨迹无前角及底切干涉，如图4-31b所示。

(7) 刀尖半径补偿

① 编程时考虑半径补偿：在生成加工轨迹时，系统根据当前所用刀具的刀尖半径进行补偿计算（按假想刀尖点编程）。所生成的代码即为已考虑半径补偿的代码，无需机床再进行刀尖半径补偿。

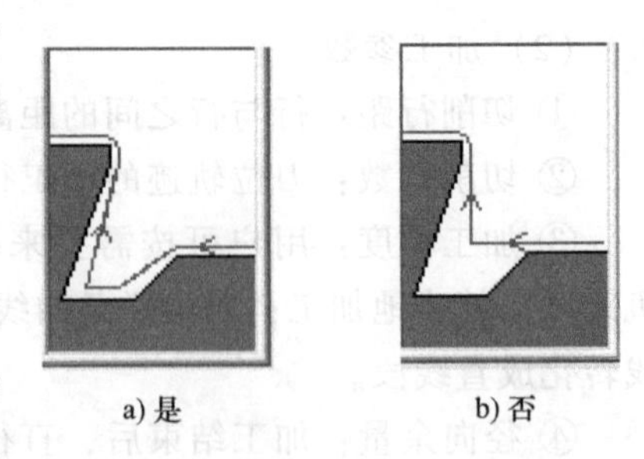

图 4-31　外轮廓精加工详细干涉检查

② 由机床进行半径补偿：在生成加工轨迹时，假设刀尖半径为0，按轮廓编程，不进行刀尖半径补偿计算。所生成的代码在用于实际加工时应根据实际刀尖半径由机床指定补偿值。

2. 进退刀方式

单击“精车参数表”对话框中的“进退刀方式”标签即进入“进退刀方式”选项卡，如图4-32所示。

(1) 每行相对加工表面进刀方式

每行相对加工表面进刀方式用于指定对加工表面部分进行切削时的进刀方式。

① 与加工表面成定角：指在每一切削行前加入一段与轨迹方向成一定夹角的进刀段，刀具垂直进刀到该进刀段的起点，再沿该进刀段进刀至切削行。“角度”定义该进刀段与轨迹方向的夹角，“长度”定义该进刀段的长度，如图4-33a所示。

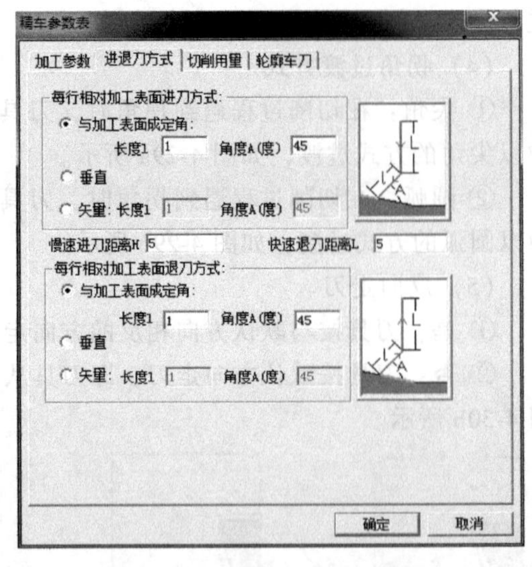

图 4-32　“进退刀方式”选项卡

② 垂直：指刀具直接进刀到每一切削行的起始点，如图4-33b所示。

③ 矢量：指在每一切削行前加入一段与系统 X 轴（机床 Z 轴）正方向成一定夹角的进刀段，刀具进刀到该进刀段的起点，再沿该进刀段进刀至切削行。“角度”定义矢量（进刀段）与系统 X 轴正方向的夹角，“长度”定义矢量（进刀段）的长度，如图4-33c所示。

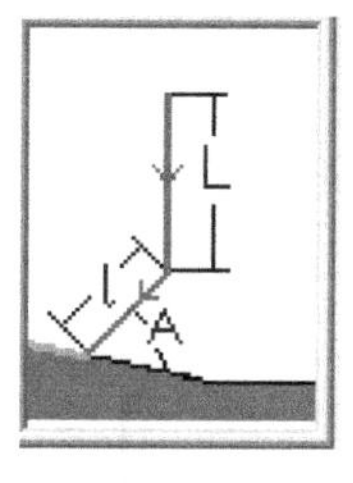

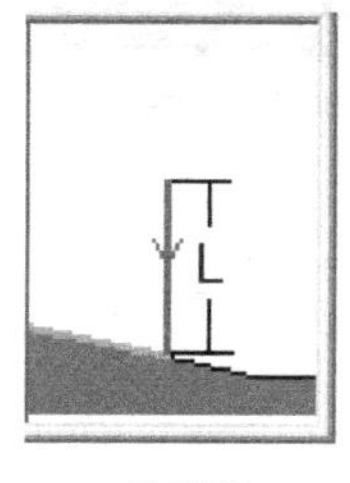

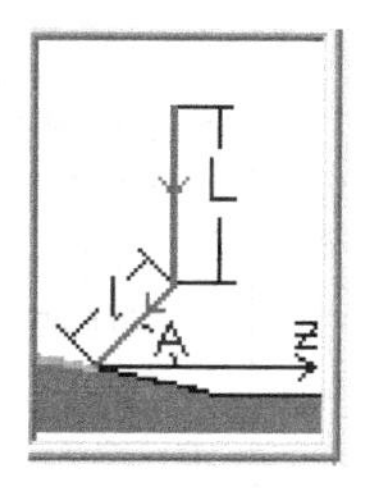

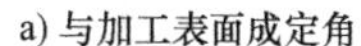
a) 与加工表面成定角　　b) 垂直　　c) 矢量

图 4-33　外轮廓精加工进刀方式

（2）每行相对加工表面退刀方式

每行相对加工表面退刀方式用于指定对加工表面部分进行切削时的退刀方式。

① 与加工表面成定角：指在每一切削行后加入一段与轨迹方向成一定夹角的退刀段，刀具先沿该退刀段退刀，再从该退刀段的末点开始垂直退刀。“角度”定义该退刀段与轨迹方向的夹角，“长度”定义该退刀段的长度，如图 4-34a 所示。

② 垂直：指刀具直接退刀到切削行的起始点，如图 4-34b 所示。

③ 矢量：指在每一切削行后加入一段与系统 *X* 轴（机床 *Z* 轴）正方向成一定夹角的退刀段，刀具先沿该退刀段退刀，再从该退刀段的末点开始垂直退刀。“角度”定义矢量（退刀段）与系统 *X* 轴正方向的夹角，“长度”定义矢量（退刀段）的长度，如图 4-34c 所示。

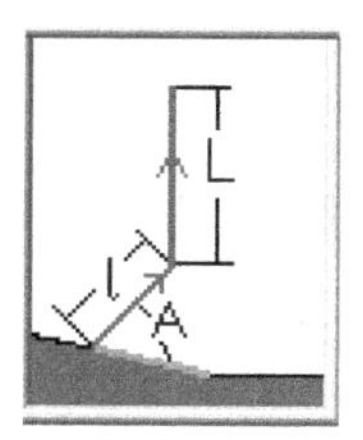

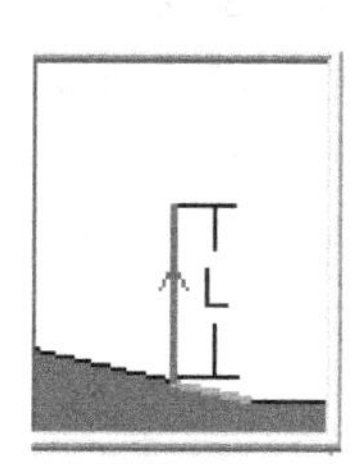

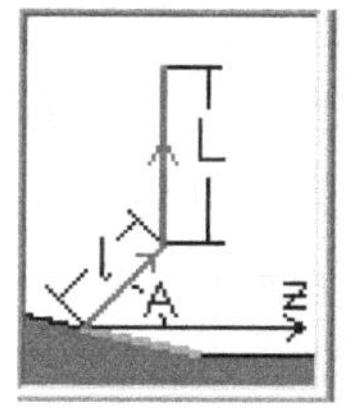

a) 与加工表面成定角　　b) 垂直　　c) 矢量

图 4-34　外轮廓精加工退刀方式

④ 快速退刀距离 L：以给定的退刀速度回退的距离（相对值），在此距离上以机床允许的最大进给速度退刀（G00 退刀）。

3. 切削用量

单击“精车参数表”对话框中的“切削用量”标签即进入“切削用量”选项卡，如图 4-35 所示。

在每种刀具轨迹生成时，都需要设置一些与切削用量及机床加工相关的参数。

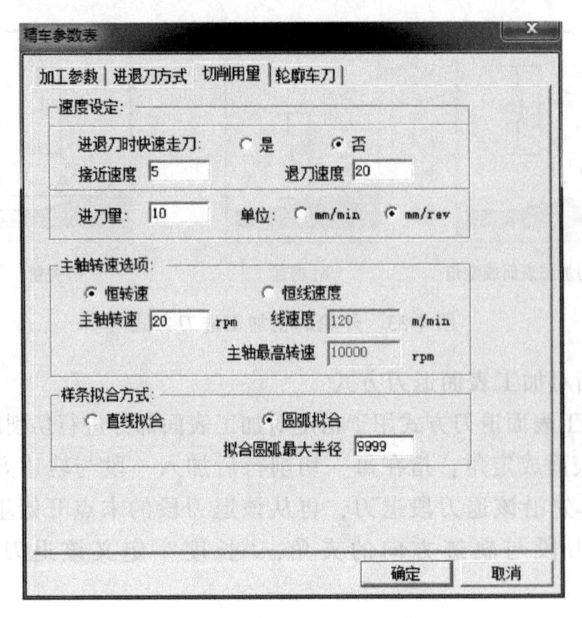

图 4-35 “切削用量”选项卡

(1) 速度设定

① 进退刀时快速走刀：

- 是：快速进退刀。
- 否：不能设置接近速度和退刀速度。

② 接近速度：刀具接近工件时的进给速度。

③ 退刀速度：刀具离开工件的速度。

④ 进刀量：刀具在进给运动方向上相对工件的位移量，单位：mm/min（每分钟进给）、mm/r（主轴每转进给）。

(2) 主轴转速选项

① 恒转速：切削过程中按指定的转速保持主轴转速恒定，直到下一指令改变该转速。

② 恒线速度：切削过程中按指定的线速度值保持线速度恒定。

(3) 样条拟合方式

① 直线拟合：对加工轮廓中的样条线根据给定的加工精度用直线段进行拟合。

② 圆弧拟合：对加工轮廓中的样条线根据给定的加工精度用圆弧段进行拟合。

(4) 轮廓车刀

单击“精车参数表”对话框中的“轮廓车刀”标签即进入“轮廓车刀”选

项卡，如图 4-36 所示。

在进行车削加工前，要选择合适的刀具，给定合适的刀具参数。

在“轮廓车刀列表”框中，可选择在刀具管理库中设置好的刀具进行车削加工。

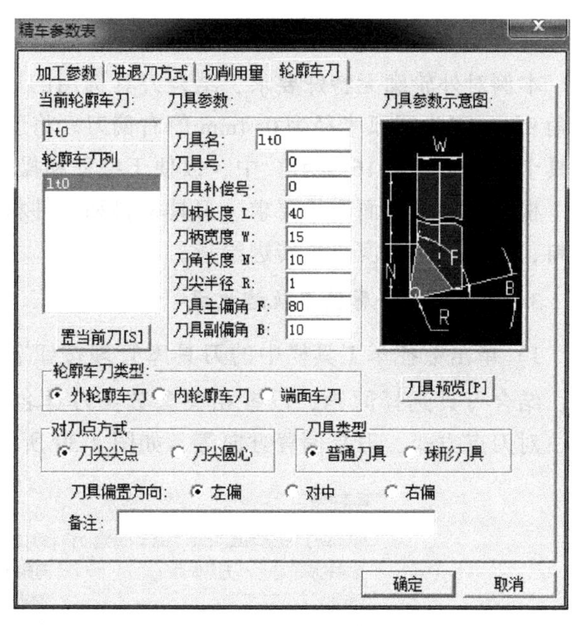

图 4-36 轮廓车刀

4.2.3 案例分析与总结

本节主要通过案例的图形绘制、轮廓边界线处理、数控车削刀具（切削用量）选取、加工轨迹生成、生成后置 G 代码、轨迹运动仿真、外轮廓精加工经验总结等内容进行讲解。

1. 数控车外轮廓精加工案例介绍

本节以台阶轴为例进行讲解，台阶轴如图 4-37 所示。CAXA 数控车在进行轨迹生成时需选定车削轮廓线，因此需要对轮廓边界线进行处理，并将编程零点与 CAXA 数控车的坐标原点统一，以便生成正确、合理的 G 代码程序。轮廓边界线处理后的图形如图 4-38 所示。

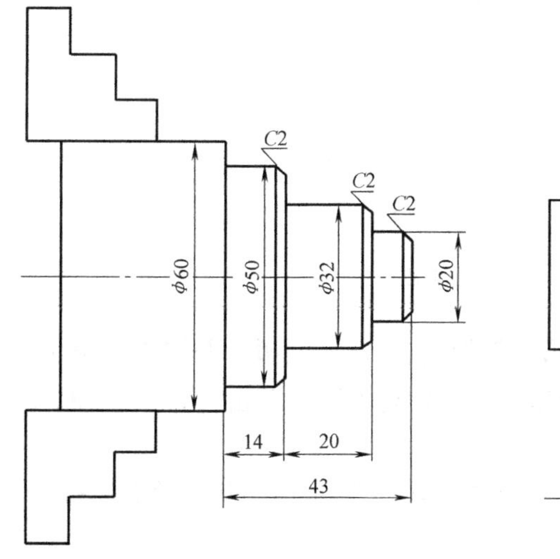

图 4-37 台阶轴

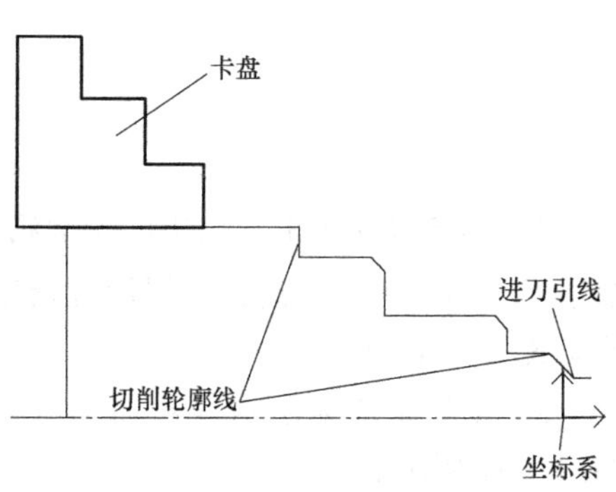

图 4-38 轮廓边界线处理后的图形

2. 数控车刀具、切削用量选择

本例对外轮廓无特殊要求，结合刀具选用的原则，优先选用刀尖角55°、主偏角93°、刀尖圆弧半径为0.4mm的右偏刀。将所选定的刀具参数填入数控加工刀具卡片（如图4-16所示）中，以便于编程和操作管理。

根据被加工表面质量要求、刀具材料和工件材料，参考切削用量手册或有关资料，选取切削速度与每转进给量。

3. 数控车外轮廓精车轨迹生成

1）单击数控车工具栏中的刀具库管理按钮，弹出“刀具库管理”对话框，结合刀具选择原则，设置相关参数：刀具名、刀具号、刀具参数、刀具类型、对刀点方式、刀具偏置方向等，如图4-39所示。

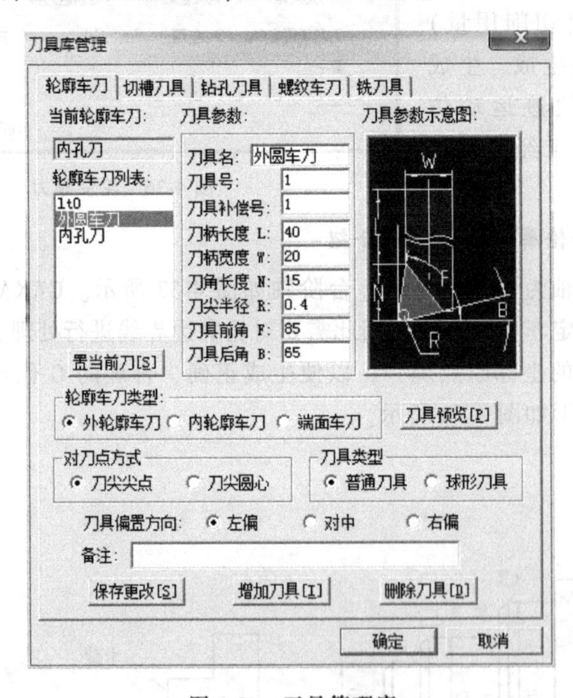

图4-39 刀具管理库

2）单击数控车工具栏中的轮廓精车按钮，弹出“精车参数表”对话框，根据刀具和切削用量选择依据设置精车参数，确定参数后单击【确定】。精车参数设置如图4-40所示。

3）根据系统提示拾取被加工工件表面轮廓（单击进刀引线最右侧线段），如图4-41所示。

4）根据系统提示拾取方向（单击箭头左侧）。

5）根据系统提示拾取限制曲线（单击被加工轮廓的左上侧线段），如图 4-42 所示。

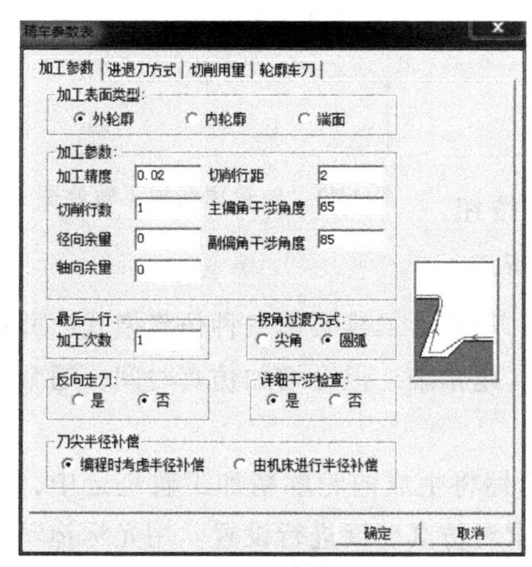

a) 加工参数

b) 进退刀参数

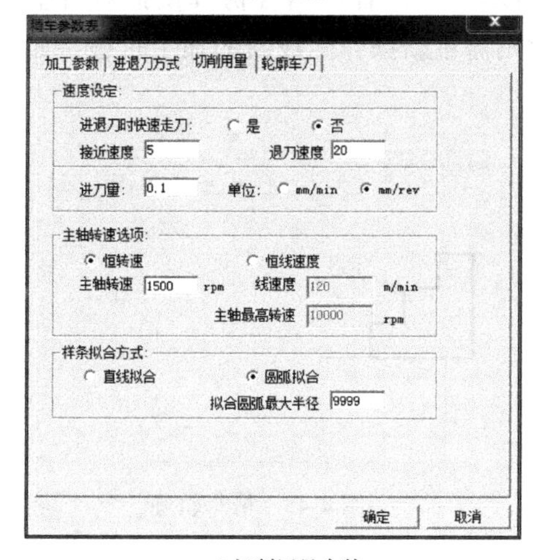

c) 切削用量参数

d) 轮廓车刀参数

图 4-40 精车参数

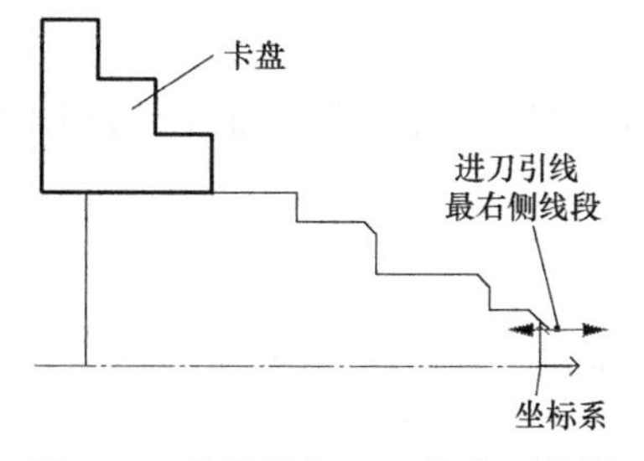

图 4-41 拾取被加工工件表面轮廓

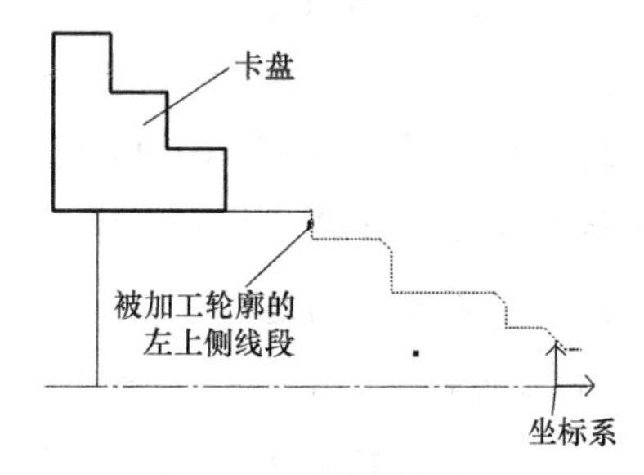

图 4-42 拾取限制曲线

6）根据系统提示输入进退刀点（通过键盘输入“100，50”，即（X100，Z100）为进、退刀点坐标），按回车键确认后生成外轮廓精加工轨迹，如图 4-43 所示。

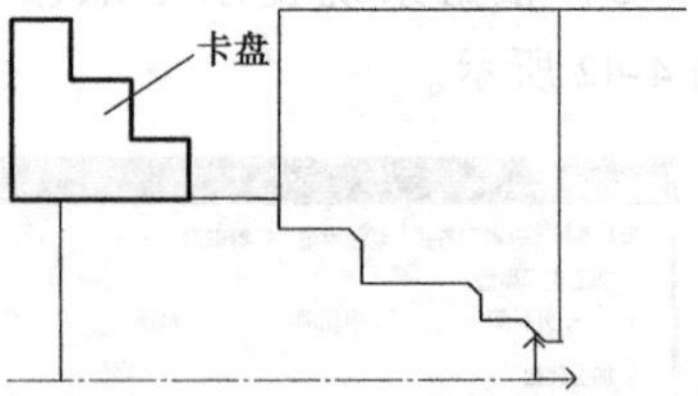

图 4-43　外轮廓精加工轨迹图

4. 加工轨迹仿真

1）单击数控车工具栏中的轨迹仿真按钮，弹出轨迹仿真立即菜单，如图 4-44 所示，根据操作者需求可将轨迹仿真设置成动态、静态、二维实体三种仿真模式，并设置仿真步长值。仿真步长值设置越小，仿真越精细，但会增加仿真时间。通常选用动态仿真模式进行仿真模拟。

2）根据系统提示拾取刀具轨迹，用光标将生成的轮廓精加工轨迹选中，单击鼠标右键确认即可。可根据操作者的要求对仿真速度进行设置：用光标拖动仿真控制条即可。仿真模拟过程如图 4-45 所示。操作者可结合仿真模拟对所生成的加工轨迹进行判断与识别，如果不合理则需重新操作生成新的加工轨迹，如果合理即可生成后置 G 代码用于数控加工。

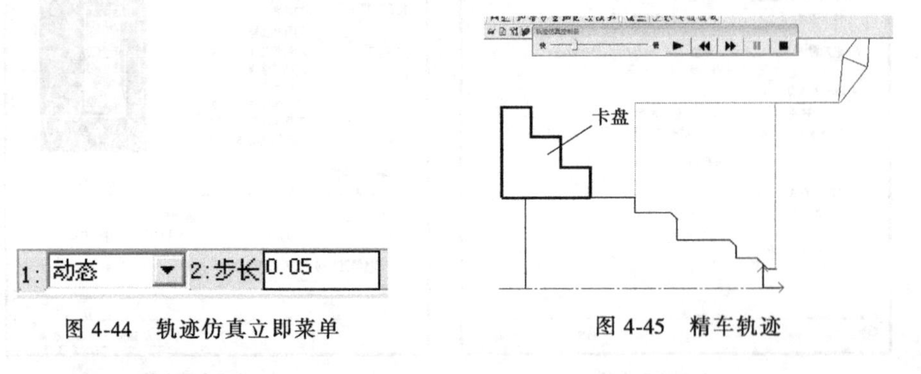

图 4-44　轨迹仿真立即菜单

图 4-45　精车轨迹

5. 生成后置 G 代码

1）单击数控车工具栏中的 G 代码生成按钮，弹出“生成后置代码”对话框，系统选用“FANUC”，如图 4-46 所示，单击【确定】按钮。

2）根据系统提示拾取刀具轨迹，用光标选择生成的轮廓精加工轨迹后单击鼠标右键确定，后置 G 代码生成，如图 4-47 所示。

6. 轮廓精车案例总结

1）为保证 CAXA 数控车所生成的 G 代码能在数控机床上运行，需在生成 G 代码前对“机床类型设置”进行修改，其具体步骤详见 2.4 节。

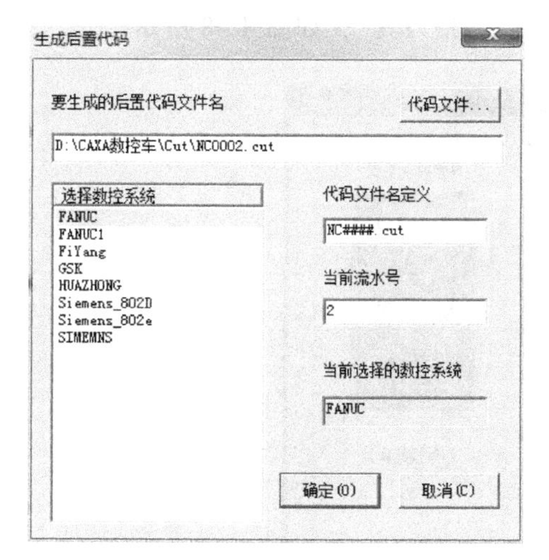

图 4-46 “生成后置代码”对话框

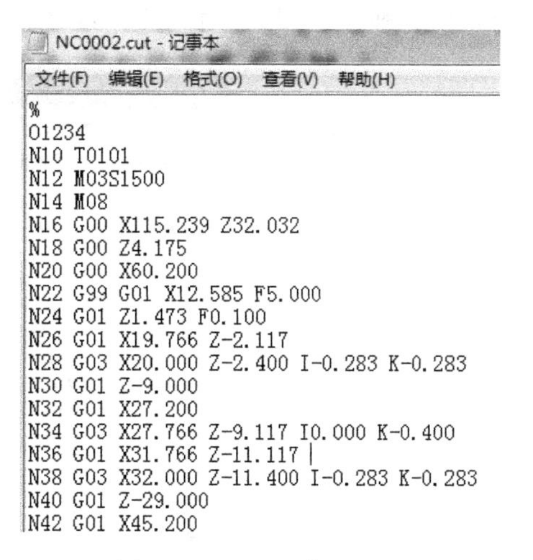


```
%
O1234
N10 T0101
N12 M03S1500
N14 M08
N16 G00 X115.239 Z32.032
N18 G00 Z4.175
N20 G00 X60.200
N22 G99 G01 X12.585 F5.000
N24 G01 Z1.473 F0.100
N26 G01 X19.766 Z-2.117
N28 G03 X20.000 Z-2.400 I-0.283 K-0.283
N30 G01 Z-9.000
N32 G01 X27.200
N34 G03 X27.766 Z-9.117 I0.000 K-0.400
N36 G01 X31.766 Z-11.117
N38 G03 X32.000 Z-11.400 I-0.283 K-0.283
N40 G01 Z-29.000
N42 G01 X45.200
```

图 4-47 后置 G 代码生成

2）利用 CAXA 数控车生成加工轨迹时仅需绘制出其加工轮廓线（针对切槽等轮廓需进行轮廓线处理），其余线条可省略不绘制。

3）精车轮廓加工时，绘制的轮廓图形不可有重复线段，为使加工轨迹顺畅，被加工轮廓起点处应沿切线延长或圆弧过渡。

4）在参数设置中，拐角过渡方式选择圆弧过渡可以使交界处更光滑。为提高加工效率，快速退刀距离值设定为 0.5~1mm。

5）为便于操作者对高精度圆锥面、球面、曲线等加工，可将“刀尖半径补偿”设定为“编程时考虑半径补偿”。

4.3 切槽加工

切槽加工是数控加工的重要内容之一，一般包括外沟槽、内沟槽、端面槽的加工。轴类零件外螺纹一般都带有退刀槽、砂轮越程槽等；套类零件内螺纹也常常带有内沟槽。

4.3.1 切槽加工基本操作方法

1. 利用 CAXA 数控车生成切槽加工轨迹时对图形的要求

1）轮廓图形不可有重复线段。

2）为使加工轨迹顺畅，被加工轮廓处应以圆弧过渡。

2. 刀具选择

在“数控车”菜单中选取“刀具库管理”功能或在数控车工具栏中单击按

钮，弹出“刀具库管理”对话框，选择“切槽刀具”，如图 4-48 所示。

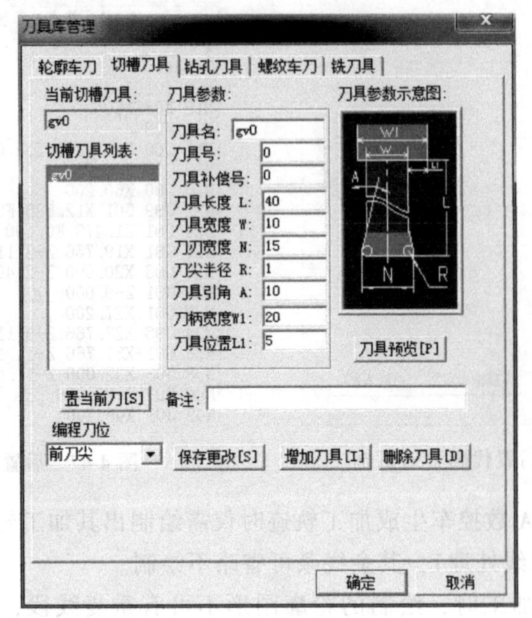

图 4-48 “切槽刀具”选项卡

(1) 当前切槽刀具

“当前切槽刀具”文框显示当前使用刀具的刀具名。

(2) 切槽刀具列表

“切槽刀具列表”框中显示刀具库中所有同类型刀具的名称，可通过光标或键盘的上、下键选择不同的刀具名，“刀具参数”选项组中将显示所选刀具的参数。用鼠标双击所选的刀具可将其置为当前刀具。

(3) 刀具参数

① 刀具名：刀具的名称，用于刀具标识。刀具名不能重复。

② 刀具号：刀具的系列号，用于后置处理的自动换刀指令。刀具号是唯一的，并对应机床的刀库中的刀位号。

③ 刀具补偿号：刀具补偿值的序列号，其值对应于机床的数据库。

④ 刀具长度 L：刀具总长度。

⑤ 刀具宽度 W：刀具可夹持段的宽度。

⑥ 刀刃宽度 N：刀具切削部分的宽度。

⑦ 刀尖半径 R：刀尖部分用于切削的圆弧的半径。

⑧ 刀具引角 A：刀柄到切削刃连接线与刀具中心线的夹角。

(4) 刀具参数示意图

以图示的形式显示刀具库中所有类型的刀具。每一次定义完一把车刀参数后，可以通过预览的方式确定设置是否正确。

4.3.2 切槽加工参数设置

在“数控车”菜单中选取“切槽”功能或在数控车工具栏中单击按钮，弹出“切槽参数表”对话框，如图 4-49 所示。

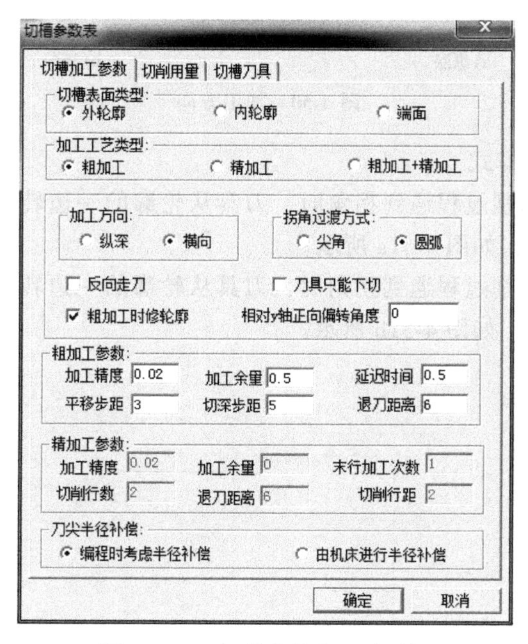

图 4-49 “切槽参数表”对话框

1. 切槽加工参数

(1) 切槽表面类型

① 外轮廓：外轮廓切槽，或用切槽刀加工外轮廓。

② 内轮廓：内轮廓切槽，或用切槽刀加工内轮廓。

③ 端面：端面切槽，或用切槽刀加工端面。

(2) 加工工艺类型

① 粗加工：对槽只进行粗加工。

② 精加工：对槽只进行精加工。

③ 粗加工+精加工：对槽进行粗加工之后接着进行精加工。

(3) 加工方向

① 纵深：刀具沿工件的径向走刀，如图 4-50a 所示。

② 横向：刀具沿工件的轴向走刀，如图 4-50b 所示。

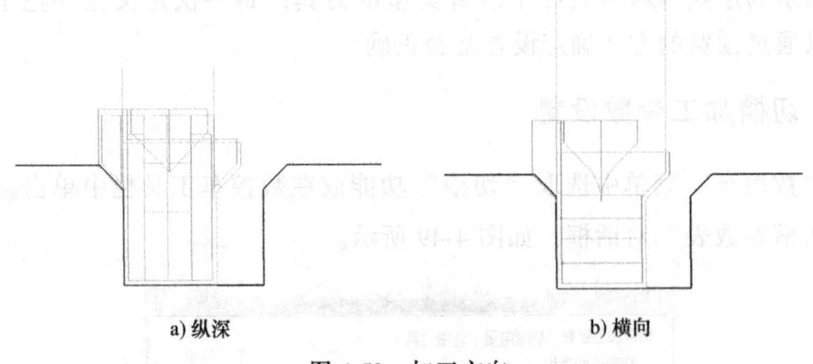

图 4-50　加工方向

（4）拐角过渡方式

① 尖角：在切削过程遇到拐角时，刀具从轮廓的一边转到另一边的过程中以尖角的方式过渡，如图 4-51a 所示。

② 圆弧：在切削过程遇到拐角时，刀具从轮廓的一边转到另一边的过程中以圆弧的方式渡过，如图 4-51b 所示。

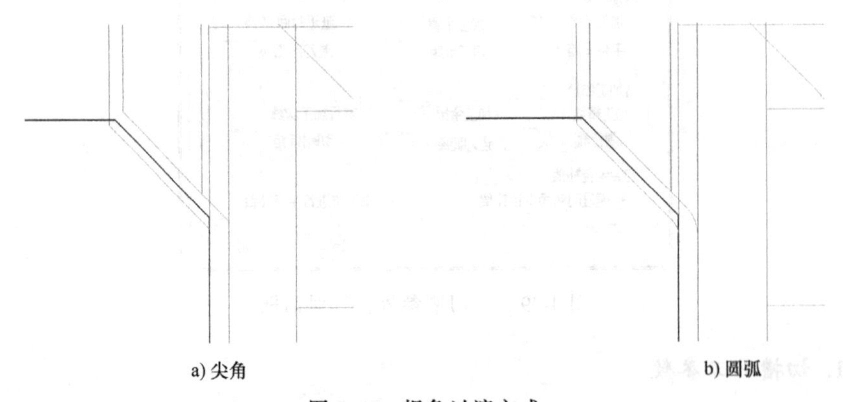

图 4-51　拐角过渡方式

（5）反向走刀

选中该项表示采用与所选的走刀方向相反的方向走刀，如图 4-52 所示。

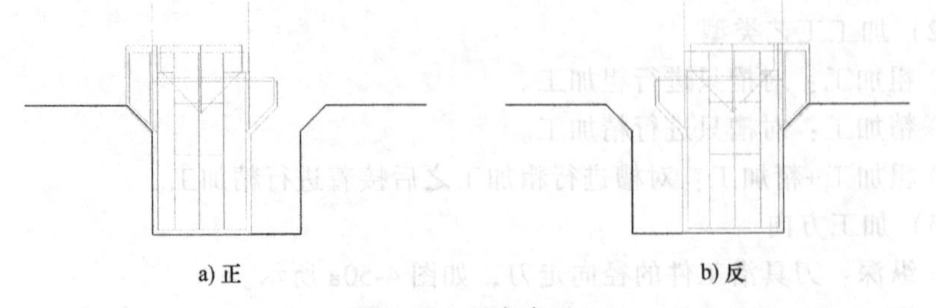

图 4-52　反向走刀

（6）刀具只能下切

该选项用于限制刀具的加工方向，选中此选项后，刀具只能正切。

（7）粗加工参数

① 加工精度：用户可按需要来控制加工精度。对于轮廓中的直线和圆弧，机床可以精确地加工；对于由样条曲线组成的轮廓，系统将按给定的精度把样条曲线转化成直线段。

② 加工余量：粗加工时，被加工表面未加工部分的预留量。

③ 延迟时间：粗车槽时，刀具在槽的底部停留的时间。

④ 平移步距：粗车槽时，刀具切到指定的切深后退刀进行下一次切削前的水平平移量（机床 Z 向）。

⑤ 切深步距：粗车槽时，刀具每一次纵向切槽的切入量（机床 X 向）。

⑥ 退刀距离：粗车槽中进行下一行切削前退刀到槽外的距离。

（8）精加工参数

① 加工精度：用户可按需要来控制加工精度。对于轮廓中的直线和圆弧，机床可以精确地加工；对于由样条曲线组成的轮廓，系统将按给定的精度把样条曲线转化成直线段。

② 加工余量：精加工时，被加工表面未加工部分的预留量。

③ 末行加工次数：精车槽时，为提高加工的表面质量，最后一行常常用相同进给量进行多次切削，该处定义多次切削的次数。

④ 切削行数：精加工刀位轨迹的加工行数，不包括最后一行的重复次数。

⑤ 退刀距离：精加工中切削完一行之后，进行下一行切削前退刀的距离。

⑥ 切削行距：精加工行与行之间的距离。

（9）刀尖半径补偿

① 编程时考虑半径补偿：在生成加工轨迹时，系统根据当前所用刀具的刀尖半径进行补偿计算（按假想刀尖点编程）。所生成的代码即为考虑半径补偿的代码，无需机床再进行刀尖半径补偿。

② 由机床进行半径补偿：在生成加工轨迹时，假设刀尖半径为0，按轮廓编程，不进行刀尖半径补偿计算。所生成的代码在用于实际加工时应根据实际刀尖半径由机床指定补偿值。

2. 切削用量

单击“切槽参数表”对话框中的“切削用量”标签即进入“切削用量”选项卡，如图 4-53 所示。

（1）速度设定

① 进退刀时快速走刀。

- 是：（快速进退刀）。

• 否：不能设置接近速度和退刀速度。

② 接近速度：刀具接近工件时的进给速度。

③ 退刀速度：刀具离开工件的速度。

④ 进刀量：刀具在进给运动方向上相对工件的位移量，单位：mm/min（每分钟进给）、mm/r（主轴每转进给）。

（2）主轴转速选项

① 恒转速：切削过程中按指定的转速保持主轴转速恒定，直到下一指令改变该转速。

② 恒线速度：切削过程中按指定的线速度值保持线速度恒定。

（3）样条拟合方式

① 直线拟合：对加工轮廓中的样条线根据给定的加工精度用直线段进行拟合。

② 圆弧拟合：对加工轮廓中的样条线根据给定的加工精度用圆弧段进行拟合。

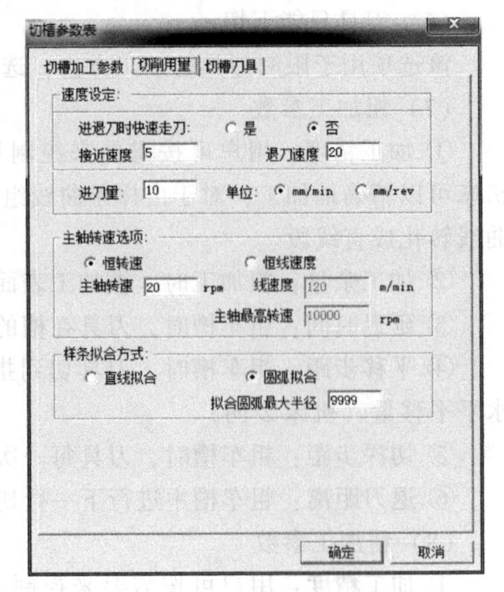

图 4-53 “切削用量”选项卡

3. 切槽刀具

单击“切槽参数表”对话框中的“切槽刀具”标签即进入“切槽刀具”选项卡，如图 4-54 所示。

在进行切槽加工前，要选择合适的刀具，给定合适的刀具参数。

在“切槽刀具列表”框中，可选择在刀具管理库中设置好的刀具进行切槽加工。

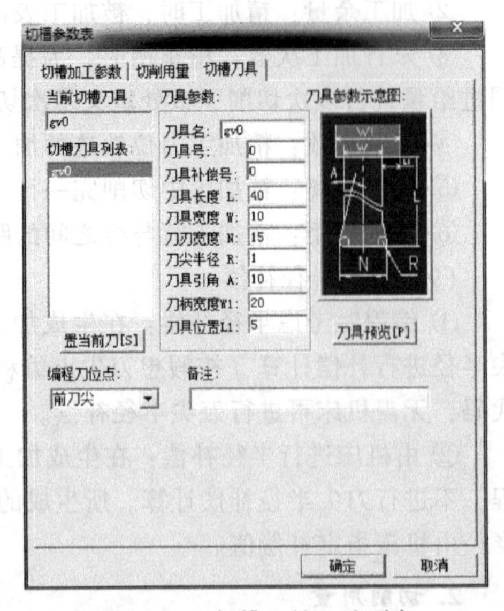

图 4-54 “切槽刀具”选项卡

4.3.3 案例分析与总结

本节通过案例的图形绘制、轮廓边界线处理、数控切槽刀具（切削用量）选取、加工轨迹生成、生成后置 G 代码、轨迹运动仿真、切槽加工经验总结等内容进行讲解。

1. 数控车切槽加工案例介绍

本节以外圆槽为例进行讲解，外圆槽如图 4-55 所示。CAXA 数控车在进行轨迹生成时需选定切削轮廓线，因此需要对轮廓边界线进行处理，并将编程零点与 CAXA 数控车的坐标原点统一，以便生成正确、合理的 G 代码程序。切削轮廓线处理的图形如图 4-56 所示。

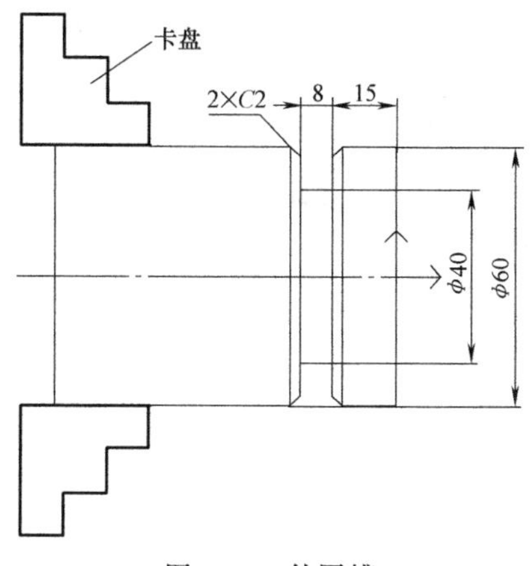

图 4-55　外圆槽

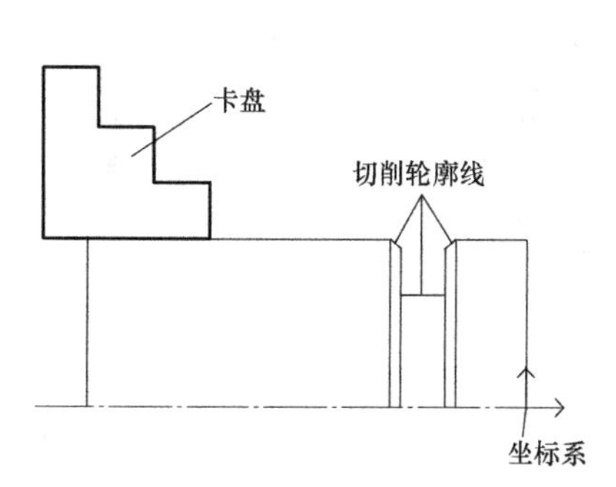

图 4-56　轮廓线处理后图形

2. 数控车刀具、切削用量选择

本例中切槽轮廓无特殊要求，结合刀具选用的原则，优先选用刀宽为 3mm、刀尖半径为 0.4mm 的常见切槽刀。将所选定的刀具参数填入数控加工刀具卡片中，以便于编程和操作管理。

根据被加工表面质量要求、刀具材料和工件材料，参考切削用量手册或有关资料，选取切削速度与每转进给量。

3. 数控车切槽轨迹生成

1）单击数控车工具栏中的刀具库管理按钮，弹出“刀具库管理”对话框，结合刀具选择原则，设置相关参数：刀具名、刀具号、刀具参数等，如图 4-57 所示。

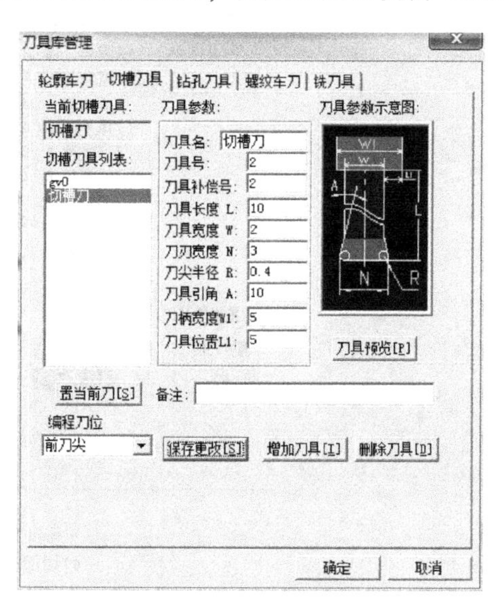

图 4-57　刀具参数设置

2）单击数控车工具栏中的切槽按

钮，弹出“切槽参数表”对话框，根据刀具和切削用量选择依据设置切槽参数，确定参数后单击【确定】。切槽参数设置如图4-58所示。

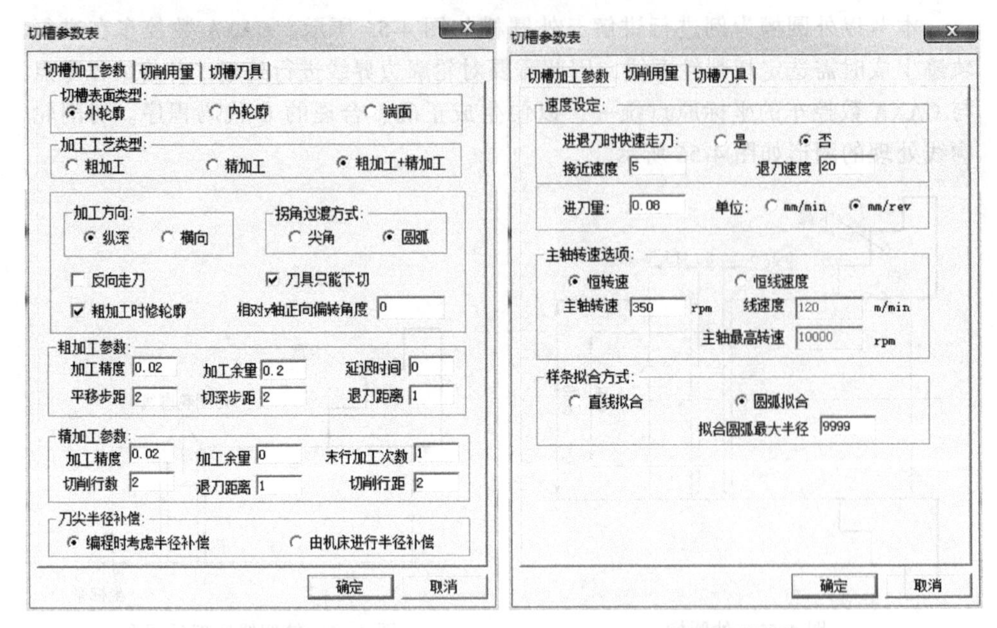

a) 切槽加工参数　　　　b) 切削用量参数

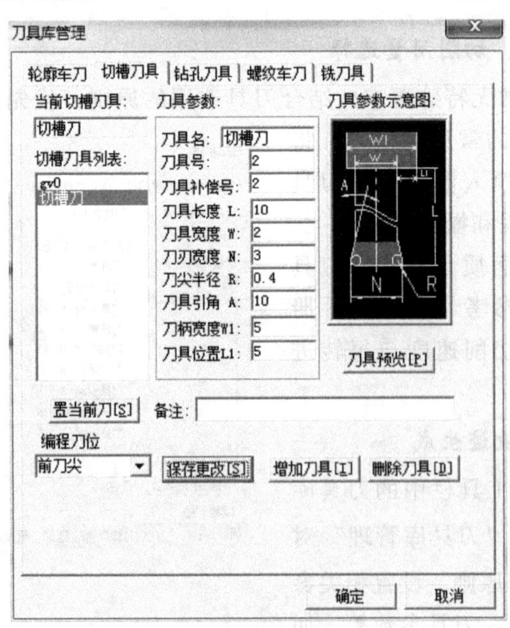

c) 切槽刀具参数

图4-58　切槽参数设置

3）根据系统提示拾取被加工工件表面轮廓（单击切槽最右侧线段），如图 4-59 所示。

4）根据系统提示拾取方向（单击左侧箭头）。

5）根据系统提示拾取限制曲线（单击切槽左上侧线段），如图 4-60 所示。

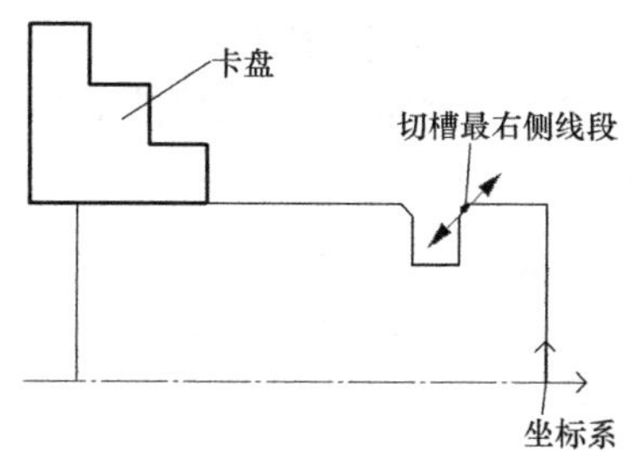

图 4-59　拾取被加工工件表面轮廓

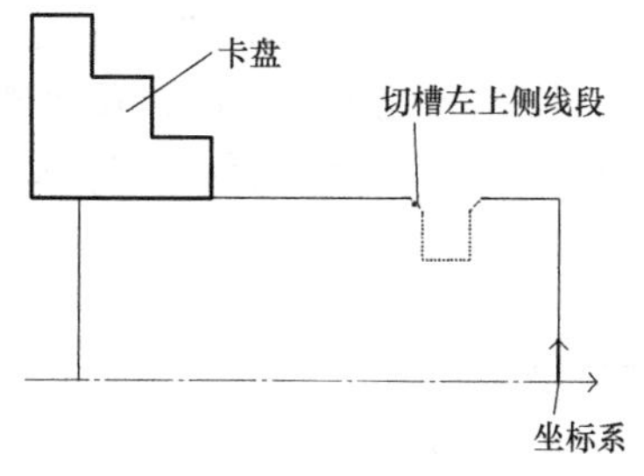

图 4-60　拾取限制曲线

6）根据系统提示输入进退刀点（通过键盘输入“100，50”，即（X100，Z100）为进、退刀点坐标），按回车键确认后生成切槽加工轨迹，如图 4-61 所示。

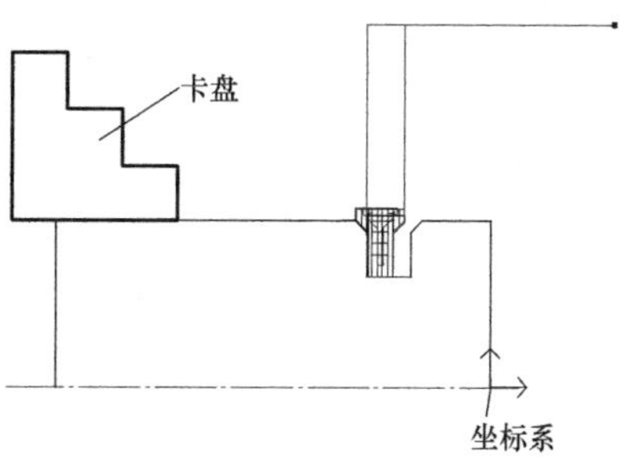

图 4-61　切槽加工轨迹图

4. 加工轨迹仿真

1）单击数控车工具栏中的轨迹仿真按钮，弹出轨迹仿真立即菜单，如图 4-62 所示。根据操作者需求可将轨迹仿真设置成动态、静态、二维实体三种仿真模式，并设置仿真步长值。通常选用动态仿真模式进行仿真模拟。

2）根据系统提示拾取刀具轨迹，用光标将生成的切槽加工轨迹选中，单击鼠标右键确认即可。根据操作者的要求对仿真速度进行设置：用光标拖动仿真控制条即可。仿真模拟过程如图 4-63 所示。操作者可结合仿真模拟对所生成的轨

1: 动态 ▼ 2: 步长 0.05

图 4-62　轨迹仿真立即菜单

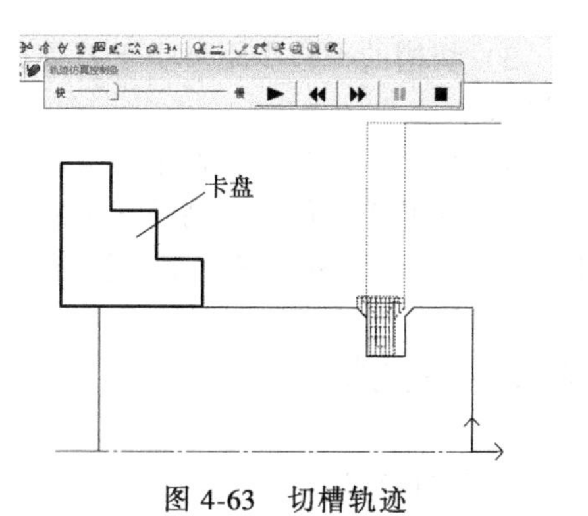

图 4-63　切槽轨迹

迹进行判断与识别，如果不合理则需重新操作生成新的加工轨迹，如果合理即可生成后置G代码用于数控加工。

5. 生成后置G代码

1）单击数控车工具栏中的G代码生成按钮，弹出“生成后置代码”对话框，系统选用“FANUC”，如图4-64所示，单按【确定】按钮。

2）根据系统提示拾取刀具轨迹，用光标选择生成的切槽加工轨迹后单击鼠标右键确定，后置G代码生成，如图4-65所示。

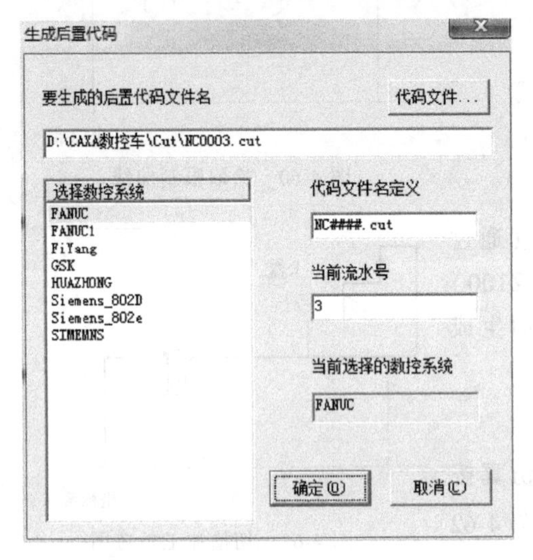

图4-64 “生成后置代码”对话框

图4-65 后置G代码生成

6. 切槽案例总结

1）为保证CAXA数控车所生成的G代码能在数控机床上运行，需在生成G代码前对“机床类型设置”进行修改，其具体步骤详见2.4节。

2）利用CAXA数控车生成加工轨迹时仅需绘制出其加工轮廓线，其余线条可省略不绘制。

3）切槽的平移步距要小于刀具宽度，一般选刀具宽度的2/3左右，以提高切削效率。

4）切槽加工时，可选中“刀具只能下切”选项，以防刀具非正常损坏。

5）为便于操作者对高精度圆锥面、球面、曲线等加工，可将“刀尖半径补偿”设定为“编程时考虑半径补偿”。

4.4 钻孔加工

钻孔功能用于在工件上钻孔。该功能提供了多种钻孔方式，包括高速啄式深孔钻、攻螺纹、镗孔等。

因为数控车钻孔加工中的钻孔位置只能是工件的旋转中心，所以，最终所有的加工轨迹都在工件的旋转轴上，也就是系统的 X 轴（机床的 Z 轴）上。

4.4.1 钻孔加工基本操作方法

钻中心孔无需绘制图形，只要选择钻孔起始点即可。

在“数控车”菜单中选取“刀具库管理”功能或在数控车工具栏中单击按钮，弹出“刀具库管理”对话框，选择“钻孔刀具”选项卡，如图 4-66 所示。

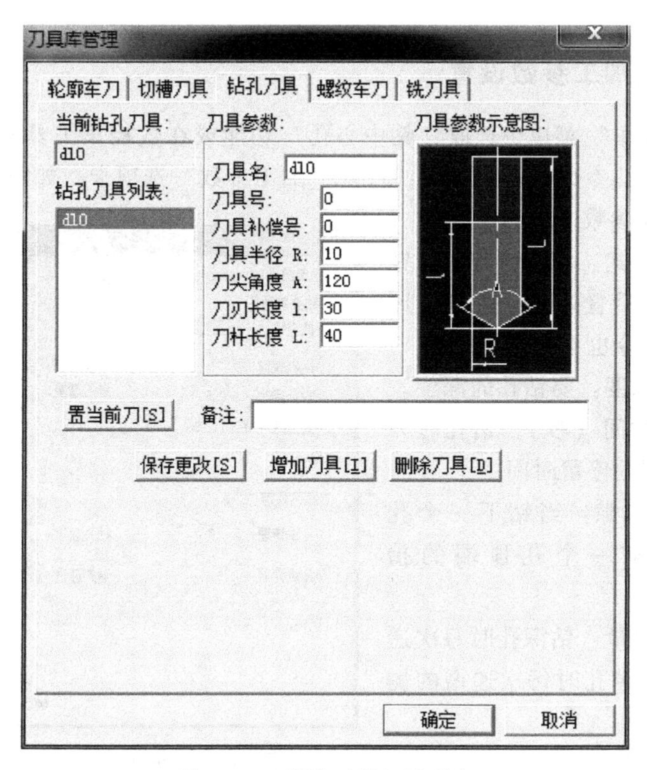

图 4-66 “钻孔刀具”选项卡

（1）当前钻孔刀具

“当前钻孔刀具”文本框显示当前使用的刀具的名称。

（2）钻孔刀具列表

“钻孔刀具列表”框中显示刀具库中所有同类型刀具的名称，可通过光标或键盘的上、下键选择不同的刀具名，“刀具参数”选项组中将显示所选刀具的参数。用鼠标双击所选的刀具能将其置为当前刀具。

(3) 刀具参数

① 刀具名：刀具的名称，用于刀具标识。刀具名不能重复。

② 刀具号：刀具的系列号，用于后置处理的自动换刀指令。刀具号唯一，并对应机床的刀库中的刀位号。

③ 刀具补偿号：刀具补偿值的序列号，其值对应于机床的数据库。

④ 刀具半径 R：刀尖部分用于切削的圆弧的半径。

⑤ 刀尖角度 A：钻头前段尖部的角度。

⑥ 刀刃长度 l：刀具可用于切削部分的长度。

⑦ 刀杆长度 L：刀尖到刀柄之间的距离。刀杆长度应大于切削刃的有效长度。

4.4.2 钻孔加工参数设置

在“数控车”菜单中选取“钻中心孔”功能或在数控车工具栏中单击按钮，弹出“钻孔参数表”对话框，打开“加工参数”选项卡，如图 4-67 所示。

(1) 钻孔参数

① 钻孔模式：钻孔的方式。钻孔模式不同，后置处理中用到机床的固定循环指令也不同。

② 钻孔深度：要钻孔的深度。

③ 暂停时间（秒）：钻孔时刀具在工件底部的停留时间。

④ 安全间隙：当钻下一个孔时，刀具从前一个孔顶端的抬起量。

⑤ 进刀增量：钻深孔时每次递增的进刀量或镗孔时每次递增的侧进量。

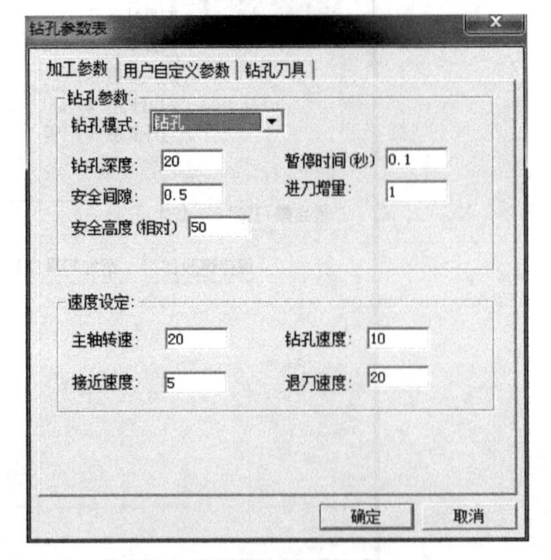

图 4-67 “钻孔参数表”对话框

(2) 速度设定

① 主轴转速：机床主轴旋转的速度。

② 钻孔速度：钻孔时的进给速度。

③ 接近速度：刀具接近工件时的进给速度。

④ 退刀速度：刀具离开工件的速度。

单击“钻孔参数表”对话框的“钻孔刀具”标签可进入“钻孔刀具”选项卡，如图 4-68 所示。

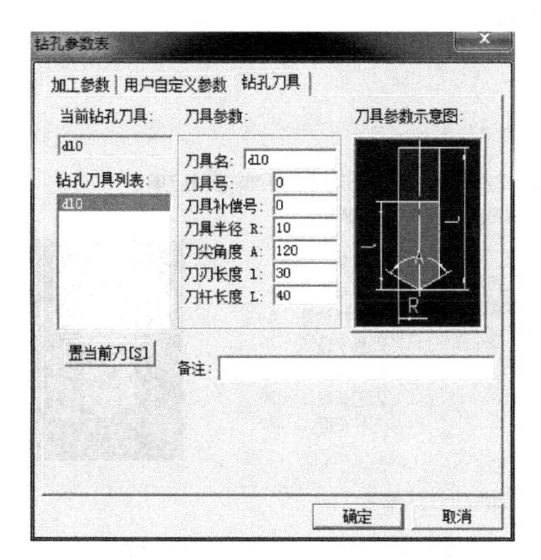

图 4-68 “钻孔刀具”选项卡

在进行钻孔加工前，要选择合适的刀具，给定合适的刀具参数。

4.4.3 案例分析与总结

本节主要通过案例中数控车钻孔刀具（切削用量）选取、加工轨迹生成、生成后置 G 代码、轨迹运动仿真等内容进行讲解。

1. 数控车零件轮廓绘制

需要进行数控车钻孔加工的零件图如图 4-69 所示。

2. 数控车刀具、切削用量选择

根据案例分析，结合孔径大小，选用钻头参数并填入数控加工刀具卡片中，以便于编程和操作管理。

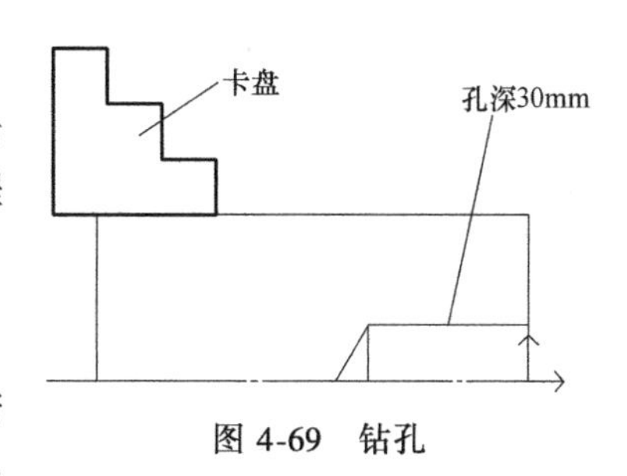

图 4-69 钻孔

3. 数控车钻孔轨迹生成

1）单击数控车工具栏中的刀具库管理按钮，弹出“刀具库管理”对话框，结合刀具选择原则，设置相关参数：刀具名、刀具号、刀具补偿号、刀尖角度、刀刃长度、刀杆长度等，如图 4-70 所示。

2）单击数控车工具栏中的钻孔按钮，弹出“钻孔参数表”对话框，根据刀具和切削用量选择依据设置钻孔参数，确定参数后单击【确定】。钻孔参数设置如图 4-71 所示。

3）根据系统提示拾取钻孔起始点（单击坐标系原点），确认后钻孔加工轨迹生成，如图 4-72 所示。

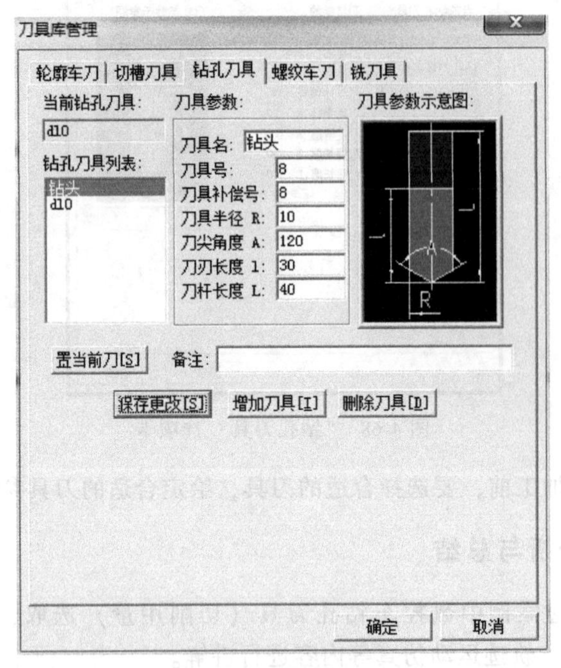

图 4-70　刀具参数设置

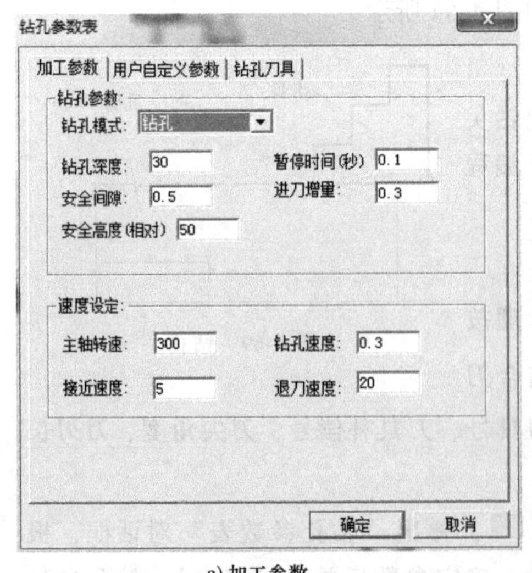

a) 加工参数

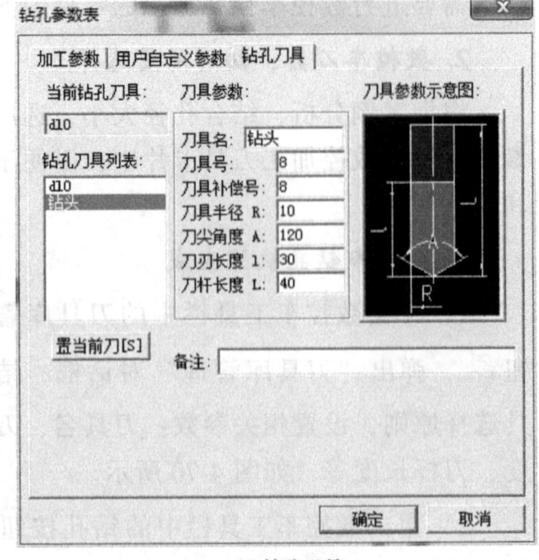

b) 钻孔刀具

图 4-71　钻孔参数设置

4. 加工轨迹仿真

1）单击数控车工具栏中的轨迹仿真按钮，弹出轨迹仿真立即菜单，如图 4-73 所示，根据操作者需求可将轨迹仿真设置成动态、静态、二维实体三种仿真模式，并设置仿真步长值。通常选用动态仿真模式进行仿真模拟。

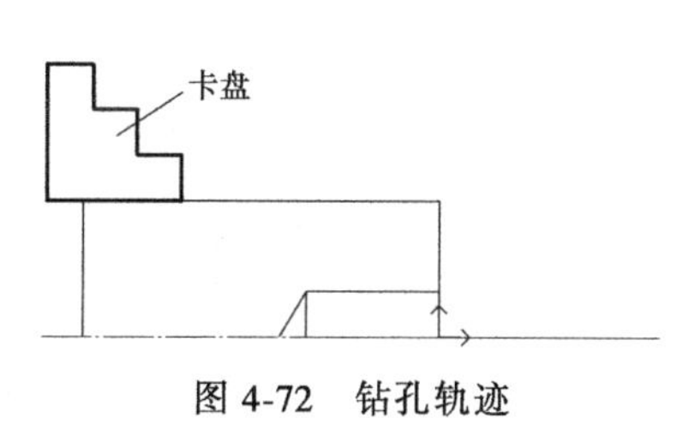

图 4-72　钻孔轨迹

2）根据系统提示拾取刀具轨迹，用光标将生成的钻孔加工轨迹选中，单击鼠标右键确认即可。根据操作者的要求对仿真速度进行设置：用光标拖动仿真控制条即可。仿真模拟过程如图 4-74 所示。操作者可结合仿真模拟对所生成的轨迹进行判断与识别，如果不合理则需重新操作生成新的加工轨迹，如果合理即可生成后置 G 代码用于数控加工。

5. 生成后置 G 代码

1）单击数控车工具栏中的 G 代码生成按钮，弹出“生成后置代码”对话框，系统选用“FANUC”，如图 4-75 所示，单击【确定】按钮。

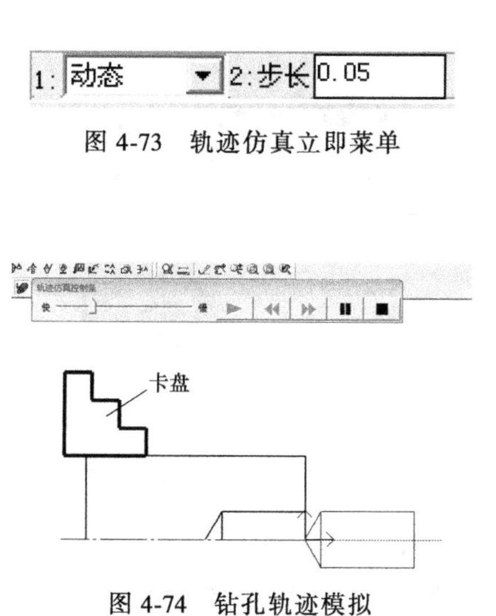

图 4-73　轨迹仿真立即菜单

图 4-74　钻孔轨迹模拟

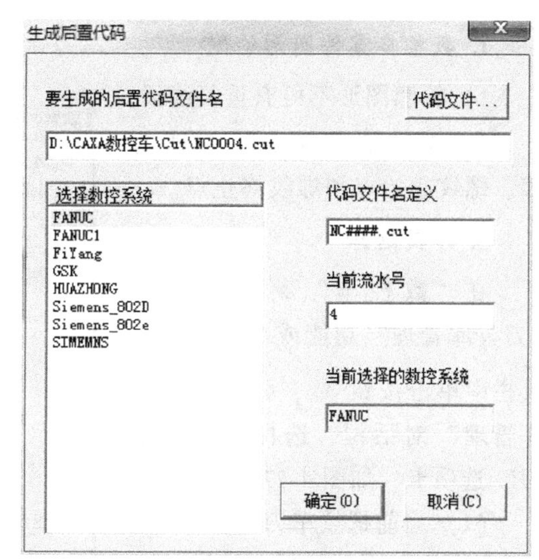

图 4-75　“生成后置代码”对话框

2）根据系统提示拾取刀具轨迹，用光标选择生成的钻孔加工轨迹后单击鼠标右键确定，后置 G 代码生成，如图 4-76 所示。

6. 钻孔案例总结

1）为保证 CAXA 数控车所生成的 G 代码能在数控机床上运行，需在生成 G

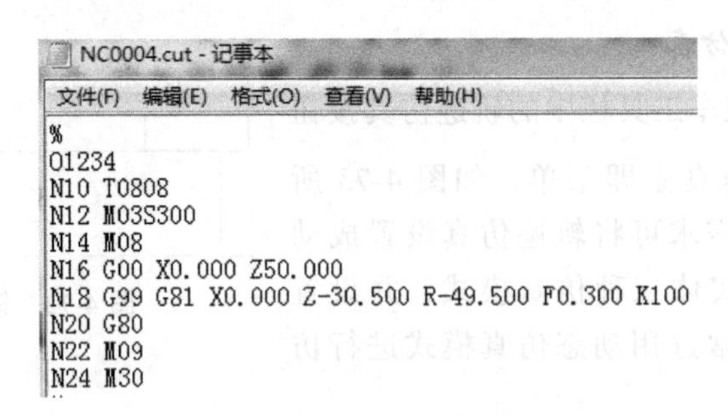

图 4-76　后置 G 代码生成

代码前对“机床类型设置”进行修改，其具体步骤详见 2.4 节。

2）钻孔加工时，无需画图，只要知道钻孔的起始点，在参数设置中设定好钻孔的深度和进给参数即可。

4.5　螺纹加工

4.5.1　螺纹加工基本操作方法

1. 数控车零件图形绘制

1）轮廓图形不可有重复线段。

2）螺纹加工需要绘制辅助线、螺纹起始点和螺纹终止点。

2. 刀具选择

在“数控车”菜单中选取“刀具库管理”功能或在数控车工具栏中单击按钮，弹出“刀具库管理”对话框，选择“螺纹车刀”选项卡，如图 4-77 所示。

(1) 当前螺纹车刀

“当前螺纹车刀”文本框显示当前使用的刀具的名称。

(2) 螺纹车刀列表

“螺纹车刀列表”框显示刀具库中所有同类型刀具的名称，可通过光标或键盘的上、下键选择

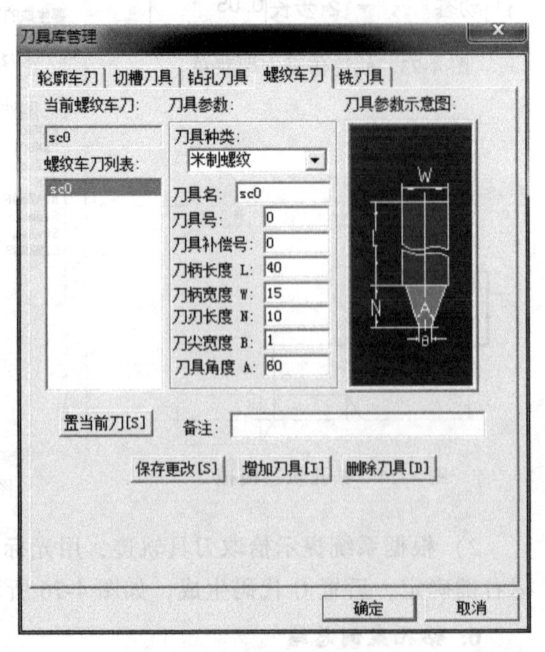

图 4-77　“螺纹车刀”选项卡

不同的刀具名，“刀具参数”选项组中将显示所选刀具的参数。用鼠标双击所选的刀具可将其置为当前刀具。

(3) 刀具参数

① 刀具名：刀具的名称，用于刀具标识。刀具名不能重复。

② 刀具号：刀具的系列号，用于后置处理的自动换刀指令。刀具号唯一，并对应机床的刀库中的刀位号。

③ 刀具补偿号：刀具补偿值的序列号，其值对应于机床的数据库。

④ 刀柄长度 L：刀具可夹持段的长度。

⑤ 刀柄宽度 W：刀具可夹持段的宽度。

⑥ 刀刃长度 N：刀具切削刃顶部的长度。

⑦ 刀尖宽度 B：螺纹齿底宽度。

⑧ 刀具角度 A：刀具切削段两侧边与垂直于切削方向的夹角，该角度决定了车削出的螺纹升角。

4.5.2 螺纹加工参数设置

在“数控车”菜单中选取“螺纹固定循环”项，或在数控车工具栏中单击按钮，根据操作提示在绘图区拾取螺纹起始点，再根据操作提示拾取螺纹终点，弹出“螺纹固定循环加工参数表”对话框，如图 4-78 所示。

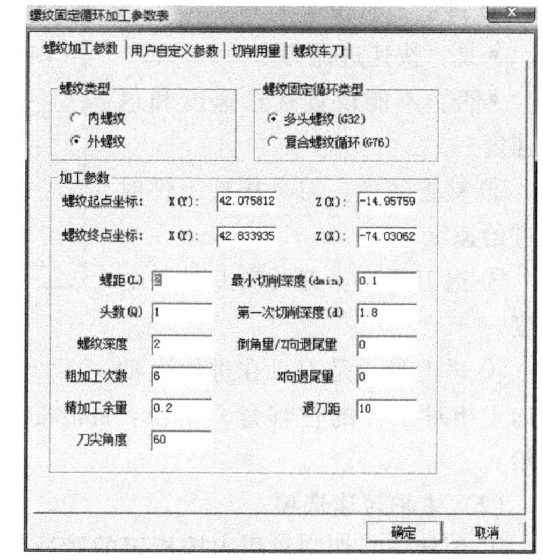

图 4-78 “螺纹固定循环加工参数表”对话框

“螺纹固定循环加工参数表”对话框主要用于对螺纹固定循环加工中的各种工艺参数进行设置。

1. 螺纹加工参数

(1) 螺纹类型

① 外螺纹：采用外螺纹车刀加工外螺纹。

② 内螺纹：采用内螺纹车刀加工内螺纹。

(2) 螺纹固定循环类型

① 多头螺纹 (G32)：螺纹切削。

② 复合螺纹循环 (G76)：复合螺纹切削循环。

(3) 加工参数

① 螺纹起点坐标：车螺纹的起始点坐标，单位为 mm。

② 螺纹终点坐标：车螺纹的终止点坐标，单位为 mm。

③ 螺距：螺纹上相邻两牙在中径线上对应两点间的轴向距离。

④ 头数：螺纹起始点到终止点之间的牙数。

⑤ 螺纹深度：螺纹长度。

⑥ 粗加工次数：粗加工循环的次数。

⑦ 精加工余量：粗加工后，被加工表面没有加工的部分的剩余量。

⑧ 刀尖角度：螺纹轴向剖面的牙型角。

2. 切削用量

单击“螺纹固定循环加工参数表”对话框中的“切削用量”标签即进入“切削用量”选项卡，如图 4-79 所示。

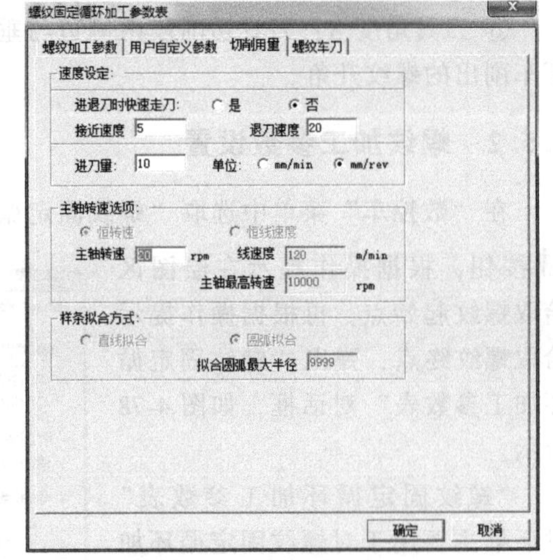

图 4-79 “切削用量”选项卡

在每种刀具轨迹生成时，都需要设置一些与切削用量及机床加工相关的参数。

（1）速度设定

① 进退刀时快速走刀。

• 是：快速进退刀。

• 否：不能设置接近速度和退刀速度。

② 接近速度：刀具接近工件时的进给速度。

③ 退刀速度：刀具离开工件的速度。

④ 进刀量：是刀具在进给运动方向上相对工件的位移量，单位：mm/min（每分钟进给）、mm/r（主轴每转进给）。

（2）主轴转速选项

① 恒转速：切削过程中按指定的转速保持主轴转速恒定，直到下一指令改变该转速。

② 恒线速度：切削过程中按指定的线速度值保持线速度恒定。

（3）样条拟合方式

① 直线拟合：对加工轮廓中的样条线根据给定的加工精度用直线段进行拟合。

② 圆弧拟合：对加工轮廓中的样条线根据给定的加工精度用圆弧段进行拟合。

3. 螺纹车刀

单击“螺纹固定循环加工参数表”对话框中的“螺纹车刀”标签即进入“螺纹车刀”选项卡，如图 4-80 所示。

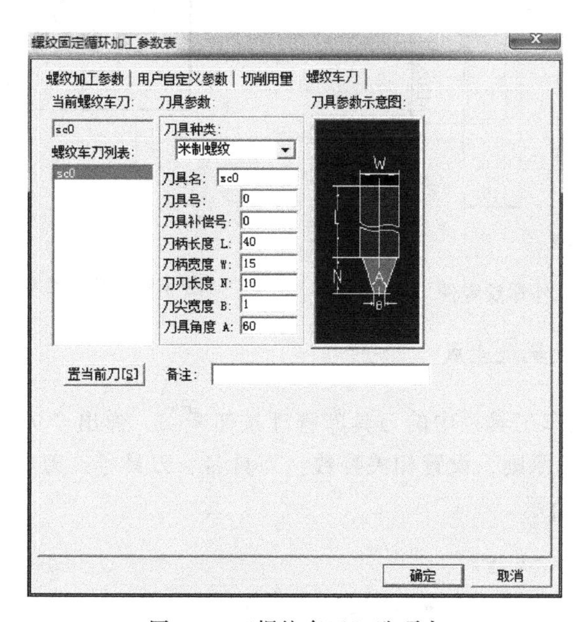

图 4-80 “螺纹车刀”选项卡

在进行螺纹加工前，要选择合适的刀具，给定合适的刀具参数。

4.5.3 案例分析与总结

本节主要通过案例的图形绘制、数控车刀具（切削用量）选取、加工轨迹生成、生成后置 G 代码、轨迹运动仿真、螺纹加工经验总结等内容进行讲解。

1. 数控车螺纹加工案例介绍

本节以加工外螺纹为例进行讲解，外螺纹零件如图 4-81 所示。CAXA 数控车在进行轨迹生成时需选定螺纹辅助线等，因此需要对轮廓边界线进行处理，并将编程零点与 CAXA 数控车的坐标原点统一，以便生成正确、合理的 G 代码程序。图形处理后如图 4-82 所示。

2. 数控车刀具、切削用量选择

本例对螺纹无特殊要求，结合图样，选用 60°外螺纹车刀，将所选定的刀具参数填入数控加工刀具卡片中，以便于编程和操作管理。

根据被加工表面质量要求、刀具材料和工件材料，参考切削用量手册或有关资料，选取切削速度与每转进给量。

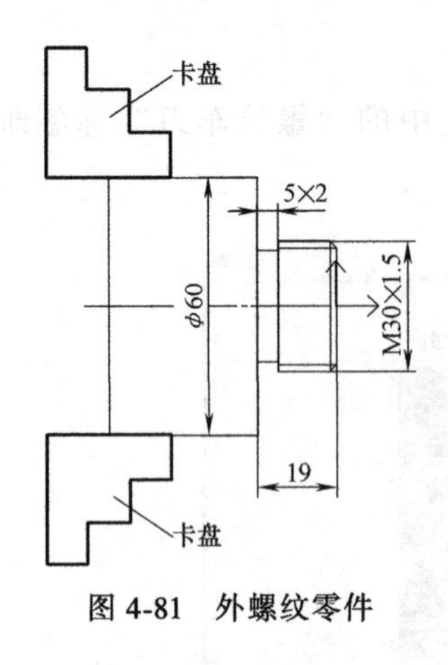

图 4-81　外螺纹零件

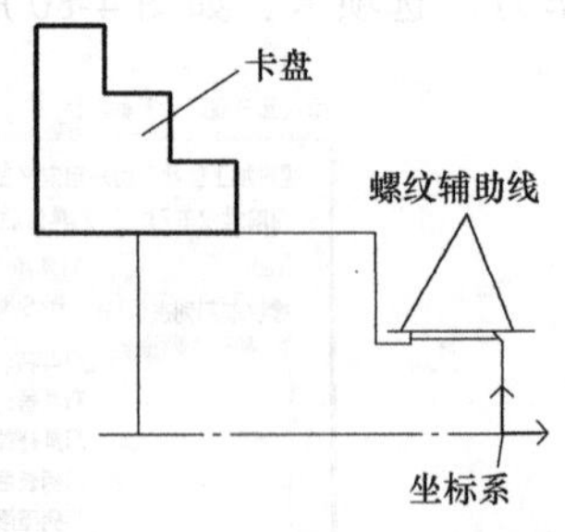

图 4-82　轮廓线处理后的图形

3. 数控车螺纹轨迹生成

1）单击数控车工具栏中的刀具库管理按钮，弹出“刀具库管理”对话框，结合刀具选择原则，设置相关参数：刀具名、刀具号、刀具补偿号、刀柄长度等，如图 4-83 所示。

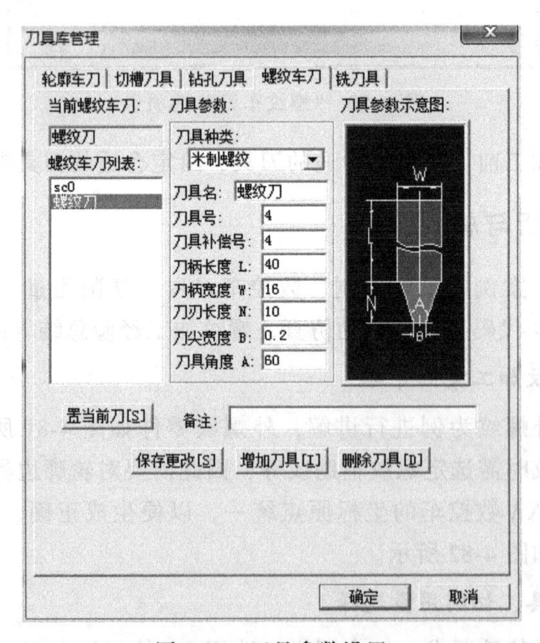

图 4-83　刀具参数设置

2）单击数控车工具栏中的螺纹固定循环加工按钮，根据系统提示拾取螺纹辅助线上螺纹起始点（单击点 1），如图 4-84 所示。（螺纹加工的起始点没有严格要求，合理即可。）

3）根据系统提示拾取螺纹终点（单击点2），如图4-85所示。（螺纹加工的终止点没有严格要求，一般为退刀槽中间位置，合理即可。）

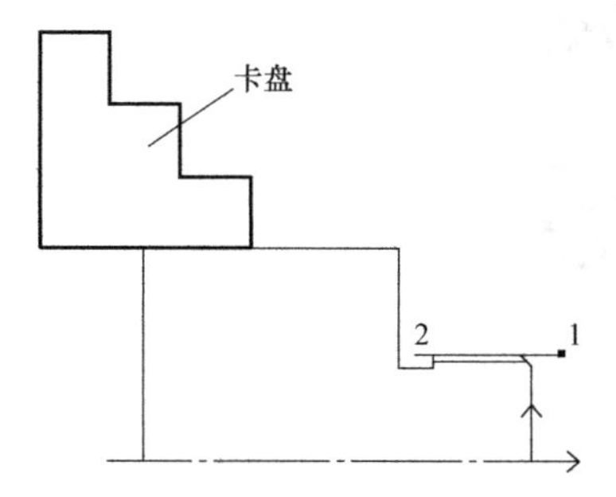

图4-84　拾取螺纹辅助线上螺纹起始点

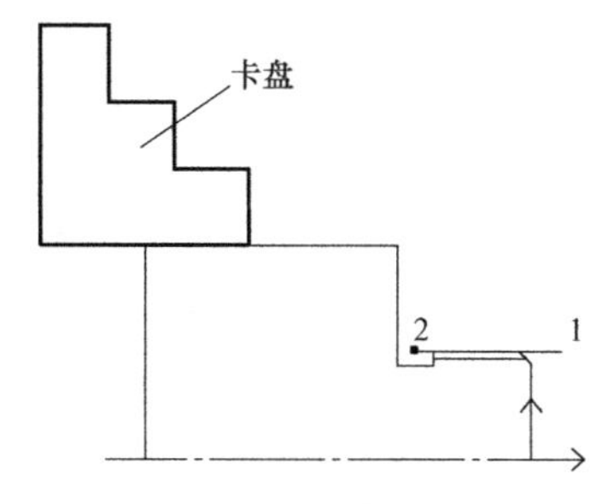

图4-85　拾取螺纹终点

4）弹出“螺纹固定循环加工参数表”对话框，根据刀具和切削用量选择依据设置螺纹参数，确定参数后单击【确定】。螺纹参数设置如图4-86所示。

5）根据系统提示输入进退刀点（通过键盘输入“100，50”，即（X100，Z100）为进、退刀点坐标），按回车键确认后生成螺纹加工轨迹，如图4-87所示。

4. 生成后置G代码

1）单击数控车工具栏中的G代码生成按钮，弹出“生成后置代码”对话框，系统选用“FANUC”，如图4-88所示，单击【确定】按钮。

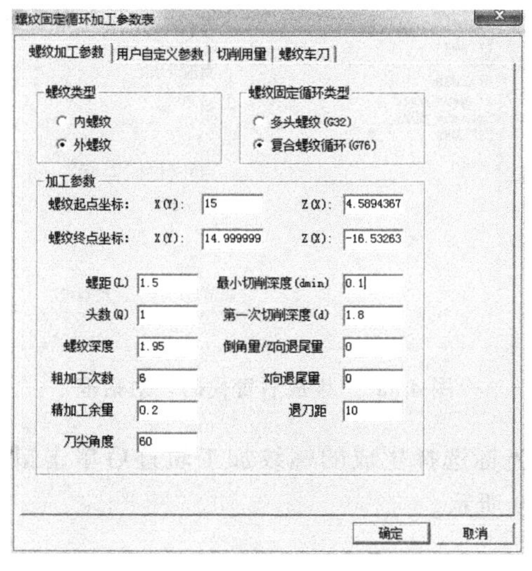

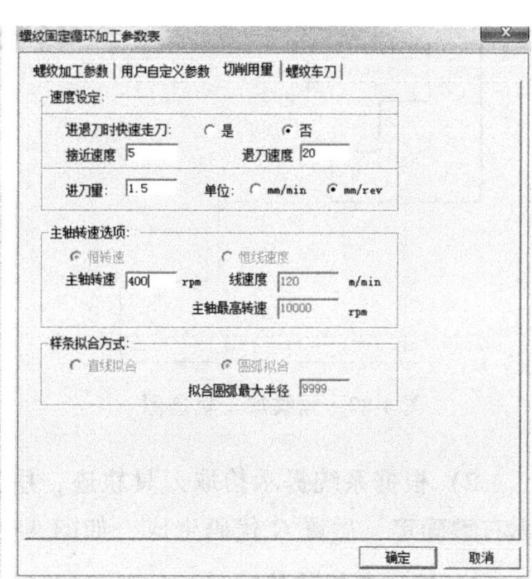

a) 螺纹加工参数　　　　b) 切削用量参数

图4-86　螺纹参数设置

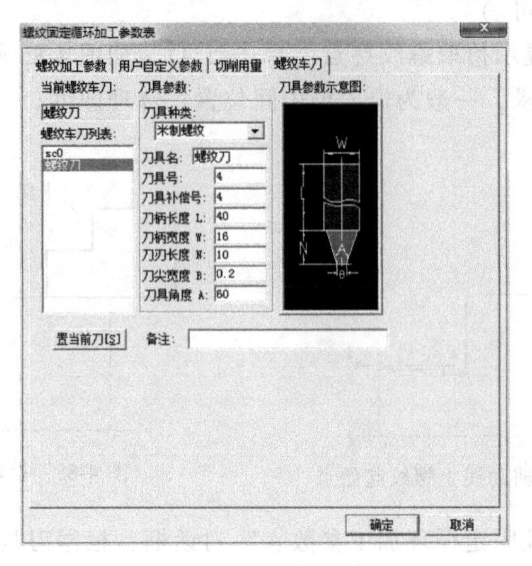

c) 螺纹车刀参数

图 4-86　螺纹参数设置（续）

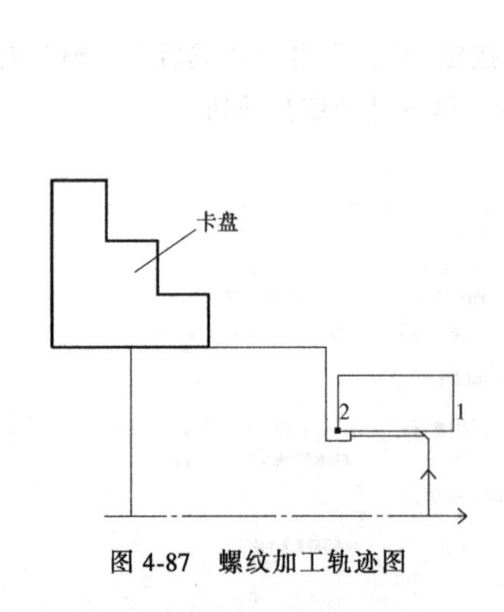

图 4-87　螺纹加工轨迹图

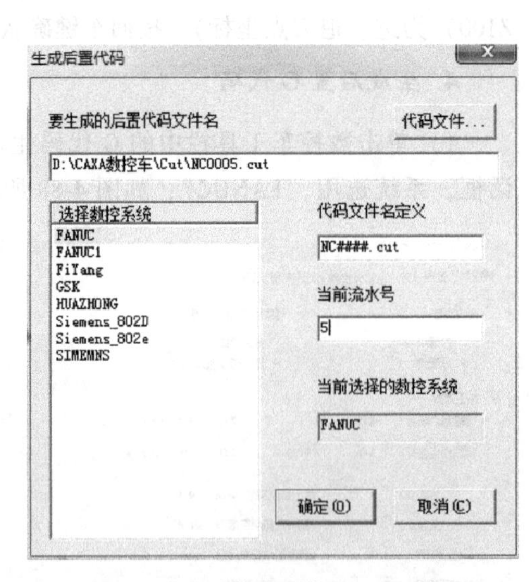

图 4-88　“生成后置代码”对话框

2）根据系统提示拾取刀具轨迹，用光标选择生成的螺纹加工轨迹后单击鼠标右键确定，后置 G 代码生成，如图 4-89 所示。

5. 螺纹案例总结

1）为保证 CAXA 数控车所生成的 G 代码能在数控机床上运行，需在生成 G 代码前对“机床类型设置”进行修改，其具体步骤详见 2.4 节。

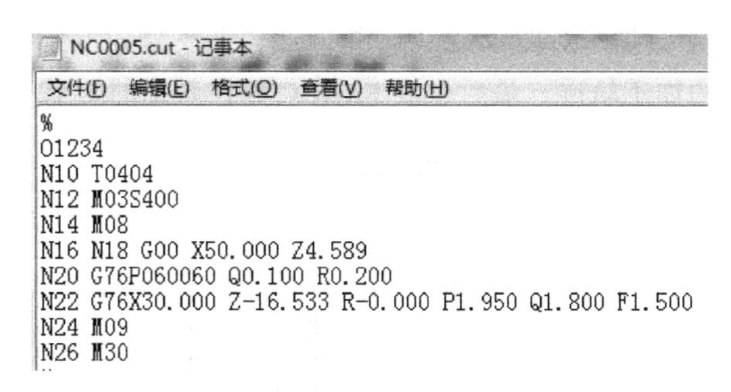
NC0005.cut - 记事本
文件(F) 编辑(E) 格式(O) 查看(V) 帮助(H)
```
%
01234
N10 T0404
N12 M03S400
N14 M08
N16 N18 G00 X50.000 Z4.589
N20 G76P060060 Q0.100 R0.200
N22 G76X30.000 Z-16.533 R-0.000 P1.950 Q1.800 F1.500
N24 M09
N26 M30
```

图 4-89 后置 G 代码生成

2）为使加工顺畅，应绘制螺纹辅助线。

习题

1. 利用 CAXA 数控车对图 4-90 进行轮廓线绘制，并生成其外轮廓粗车、外轮廓精车的加工轨迹，最后生成 FANUC 数控系统的 G 代码。

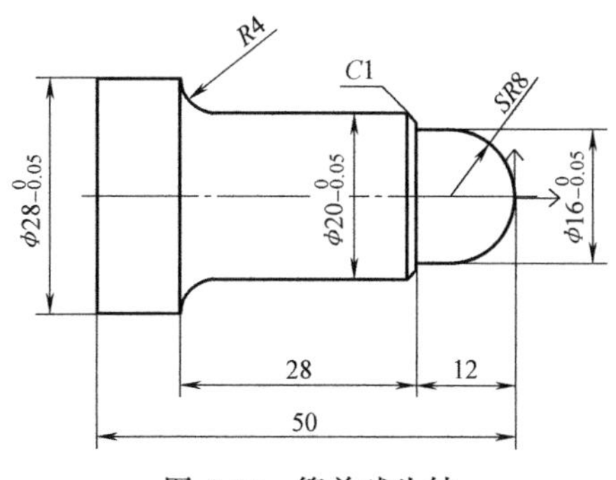

图 4-90 简单球头轴

2. 利用 CAXA 数控车对图 4-91 进行轮廓线（含曲线）绘制，并生成其外轮廓粗车、外轮廓精车的加工轨迹，最后生成 FANUC 数控系统的 G 代码。

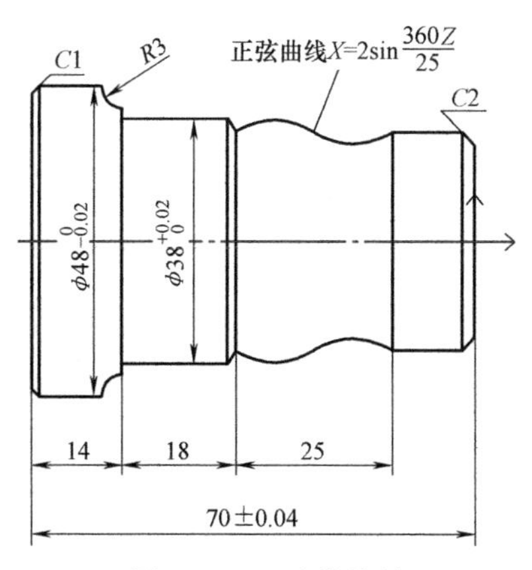

图 4-91 正弦曲线轴

3. 利用 CAXA 数控车对图 4-92 进行轮廓线绘制，制定其加工工艺，并生成与加工工艺对应的加工轨迹，最后生成 FANUC 数控系统的 G 代码。

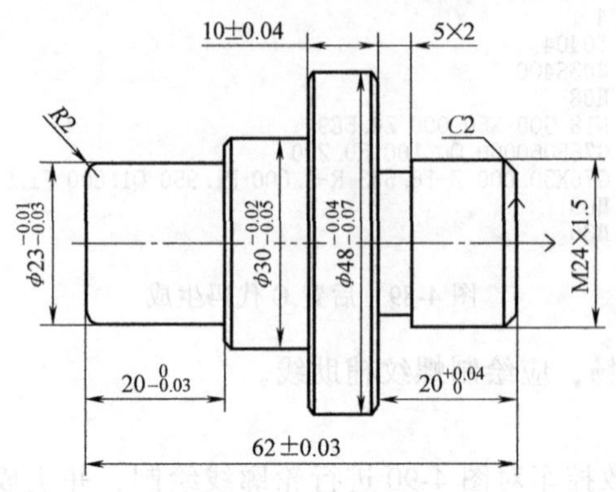

图 4-92　综合编程题

第5章

数控车床的操作加工实例

CAXA数控车编程软件与数控车床联机加工流程一般包括准备阶段、工艺制定阶段、细则决策阶段、CAXA数控车编程阶段、过程控制阶段、评价阶段等，其具体流程如图5-1所示。

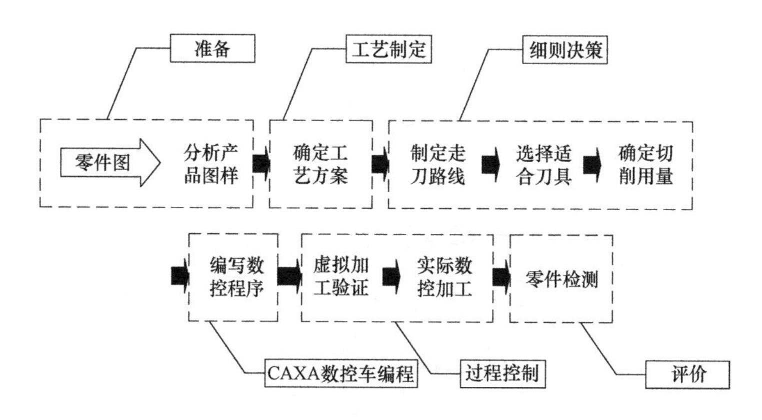

图5-1 CAXA数控车编程与数控车床联机加工流程图

本章以带螺纹椭圆轴-配合件加工为例，详细讲解分析产品图样、制定合理的加工工艺方案（选用切削刀具，选取合理的切削参数）、CAXA数控车编程与参数设定、CAXA数控车仿真操作、CF卡程序通信、数控车床加工操作、尺寸精度检测、装配等步骤。

5.1 零件图的分析

零件图的分析是制定加工工艺的基础工作，零件图分析主要包括尺寸标注分析、轮廓几何要素分析、加工精度及技术要求分析等。加工精度及技术要求的分析尤为重要，因为数控加工的主要任务就是要满足零件的尺寸精度和加工质量。只有将零件图分析透彻了，才能正确合理地选择加工方法、装夹夹具、刀具及切削用量等。带螺纹椭圆轴-配合件如图5-2所示。

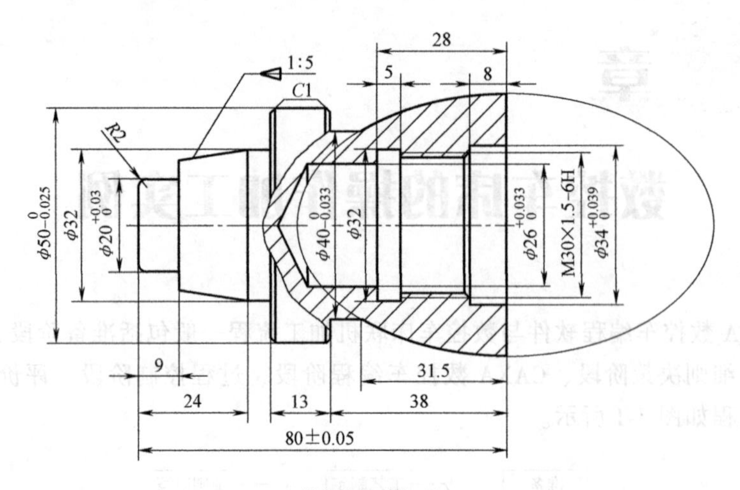

a) 带螺纹椭圆轴-件1

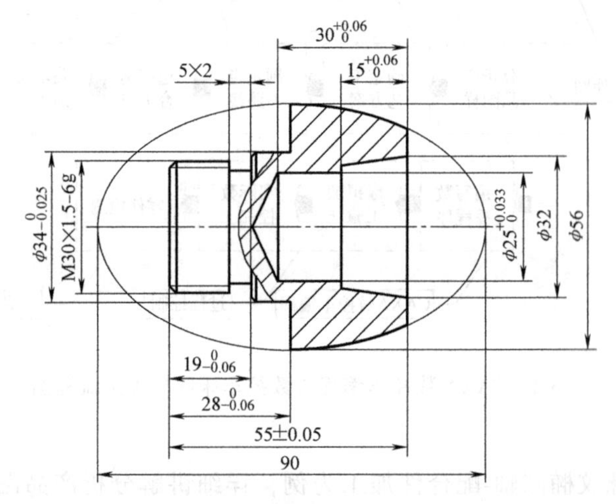

b) 带螺纹椭圆轴-件2

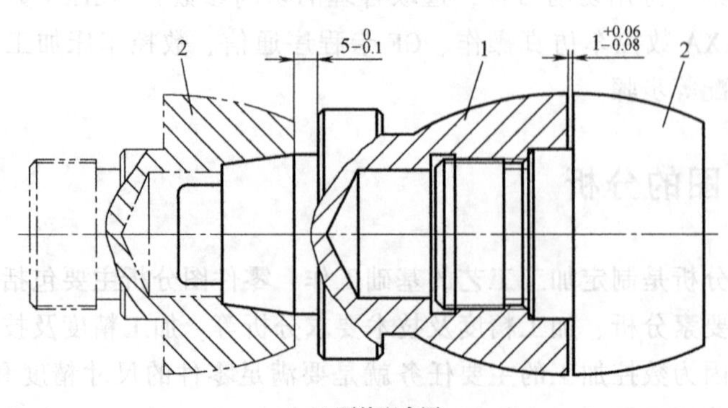

c) 两件配合图

图 5-2 带螺纹椭圆轴-配合件

通过对零件图的分析，可知该配合件由两个零件装配组合而成，不仅每个零件具有较高的尺寸精度，而且两个零件还具有一定的装配关系及装配要求。通过零件图分析可知该配合件主要加工内容包括外圆柱面加工、外圆锥面加工、外螺纹加工、外退刀槽加工、内圆柱面加工、内圆锥面加工、内退刀槽加工、内螺纹加工、椭圆曲线加工等，加工的要素较为丰富，具有一定的典型性和代表性。

1. 零件的主要尺寸

该配合件需加工的要素相对较多，需保证精度的尺寸也比较多，具体要求如下：

1）外圆柱面：ϕ20mm、ϕ32mm、ϕ50mm、ϕ34mm。

2）内圆柱面：ϕ25mm、ϕ26mm、ϕ34mm。

3）长度尺寸：80mm、55mm、28mm、19mm、5mm 等。

4）螺纹尺寸：M30×1. 5-6g、M30×1. 5-6H。

5）曲线：椭圆曲线面。

2. 零件加工难点

1）该零件组合装配加工难点之一在于椭圆处，要保证两个零件的椭圆的光滑连接，需特定的加工工艺完成。

2）该零件组合装配加工难点之二在于件 2 的左右两端都需要与件 1 进行装配且有装配精度，这就对单个零件的加工尺寸精度、形位精度提出了很高的要求。

3）该零件组合装配加工难点之三在于对两个单体零件的同轴度要求较高，虽然在图样上没有表达出同轴度，但应能从装配关系中分析出来，若两个零件的同轴度达不到要求可能导致装配失败。

5.2 制定加工工艺方案

5.2.1 整体切削方案设计

在数控车床上加工带螺纹椭圆轴-件 1 时，应分两次装夹。以 ϕ50mm 圆柱的右端面为分界点，先粗车、精车件 1 的左端。带螺纹椭圆轴-件 1 右端的椭圆需要和件 2 椭圆相配后进行加工以保证椭圆曲线的光滑连接。带螺纹椭圆轴-件 1 和件 2 采用 M30×1. 5 的内、外螺纹配合后再进行切削加工，故加工件 1 右端时只加工内孔、内螺纹、内圆柱面、内圆锥面等即可。带螺纹椭圆轴-件 2 只加工左端，以 ϕ34mm 圆柱的右端面为分界点，加工完成后重新装夹预钻出 ϕ24mm 内孔即可，件 2 右端的椭圆及内轮廓，待装配后和件 1 一起加工，以保证同轴度。

1. 带螺纹椭圆轴-件 1 加工工艺方案规划

结合带螺纹椭圆轴的整体切削方案，制定带螺纹椭圆轴-件 1 加工工艺方案如下：

1）用卡盘夹住工件外圆，伸出长度距离卡盘 50mm 左右即可，找正、夹紧。

2）粗车、精车端面。

3）粗车、精车 ϕ20mm、ϕ32mm、ϕ50mm 的外圆柱面以及锥度为 1∶5 的圆锥面等。

注意：应适当延长 ϕ50mm 的圆柱面的伸出长度，但为了加工安全，须结合工件伸出卡盘距离等因素综合考虑。

4）装夹工件，预钻 ϕ24mm 的孔。

提示：由于钻孔时切削力较大，为保证加工安全，可夹持工件毛坯处使装夹稳固，通过钻、扩等方式预钻孔，钻削成 ϕ24mm 左右且保证孔的深度即可。

5）将工件调头装夹，利用铜皮包夹 ϕ50mm 已加工圆柱面。

6）切削工件右端面，保证总长 80±0. 05mm。

7）粗车、精车 ϕ26mm、ϕ34mm 的内圆柱面及倒角等。

8）切削 ϕ34mm×5mm 的退刀槽。

9）切削 M30×1. 5-6H 内螺纹。

2. 带螺纹椭圆轴-件 2 加工工艺方案规划

结合带螺纹椭圆轴的整体切削方案，制定带螺纹椭圆轴-件 2 加工工艺方案如下：

1）用卡盘夹住工件外圆，伸出长度距离卡盘 35mm 左右即可，找正、夹紧。

2）粗车、精车端面。

3）粗车、精车 ϕ30mm、ϕ34mm 的外圆柱面等。

4）切削 5mm×2mm 的退刀槽。

5）切削 M30×1. 5-6g 外螺纹。

3. 带螺纹椭圆轴-件 1、件 2 椭圆曲线加工方案规划

将带螺纹椭圆轴-件 1、件 2 按上述加工工艺方案加工后。通过 M30×1. 5mm 内、外螺纹联接装配后，应包铜皮以防止将已加工表面夹伤。加工工艺方案如下：

1）装夹工件，件 2 通过钻、扩等孔加工工艺完成 ϕ24mm 钻孔加工。

提示：由于钻孔时切削力较大，为保证加工安全，可夹持工件毛坯处，需装夹牢固可靠，通过钻孔、扩孔等形式预钻孔，钻削成 ϕ24mm 左右且保证孔的深度即可。

2）通过 M30×1. 5mm 的螺纹，将件 1、件 2 进行装配。

3）利用铜皮包夹 ϕ50mm 的已加工圆柱面。

4）切削件 2 右端面，保证总长 90mm。

5）粗车、精车椭圆曲线。

6）粗车、精车 ϕ25mm 的内圆柱面以及内圆锥面等。

5.2.2 切削刀具选择

根据图样技术要求的分析选择刀具有主偏角 93°、刀尖角 55°的外圆车刀，3mm 切槽刀，以及外螺纹车刀、内螺纹车刀、内孔车刀、钻头等。查询刀具手册选择的刀具信息如表 5-1 所示，选用刀具及辅具实体如图 5-3 所示。

表 5-1 切削所选刀具信息表

序号	刀杆型号	刀片型号	备注
1	MVJNR2020K16	VNMG160404	外圆车刀
2	MGEHR2020-3KC	MGMN300-M	切槽刀
3	SER2020K16C	16ERAG60	外螺纹车刀
4	S20R-SCLCR09	CCMT09T304	内孔车刀
5	SIGER2020D-EH	GER300-0202D	内孔切槽刀
6	SNR0020R16	16NRAG60	内螺纹车刀
7	MT3-MT2、MT4-MT3	ϕ16mm、ϕ24mm	钻头

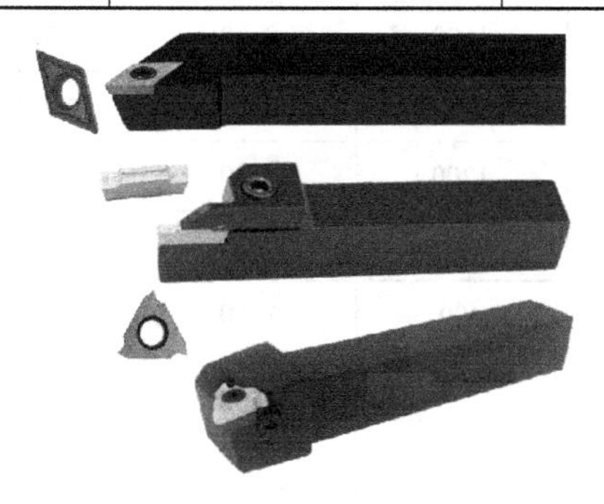

a) 外圆柱面、外圆锥面、外螺纹、外切槽切削刀具

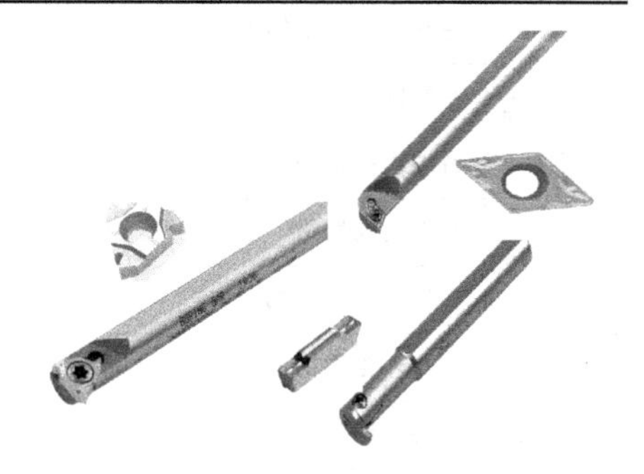

b) 内圆柱面、内圆锥面、内螺纹、内切槽切削刀具

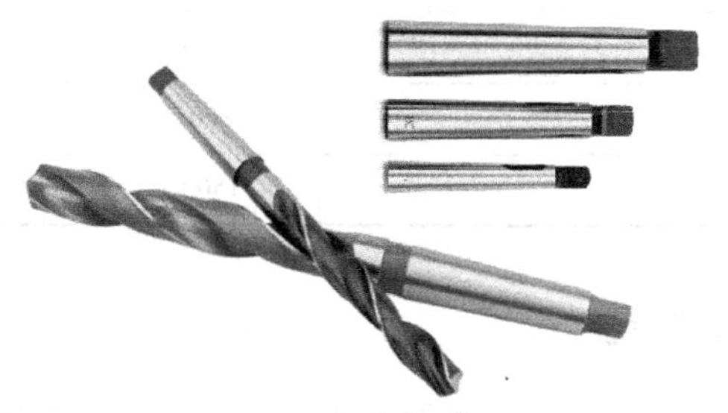

c) 钻头及辅具

图 5-3 切削所选刀具及辅具

5.2.3 确定切削用量

数控车削切削用量参考值如表5-2所示。结合实际机床、刀具、毛坯等情况，车削带螺纹椭圆轴选取合适的切削用量如表5-3所示。

表5-2 数控车削切削用量表

	主轴转速/(r/min)	进给速度/(mm/r)	切削深度/mm
粗加工	650~800	0.15~0.20	2.0~3.0
精加工	1200~1500	0.08~0.12	0.3~0.5
切槽	350	0.08	
车螺纹	400~450	根据导程定	

表5-3 带螺纹椭圆轴数控车削切削用量表

零件	切削要素	主轴转速/(r/min)	进给速度/(mm/r)	切削深度/mm
带螺纹椭圆轴-件1	左端外轮廓粗加工	800	0.20	2.0
	左端外轮廓精加工	1500	0.10	0.3
	右端内孔粗加工	600	0.15	1.0
	右端内孔精加工	1200	0.10	0.3
	右端内孔切槽	350	0.08	2.0
	右端内孔螺纹加工	400	1.50	
带螺纹椭圆轴-件2	左端外轮廓粗加工	800	0.20	2.0
	左端外轮廓精加工	1500	0.10	0.3
	左端外切槽	350	0.08	2.0
	左端外螺纹加工	400	1.50	
配合件	内孔粗加工	600	0.15	1.0
	内孔精加工	1200	0.10	0.3
	外圆粗加工	800	0.20	2.0
	外圆精加工	1500	0.10	0.3

5.2.4 加工工艺卡制定

根据工件图样分析、加工刀具选择、切削用量选择、量具选择、加工工艺分析等综合考虑，制定详细的加工工艺卡如表5-4~表5-6所示。

表 5-4 带螺纹椭圆轴-件 1 加工工艺卡

序号	工步名称	工步内容	夹具	刀具	量具
1	车左端面	夹毛坯右端，伸出 50mm 左右，车削毛坯左端面	自定心卡盘	外圆车刀	钢直尺
2	粗车左端外圆轮廓	粗车左端外圆轮廓，留有 0.5mm 精加工余量	自定心卡盘	外圆车刀	游标卡尺
3	精车左端外圆轮廓	精车左端外圆轮廓至要求尺寸	自定心卡盘	外圆车刀	外径千分尺
4	调头装夹钻孔	通过钻、扩形式将工件预钻孔至 ϕ24mm，保证孔深	自定心卡盘	ϕ16mm 钻头 ϕ24mm 钻头	游标卡尺
5	重新装夹	装夹 ϕ50mm 圆柱面处，以 ϕ50mm 圆柱的中心轴为基准，用百分表校核圆跳动。车右端面并保证总长至要求尺寸	自定心卡盘	外圆车刀	游标卡尺
6	粗车右端内轮廓	粗车右端内轮廓，留有 0.5mm 精加工余量	自定心卡盘	内孔车刀	游标卡尺
7	精车右端内轮廓	精车零件的右端内轮廓，至要求的尺寸精度	自定心卡盘	内孔车刀	内径千分尺
8	加工退刀槽	加工 ϕ34mm×5mm 的退刀槽	自定心卡盘	切槽刀 刀宽 3mm	游标卡尺
9	加工 M30×1.5mm 内螺纹	加工 M30×1.5mm 的内螺纹	自定心卡盘	内螺纹车刀	螺纹环规

表 5-5 带螺纹椭圆轴-件 2 加工工艺卡

序号	工步名称	工步内容	夹具	刀具	量具
1	车左端面	夹毛坯右端，伸出 35mm 左右，车削毛坯左端面	自定心卡盘	外圆车刀	游标卡尺
2	粗车左端外圆轮廓	粗车左端外圆轮廓，留有 0.5mm 精加工余量	自定心卡盘	外圆车刀	游标卡尺
3	精车左端外圆轮廓	精车左端外圆轮廓至要求尺寸	自定心卡盘	外圆车刀	外径千分尺
4	加工退刀槽	加工 5mm×2mm 的退刀槽	自定心卡盘	内切槽刀 刀宽 3mm	游标卡尺
5	加工 M30×1.5mm 的外螺纹	加工 M30×1.5mm 的外螺纹	自定心卡盘	外螺纹车刀	螺纹环规

表 5-6 带螺纹椭圆轴-配合件椭圆曲线加工工艺卡

序号	工步名称	工步内容	夹具	刀具	量具
1	钻孔	通过钻、扩等孔加工形式将工件预钻孔至 ϕ22mm，保证孔的深度	自定心卡盘	ϕ16mm 钻头 ϕ22mm 钻头	游标卡尺
2	装配	通过 M30×1.5mm 的螺纹使件1、件2连接起来			
3	切削件2右端面，保证总长	装夹 ϕ50mm 圆柱面处，车削件2右端面并保证总长为要求尺寸	自定心卡盘	外圆车刀	游标卡尺
4	粗车椭圆曲线	粗车椭圆曲线，留 0.5mm 加工余量	自定心卡盘	外圆车刀	半径样板
5	精车椭圆曲线	精车椭圆曲线至要求尺寸	自定心卡盘	外圆车刀	半径样板
6	粗车右端内轮廓	粗车右端内轮廓，留有 0.5mm 精加工余量	自定心卡盘	内孔车刀	游标卡尺
7	精车右端内轮廓	精车零件的右端内轮廓至要求的尺寸精度	自定心卡盘	内孔车刀	内径千分尺

5.3 加工准备

5.3.1 毛坯选择

根据带螺纹椭圆轴零件图分析，选择两段铝棒毛坯，尺寸分别为 ϕ60mm×60mm、ϕ60mm×85mm，如图 5-4 所示。

图 5-4 铝棒毛坯

5.3.2 加工设备、夹具、辅具的选择

加工设备采用 CK6140S 数控车床（FANUC 0i-TD 数控系统），夹具采用自定心卡盘，如图 5-5 所示。

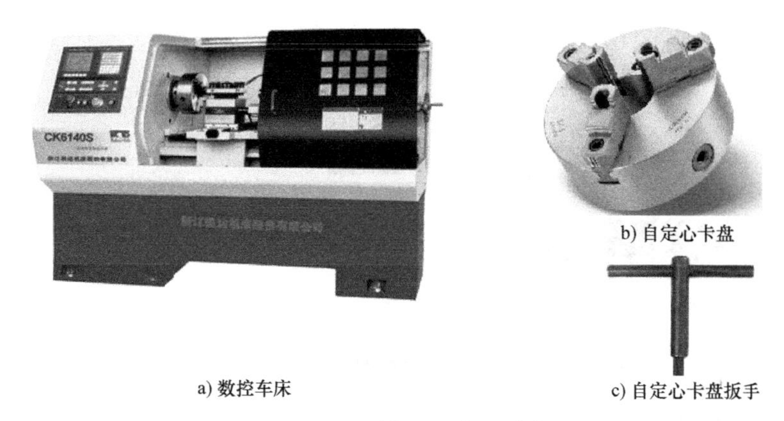

a) 数控车床

b) 自定心卡盘

c) 自定心卡盘扳手

图 5-5 加工装备

5.3.3 量具及其他用具的选择

1）钢直尺：规格为 0~100mm，用于检测毛坯尺寸是否符合要求、工件毛坯装夹时伸出卡盘的长度等。

2）游标卡尺：规格为 0~150mm，分度值为 0.02mm，用于对刀测量数据，检测零件长度、直径、槽宽（深）尺寸等。常见的游标卡尺有普通游标卡尺、带表卡尺、数显卡尺等。本例采用带表卡尺，其结构如图 5-6 所示。

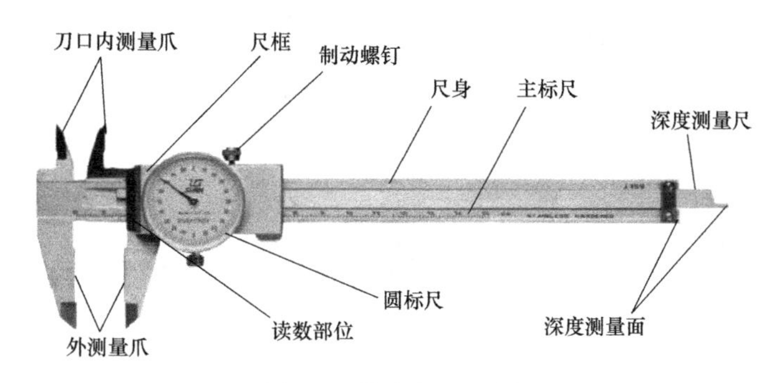

图 5-6 带表卡尺的结构

3）外径千分尺：规格为 0~25mm、25~50mm，分度值为 0.01mm，可以检测精度较高的尺寸，如实例中 ϕ20mm、ϕ50mm、ϕ34mm 的圆柱面等尺寸精度要求较高的尺寸。常见的外径千分尺可分为普通外径千分尺、数显外径千分尺。本例采用普通外径千分尺，其结构如图 5-7 所示。

4）内径千分尺：规格为 5~30mm、30~55mm，分度值为 0.01mm，可以检测精度较高的内孔尺寸，如本例中 ϕ26mm、ϕ34mm、ϕ25mm 内圆柱面等尺寸精度要求较高的内孔尺寸。常见的内径分千尺分为普通内径千分尺、数显内径千分

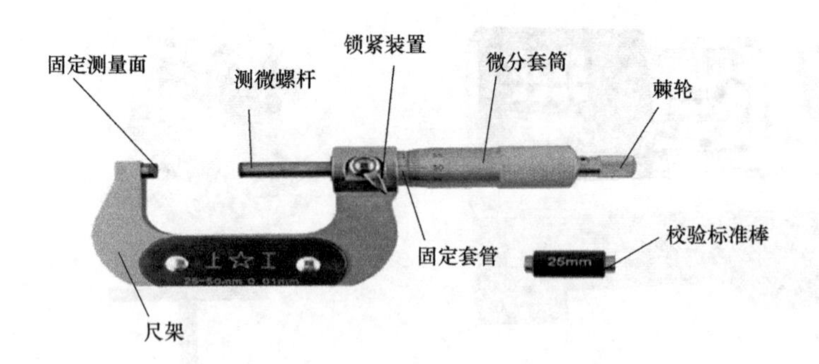

图 5-7　普通外径千分尺的结构

尺。本例采用普通内径千分尺，其结构如图 5-8 所示。

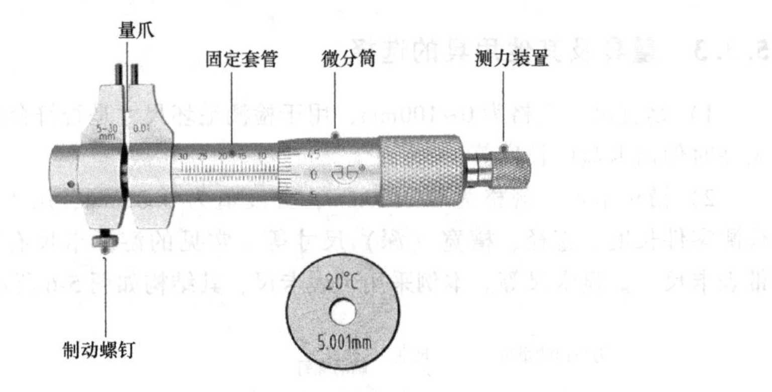

a) 5～30mm规格的普通内径千分尺

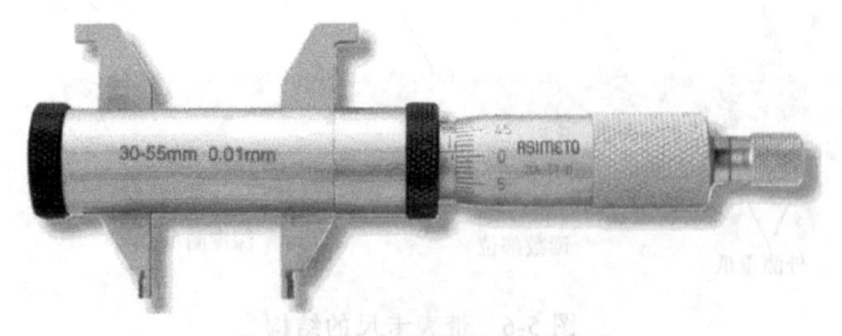

b) 30～55mm规格的普通内径千分尺

图 5-8　普通内径千分尺的结构

5）M30X1. 5-6g 螺纹环规：用于检测 M30X1. 5-6g 螺纹是否合格，要求螺纹环规的通规能够全部拧进螺纹段，螺纹环规的止规不能拧进螺纹段（允许拧进的距离小于止规厚度的 2/3）。螺纹环规如图 5-9 所示。

6）M30X1. 5-6H 螺纹塞规：用于检测 M30X1. 5-6H 内螺纹是否合格，要求螺纹塞规的通规能够全部拧进螺纹段，螺纹塞规的止规不能拧进螺纹段（允许拧进距离小于止规长度的 2/3)。螺纹塞规如图 5-10 所示。

图 5-9 M30X1.5-6g 螺纹环规

图 5-10 M30X1.5-6H 螺纹塞规

7）磁性表座、百分表、铜棒：磁性表座、百分表用于工件的校正、找正，其样式如图 5-11 所示，铜棒可用于工件找正、校正，通常配合磁性表座、百分表等，其样式如图 5-12 所示。

图 5-11 磁性表座、百分表

8）薄铜皮、剪刀：薄铜皮用于包住工件已加工表面，防止夹伤等，一般用 0.1mm 左右的薄铜皮即可，剪刀用于裁剪薄铜皮。其样式如图 5-13 所示。

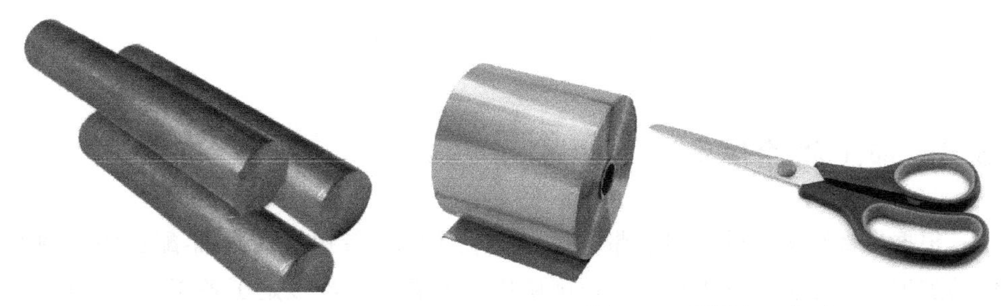

图 5-12 铜棒

图 5-13 薄铜皮、剪刀

9）CF 卡、USB 转换接口：CF 卡用于将 CAXA 数控车编制的程序传输至数控机床中，USB 转换接口用于计算机与 CF 卡进行连接，将 CAXA 数控车编制的程序传输至 CF 卡中。CF 卡、USB 转换接口如图 5-14 所示。

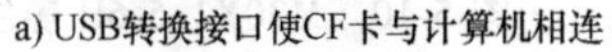
a) USB转换接口使CF卡与计算机相连

b) CF卡与机床相连的配件

图 5-14　CF 卡和 USB 转换接口

10）护目镜、工作服、劳保鞋：数控操作中应严格按照要求着装，以防加工过程中伤及身体。一般情况下要求戴护目镜，防止铁屑等飞入眼睛；工作服要求不能太松垮，要将袖口纽扣等扣上；劳保鞋上表面要求具有防砸功能，在工件等其他物品掉落时保护操作者的脚。护目镜、工作服和劳保鞋如图 5-15 所示。

图 5-15　护目镜、工作服和劳保鞋

5.4　加工程序编制

根据带螺纹椭圆轴-件 1、带螺纹椭圆轴-件 2、带螺纹椭圆轴-配合件椭圆曲线的加工工艺分析，基本选定了切削所用的刀具，初步拟定了各工序切削用量，接下来要结合数控车床加工准备情况，利用 CAXA 数控车 2016 软件对数控加工程序进行编制及仿真模拟。本书的 3.2 节中，已经对所需的加工零件进行了绘制。这里主要对该零件的加工方式、切削参数、轨迹生成、G 代码生成、仿真模拟等内容进行讲解。

5.4.1 带螺纹椭圆轴-件1加工程序编制

1. 带螺纹椭圆轴-件1粗车左端面的程序编制与生成G代码

1）根据带螺纹椭圆轴-件1的零件图绘制该零件左端图形，并添加相应的毛坯尺寸。为了便于理解，本例中将卡盘也绘制出来，在实际加工操作中可将卡盘省略。件1左端图形如图5-16所示。

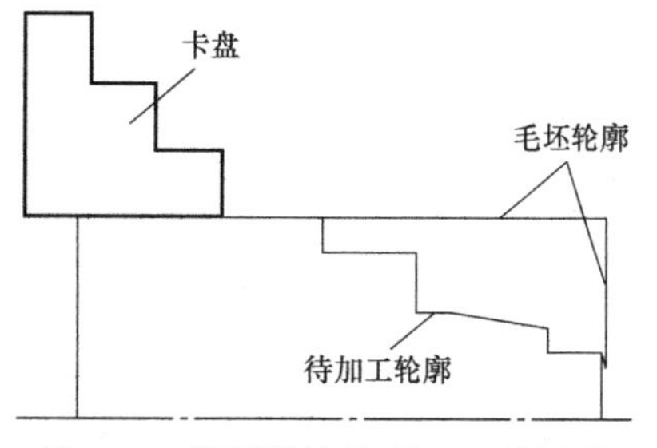

图5-16 椭圆螺纹轴-件1左端图形

2）为了使CAXA数控车编制出来的程序零点与数控车床实际加工零点一致，需将该图形的编程零点平移至CAXA数控车的坐标系原点处。将带螺纹椭圆轴-件1左端图形的元素框选，单击鼠标右键，选定“平移”功能，单击立即菜单中的【1：给定两点】、【2：保持原态】、【3：非正交】、【4：旋转角度0】、【5：比例1】，如图5-17所示。

1: 给定两点 ▼ 2: 保持原态 ▼ 3: 非正交 ▼ 4: 旋转角度 0 5: 比例 1

图5-17 平移立即菜单

3）根据提示，将编程零点移动至系统坐标系原点处，如图5-18所示。

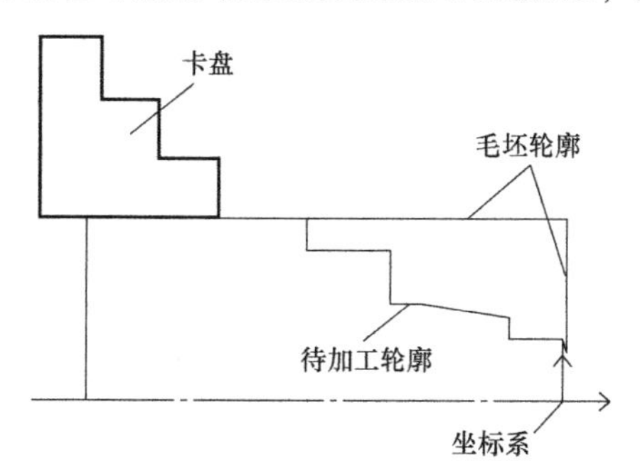

图5-18 编程零点移动至系统坐标原点处

4）单击数控车工具栏中的轮廓粗车按钮，弹出“粗车参数表”对话框，根据加工工艺切削参数、刀具表等信息设置参数，如图5-19所示。

5）根据系统提示拾取被加工工件表面轮廓、所需方向、毛坯轮廓等。然后根据提示输入进、退刀点，利用键盘输入“100，50”即可定义（X100，Z100）为该零件的进、退刀点位置。生成的粗加工轨迹如图5-20所示。

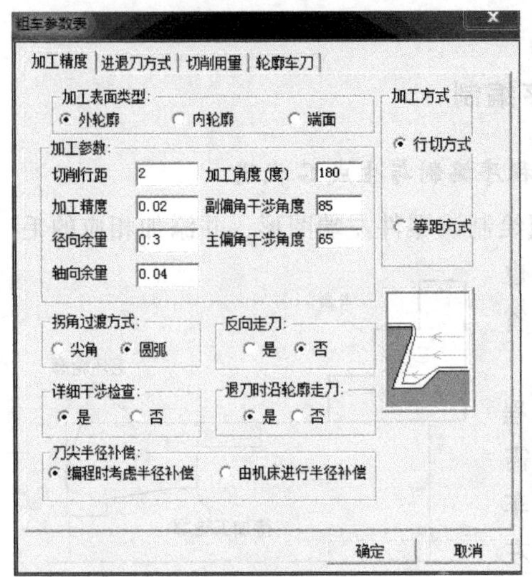

a) 加工精度参数

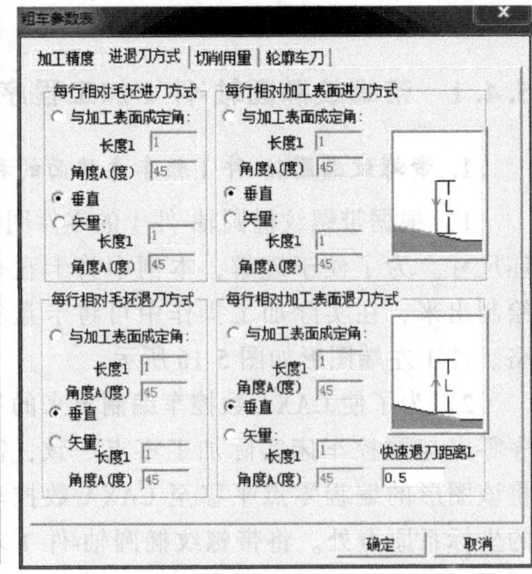

b) 进退刀参数

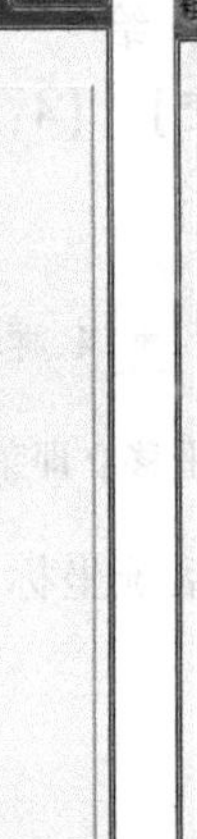

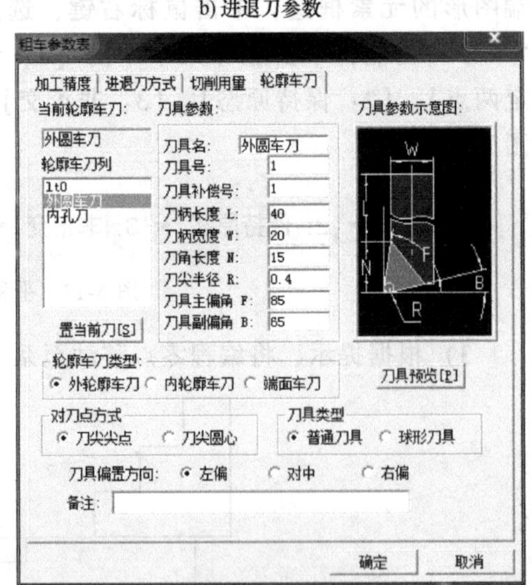

c) 切削用量参数

d) 轮廓车刀参数

图 5-19 带螺纹椭圆轴-件 1 轮廓粗车参数设置

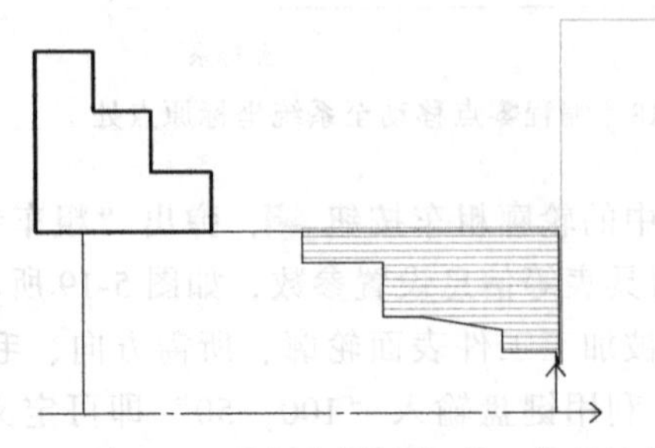

图 5-20 带螺纹椭圆轴-件 1 轮廓粗车轨迹

6）根据生成的轨迹生成 G 代码。单击数控车工具栏中的 G 代码生成按钮，弹出“生成后置代码”对话框，选择 FANUC 数控系统，如图 5-21 所示，单击【确定】。

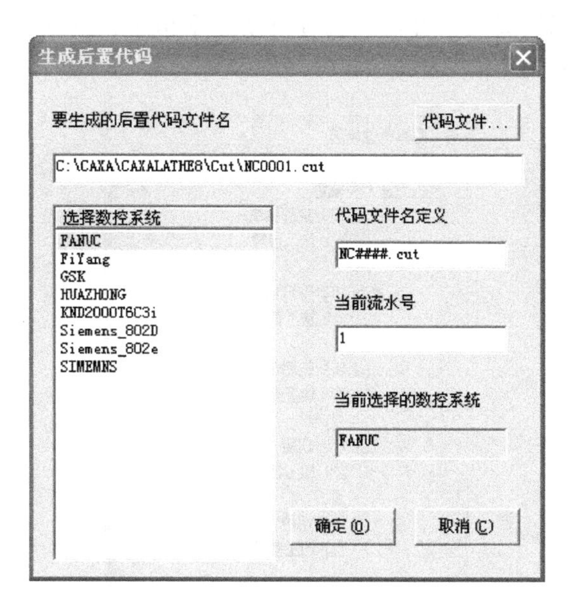

图 5-21 带螺纹椭圆轴-件 1 的“生成后置代码”对话框

7）根据系统提示拾取刀具轨迹，选定生成的粗车轨迹，单击鼠标右键，G 代码生成，如图 5-22 所示。结合实际情况将生成的 G 代码进行保存即可。

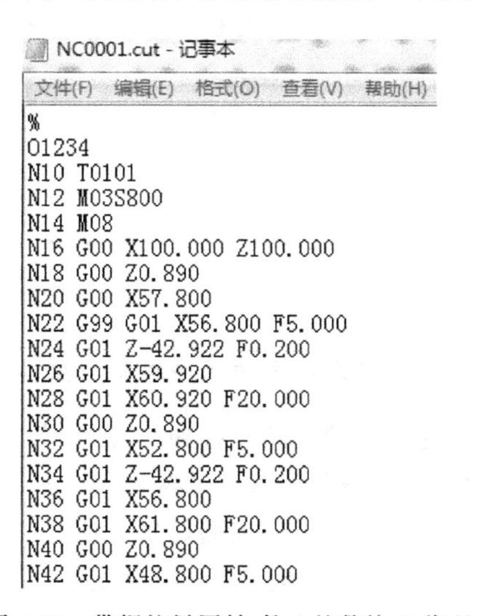


```
%
O1234
N10 T0101
N12 M03S800
N14 M08
N16 G00 X100.000 Z100.000
N18 G00 Z0.890
N20 G00 X57.800
N22 G99 G01 X56.800 F5.000
N24 G01 Z-42.922 F0.200
N26 G01 X59.920
N28 G01 X60.920 F20.000
N30 G00 Z0.890
N32 G01 X52.800 F5.000
N34 G01 Z-42.922 F0.200
N36 G01 X56.800
N38 G01 X61.800 F20.000
N40 G00 Z0.890
N42 G01 X48.800 F5.000
```

图 5-22 带螺纹椭圆轴-件 1 的数控 G 代码

8）为了便于其他工序拾取被加工工件表面轮廓、毛坯轮廓，可将生成的轨迹进行隐藏。单击数控车工具栏中的轨迹管理按钮 ，弹出“刀具轨迹管理”对话框，如图 5-23 所示。将所需加工轨迹选中，单击鼠标右键，在弹出的快捷菜单中选择“隐藏”即可。如需将轨迹重新显示出来，按以上步骤单击鼠标右键选择“显示”即可。

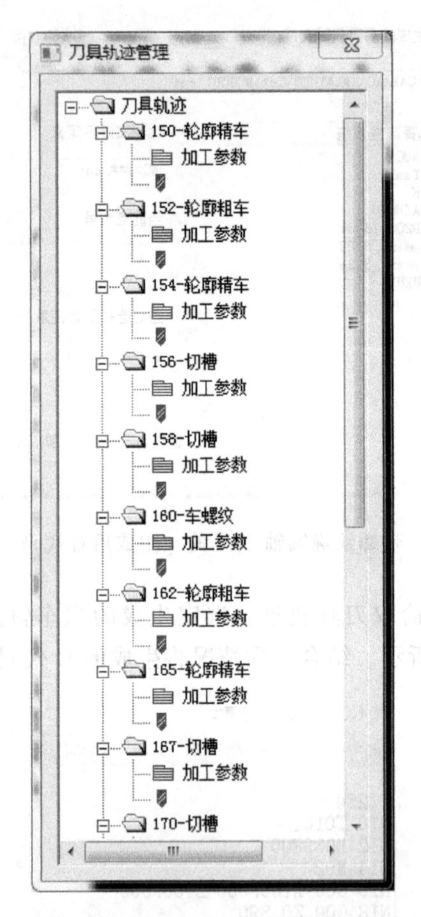

图 5-23　带螺纹椭圆轴-件 1 的“刀具轨迹管理”对话框

2. 带螺纹椭圆轴-件 1 精车左端面的程序编制与生成 G 代码

1）单击数控车工具栏中的轮廓精车按钮 ，弹出“精车参数表”对话框，根据加工工艺切削参数、刀具表等信息设置参数，如图 5-24 所示。

2）根据系统提示拾取被加工工件表面轮廓、所需方向等。然后根据提示输入进、退刀点，利用键盘输入“100，50”即可定义（X100，Z100）为该零件的进、退刀点位置。生成的精加工轨迹如图 5-25 所示。

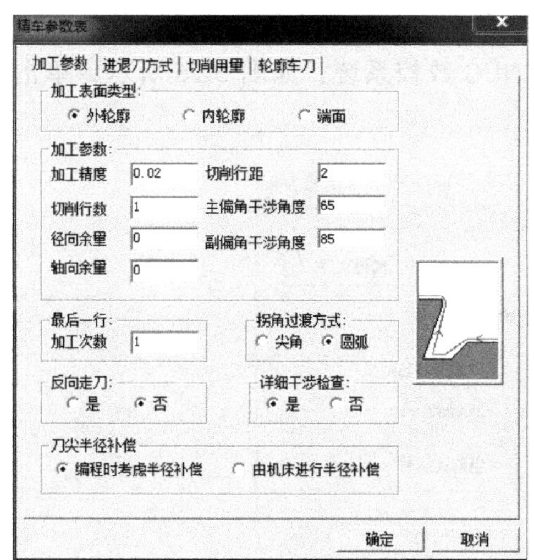

a) 加工参数

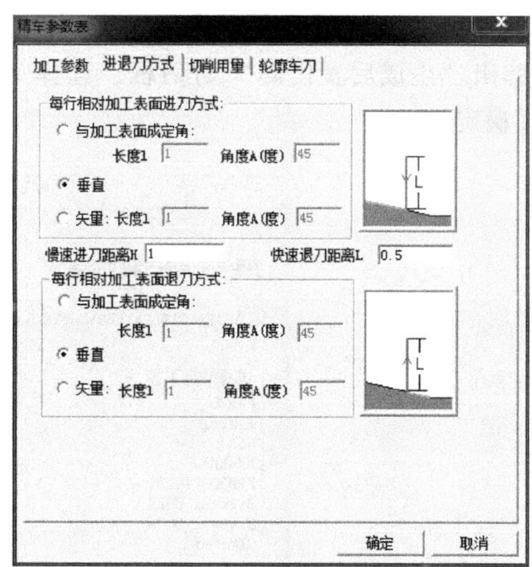

b) 进退刀参数

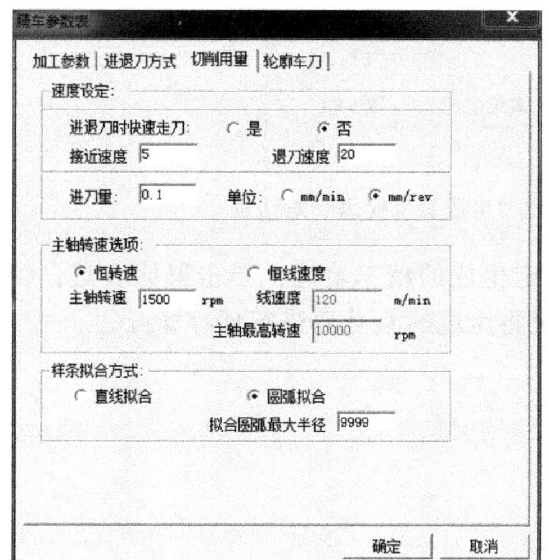

c) 切削用量参数

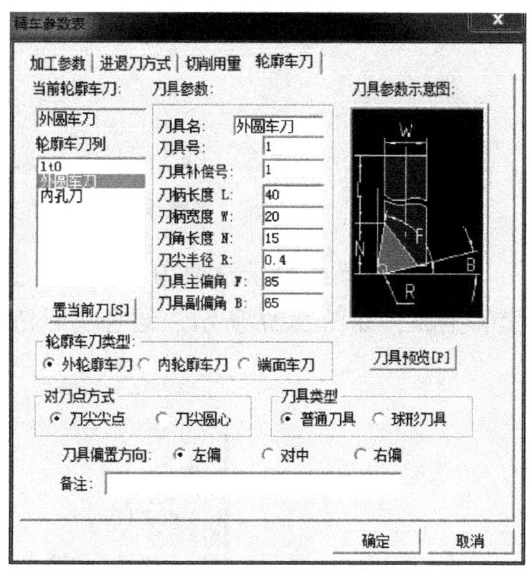

d) 轮廓车刀参数

图 5-24 带螺纹椭圆轴-件 1 轮廓精车参数设置

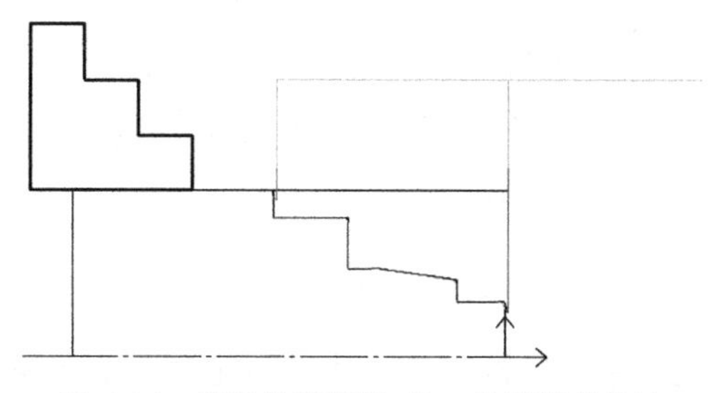

图 5-25 带螺纹椭圆轴-件 1 轮廓精车轨迹

3）根据生成的轨迹生成G代码。单击数控车工具栏中的代码生成按钮，弹出“生成后置代码”对话框，选择FANUC数控系统，如图5-26所示，单击【确定】。

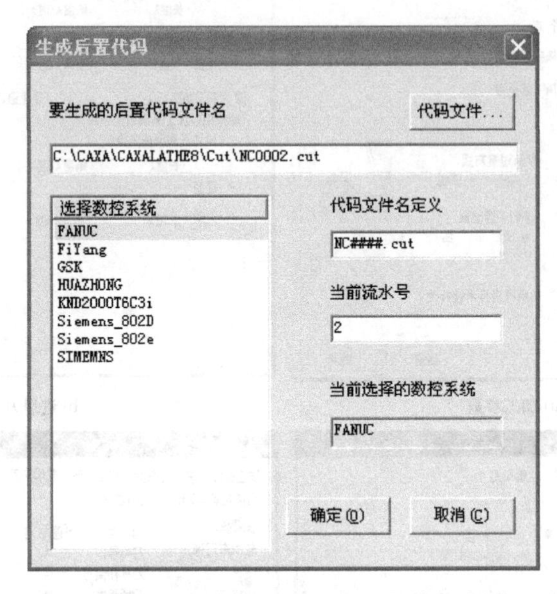

图5-26　带螺纹椭圆轴-件1的“生成后置代码”对话框

4）根据系统提示拾取刀具轨迹，选定生成的精车轨迹，单击鼠标右键，G代码生成，如图5-27所示。结合实际情况将生成的G代码进行保存即可。

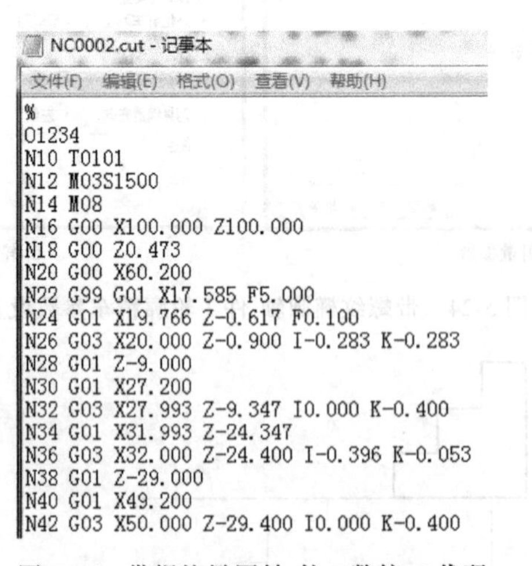

NC0002.cut - 记事本

文件(F) 编辑(E) 格式(O) 查看(V) 帮助(H)

```
%
O1234
N10 T0101
N12 M03S1500
N14 M08
N16 G00 X100.000 Z100.000
N18 G00 Z0.473
N20 G00 X60.200
N22 G99 G01 X17.585 F5.000
N24 G01 X19.766 Z-0.617 F0.100
N26 G03 X20.000 Z-0.900 I-0.283 K-0.283
N28 G01 Z-9.000
N30 G01 X27.200
N32 G03 X27.993 Z-9.347 I0.000 K-0.400
N34 G01 X31.993 Z-24.347
N36 G03 X32.000 Z-24.400 I-0.396 K-0.053
N38 G01 Z-29.000
N40 G01 X49.200
N42 G03 X50.000 Z-29.400 I0.000 K-0.400
```

图5-27　带螺纹椭圆轴-件1数控G代码

5）为了便于其他工序拾取被加工工件表面轮廓、毛坯轮廓，可将生成的轨迹进行隐藏。单击数控车工具栏中的轨迹管理按钮，弹出“刀具轨迹管理”对话框，如图 5-28 所示。将所需隐藏刀具轨迹选中，单击鼠标右键，在弹出的快捷菜单中选择“隐藏”即可。如需将轨迹重新显示出来，按以上步骤单击鼠标右键选择“显示”即可。

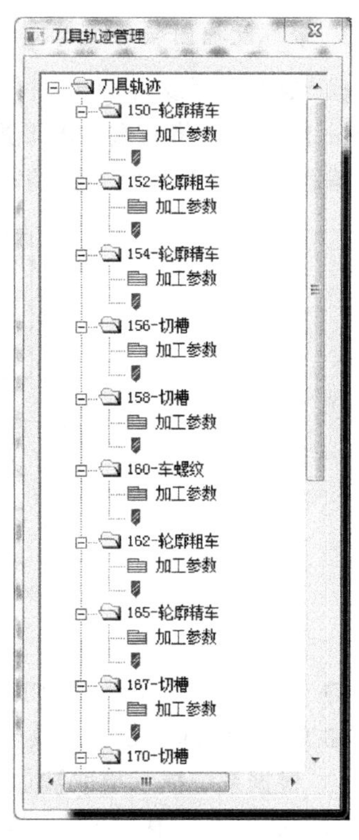

图 5-28 带螺纹椭圆轴-件 1 的“刀具轨迹管理”对话框

注意：通常情况下都是将多个程序一次生成，以便于实现自动加工。

同时生成左端粗、精车刀具轨迹的操作步骤如下：

1）根据轨迹生成 G 代码，单击数控车工具栏中的代码生成按钮，弹出“生成后置代码”对话框，选择 FANUC 数控系统，如图 5-29 所示，单击【确定】。

2）根据系统提示拾取刀具轨迹，同时选定生成的粗加工轨迹、精加工轨迹，单击鼠标右键，G 代码生成，如图 5-30 所示。结合实际情况将生成的 G 代码进行保存即可。

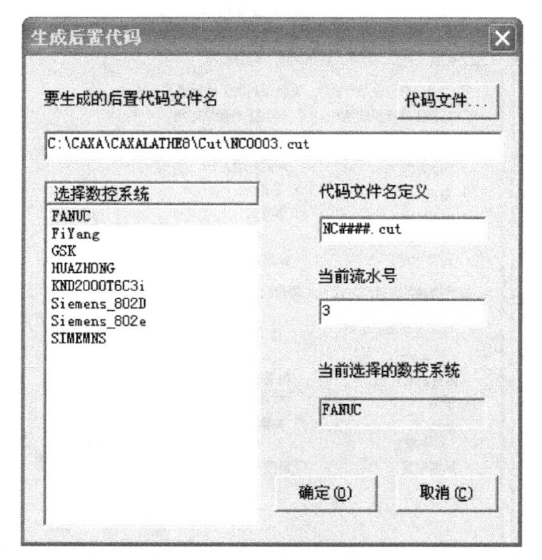

图 5-29 带螺纹椭圆轴-件 1 的“生成后置代码”对话框

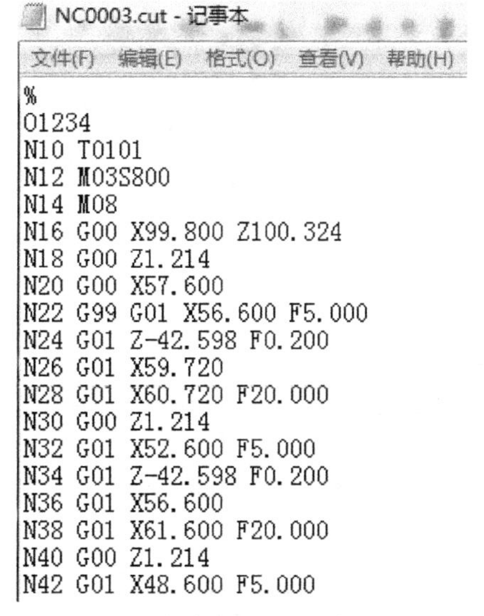


```
%
O1234
N10 T0101
N12 M03S800
N14 M08
N16 G00 X99.800 Z100.324
N18 G00 Z1.214
N20 G00 X57.600
N22 G99 G01 X56.600 F5.000
N24 G01 Z-42.598 F0.200
N26 G01 X59.720
N28 G01 X60.720 F20.000
N30 G00 Z1.214
N32 G01 X52.600 F5.000
N34 G01 Z-42.598 F0.200
N36 G01 X56.600
N38 G01 X61.600 F20.000
N40 G00 Z1.214
N42 G01 X48.600 F5.000
```

图 5-30 带螺纹椭圆轴-件 1 的数控 G 代码

3. 带螺纹椭圆轴-件1粗车右端的内孔程序编制与生成G代码

1）根据带螺纹椭圆轴-件1加工工艺编制，将工件调头装夹，并预钻、扩ϕ24mm的孔。需将右端的图形进行简单处理（对轮廓线、切槽缺口进行处理），并将编程零点移至CAXA数控车的坐标系原点处，如图5-31所示。

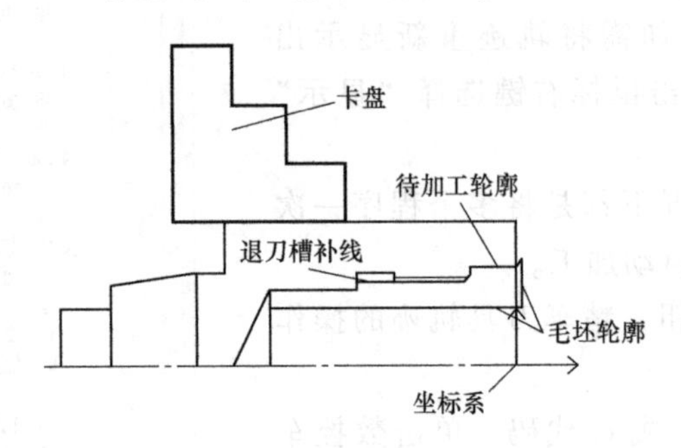

图5-31　处理后带螺纹椭圆轴-件1右端面图

2）单击数控车工具栏中的轮廓粗车按钮，弹出“粗车参数表”对话框，根据加工工艺切削参数、刀具表等信息设置各参数，如图5-32所示。

3）根据系统提示拾取被加工工件表面轮廓、所需方向、毛坯轮廓等。然后根据提示输入进、退刀点，利用键盘输入“100，10”即可定义（X20，Z100）为该零件的进、退刀点位置。生成的内孔轮廓粗加工轨迹如图5-33所示。

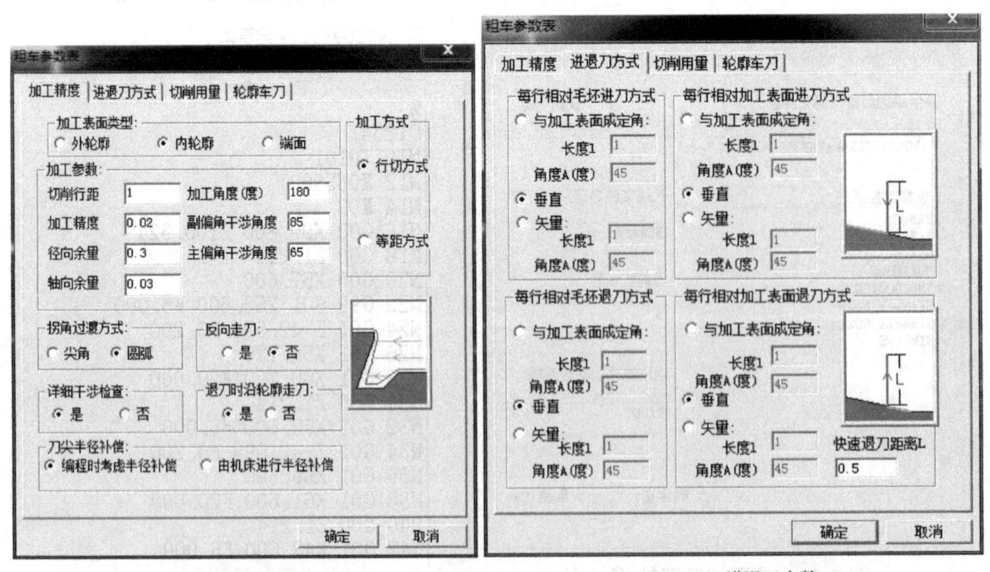

a) 加工精度参数　　b) 进退刀参数

图5-32　带螺纹椭圆轴-件1轮廓粗车参数设置

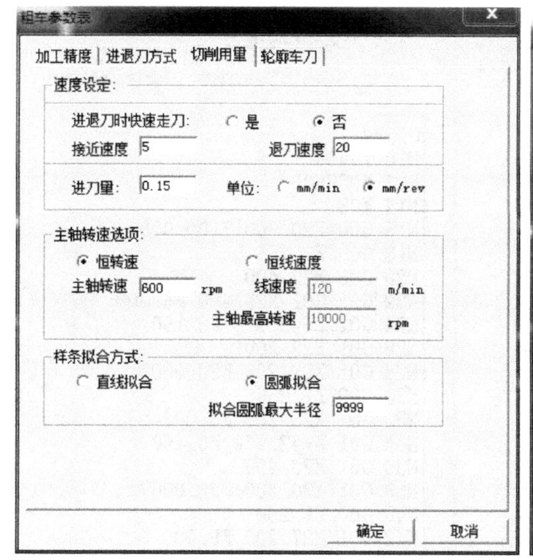

c) 切削用量参数

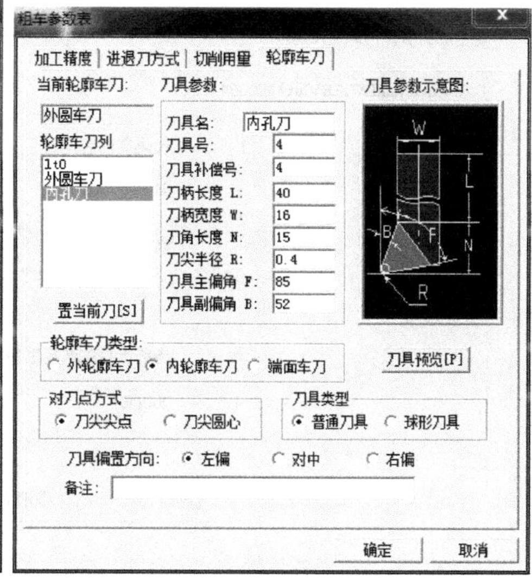

d) 轮廓车刀参数

图 5-32　带螺纹椭圆轴-件 1 轮廓粗车参数设置（续）

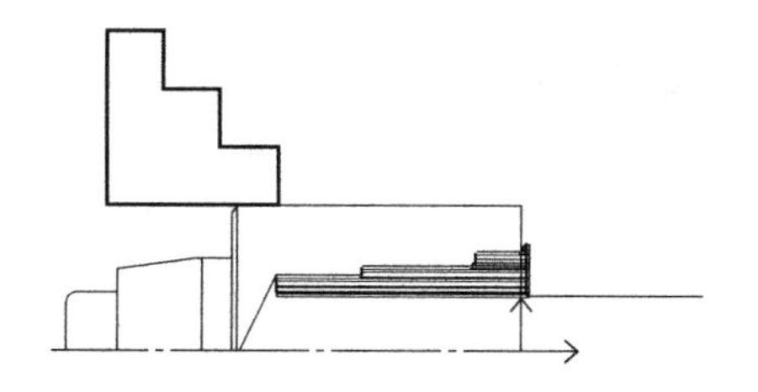

图 5-33　带螺纹椭圆轴-件 1 右端内孔轮廓粗车轨迹

4）根据生成的加工轨迹路径生成 G 代码。单击数控车工具栏中的代码生成按钮，弹出“生成后置代码”对话框，选择 FANUC 数控系统，如图 5-34 所示，单击【确定】。

5）根据系统提示拾取刀具轨迹，选定生成的轨迹，单击鼠标右键，G 代码生成，如图 5-35 所示。结合实际情况将生成的 G 代码进行保存即可。

4. 带螺纹椭圆轴-件 1 精车右端的内孔程序编制与生成 G 代码

1）单击数控车工具栏中的轮廓精车按钮，弹出“精车参数表”对话框，根据加工工艺切削参数、刀具表等信息设置各参数，如图 5-36 所示。

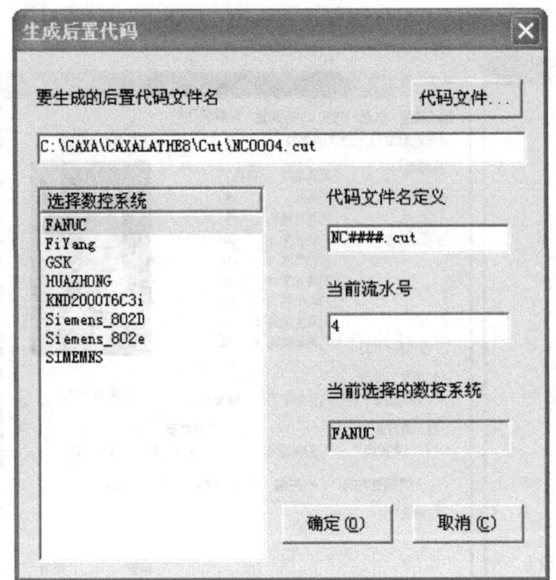

图 5-34　带螺纹椭圆轴-件 1 的“生成后置代码”对话框

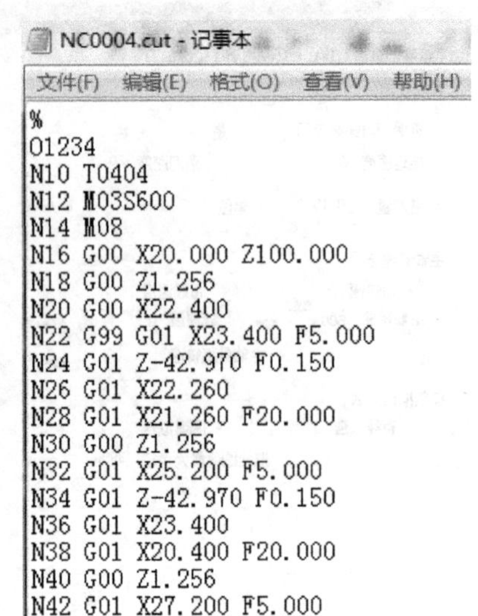

图 5-35　带螺纹椭圆轴-件 1 右端内孔轮廓粗车数控 G 代码

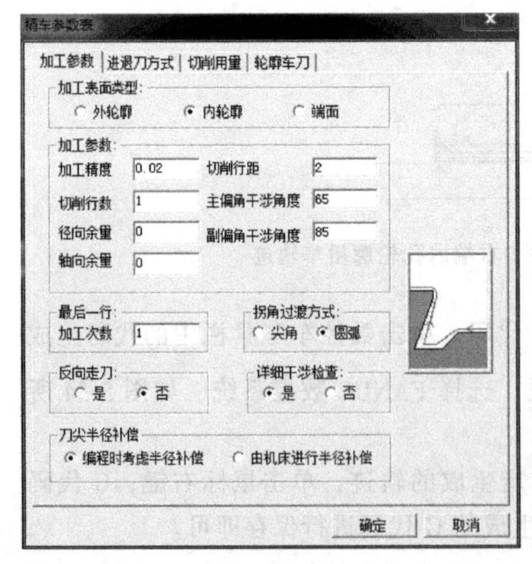

a) 加工参数

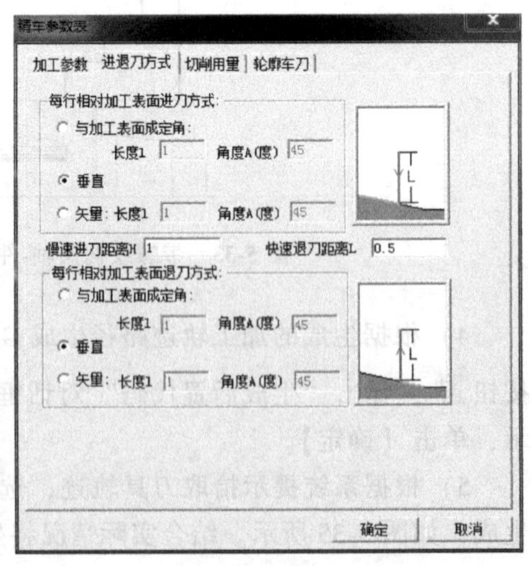

b) 进退刀参数

图 5-36　带螺纹椭圆轴-件 1 右端内孔轮廓精车参数设置

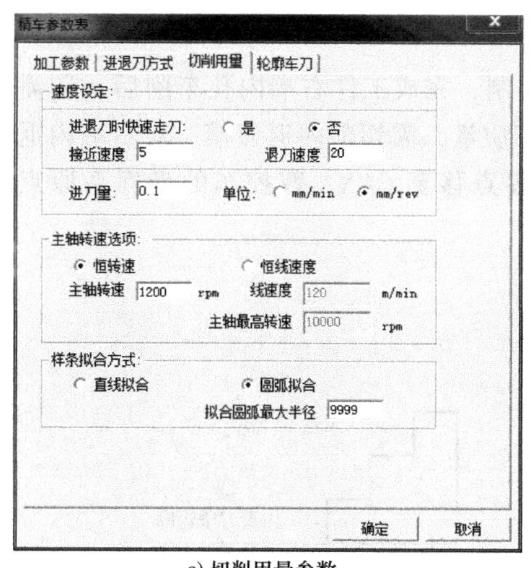

c) 切削用量参数

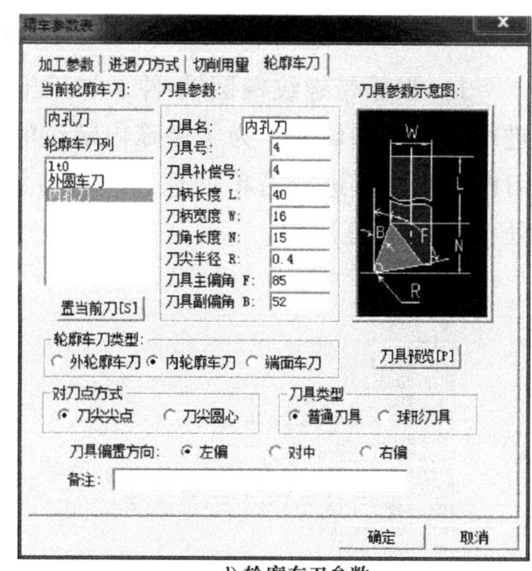

d) 轮廓车刀参数

图 5-36 带螺纹椭圆轴-件 1 右端内孔轮廓精车参数设置（续）

2）根据系统提示拾取被加工工件表面轮廓、所需方向等。然后根据提示输入进、退刀点，利用键盘输入“100，10”即可定义（X20，Z100）为该零件的进、退刀点位置。生成的精加工轨迹如图 5-37 所示。

3）根据生成的轨迹生成 G 代码，单击数控车工具栏中的代码生成按钮，弹出“生成后置代码”对话框，选择 FANUC 数控系统，如图 5-38 所示，单击【确定】。

4）根据系统提示拾取刀具轨迹，选定生成的精车轨迹，单击鼠标右键，G 代码生成，如图 5-39 所示。结合实际情况将生成的 G 代码进行保存即可。

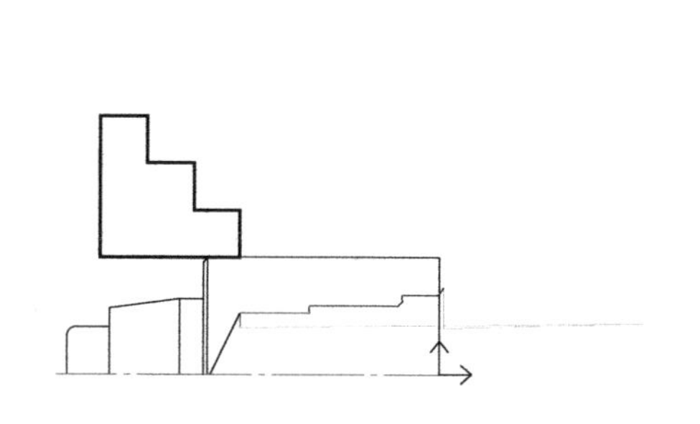

图 5-37 带螺纹椭圆轴-件 1 右端内孔轮廓精车轨迹

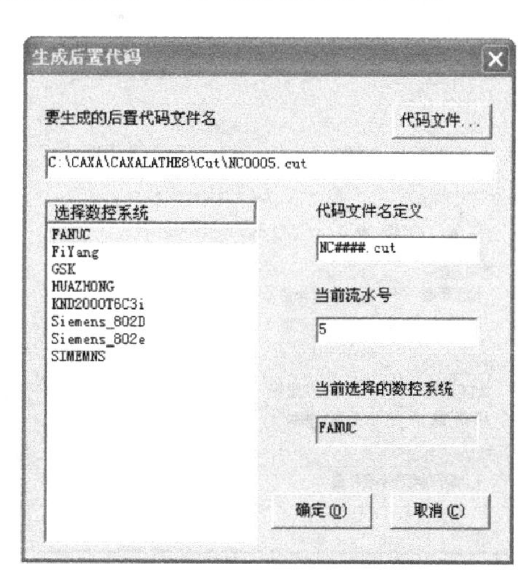

图 5-38 带螺纹椭圆轴-件 1 右端内孔轮廓“生成后置代码”对话框

5. 带螺纹椭圆轴-件1加工右端内退刀槽的程序编制与生成G代码

1）根据带螺纹椭圆轴-件1加工工艺编制，完成工件右端内孔车削后，还需进行内螺纹的切削，为了保障内螺纹的加工质量，需切削内退刀槽。对右端内退刀槽轮廓图形进行简单处理后，并将编程零点移至CAXA数控车的坐标系原点处，如图5-40所示。

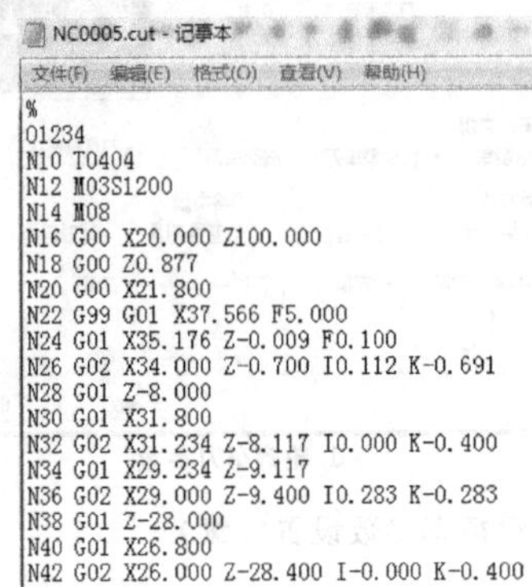
NC0005.cut - 记事本

文件(F) 编辑(E) 格式(O) 查看(V) 帮助(H)

```
%
O1234
N10 T0404
N12 M03S1200
N14 M08
N16 G00 X20.000 Z100.000
N18 G00 Z0.877
N20 G00 X21.800
N22 G99 G01 X37.566 F5.000
N24 G01 X35.176 Z-0.009 F0.100
N26 G02 X34.000 Z-0.700 I0.112 K-0.691
N28 G01 Z-8.000
N30 G01 X31.800
N32 G02 X31.234 Z-8.117 I0.000 K-0.400
N34 G01 X29.234 Z-9.117
N36 G02 X29.000 Z-9.400 I0.283 K-0.283
N38 G01 Z-28.000
N40 G01 X26.800
N42 G02 X26.000 Z-28.400 I-0.000 K-0.400
```

图5-39 带螺纹椭圆轴-件1右端内孔轮廓精车数控G代码

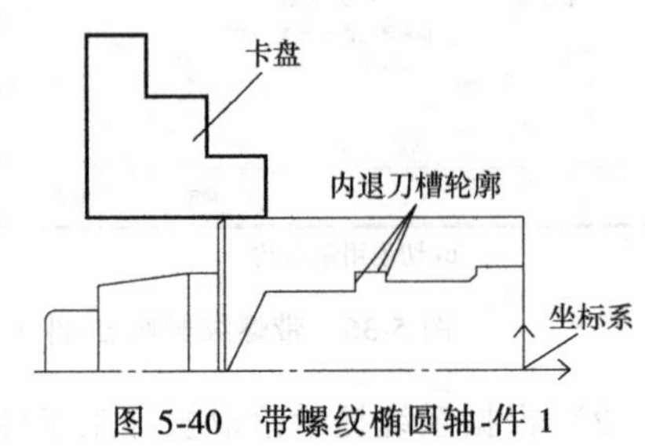

图5-40 带螺纹椭圆轴-件1右端内退刀槽

2）单击数控车工具栏中的切槽按钮，弹出“切槽参数表”对话框，根据加工工艺切削参数、刀具表等信息设置各参数，如图5-41所示。

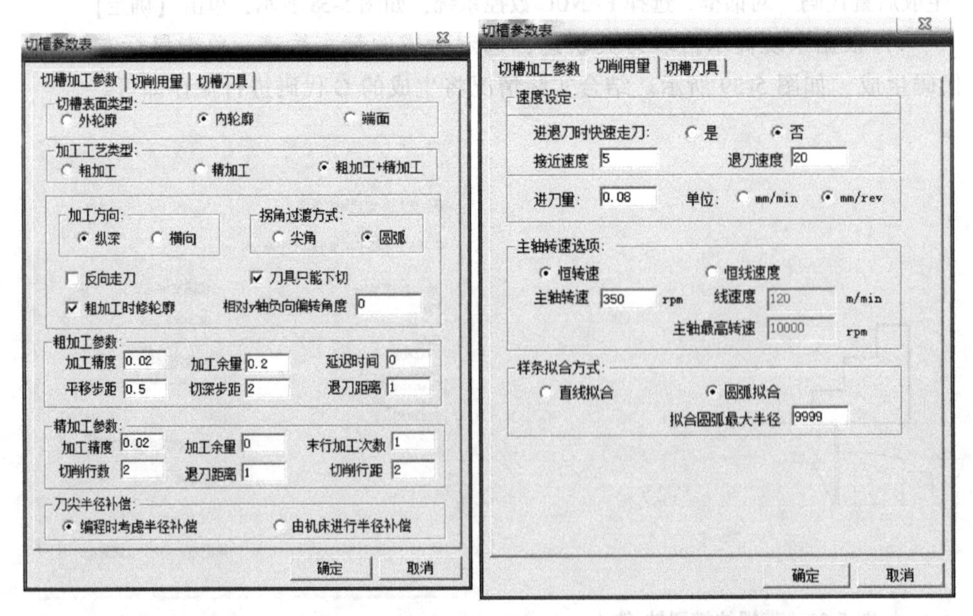

a) 切槽加工参数　　b) 切削用量参数

图5-41 带螺纹椭圆轴-件1右端内退槽刀轮廓加工参数设置

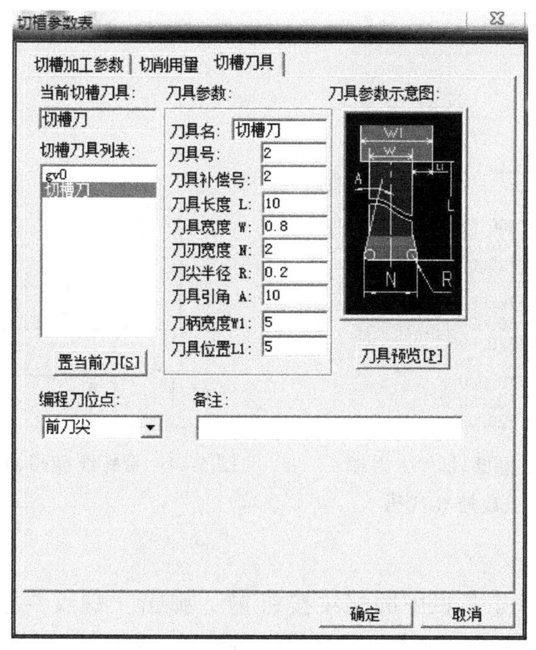

c) 切槽刀具参数

图 5-41　带螺纹椭圆轴-件 1 右端内退槽刀轮廓加工参数设置（续）

3）根据系统提示拾取被加工工件表面轮廓、所需方向等。然后根据提示输入进、退刀点，利用键盘输入“100，10”即可定义 X20，Z100 坐标为该零件的进、退刀点位置。生成的加工轨迹如图 5-42 所示。

4）根据生成的加工轨迹生成 G 代码，单击数控车工具栏中的代码生成按钮 ，弹出生成后置代码，选择 FANUC 数控系统，单击确定即可。

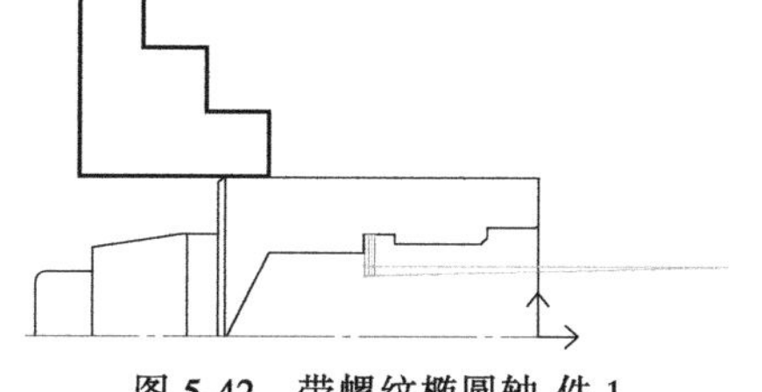

图 5-42　带螺纹椭圆轴-件 1 右端内退刀槽加工轨迹

5）根据系统提示拾取刀具轨迹，选定生成的加工轨迹，单击鼠标右键，G 代码生成，如图 5-43 所示。结合实际情况将生成的 G 代码进行保存即可。

6. 带螺纹椭圆轴-件 1 右端内螺纹切削的程序编制与生成 G 代码

1）根据带螺纹椭圆轴-件 1 加工工艺编制，完成工件右端内孔车削、内退刀槽切削后，需对 M30×1. 5-6H 内螺纹进行切削。对右端内螺纹轮廓图形进行简单处理，并将编程零点移至 CAXA 数控车的坐标系原点处，如图 5-44 所示。

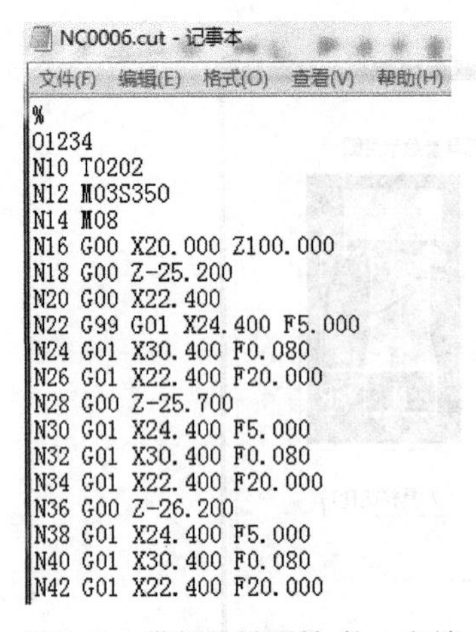


```
%
O1234
N10 T0202
N12 M03S350
N14 M08
N16 G00 X20.000 Z100.000
N18 G00 Z-25.200
N20 G00 X22.400
N22 G99 G01 X24.400 F5.000
N24 G01 X30.400 F0.080
N26 G01 X22.400 F20.000
N28 G00 Z-25.700
N30 G01 X24.400 F5.000
N32 G01 X30.400 F0.080
N34 G01 X22.400 F20.000
N36 G00 Z-26.200
N38 G01 X24.400 F5.000
N40 G01 X30.400 F0.080
N42 G01 X22.400 F20.000
```

图 5-43　带螺纹椭圆轴-件 1 右端内退刀槽加工数控 G 代码

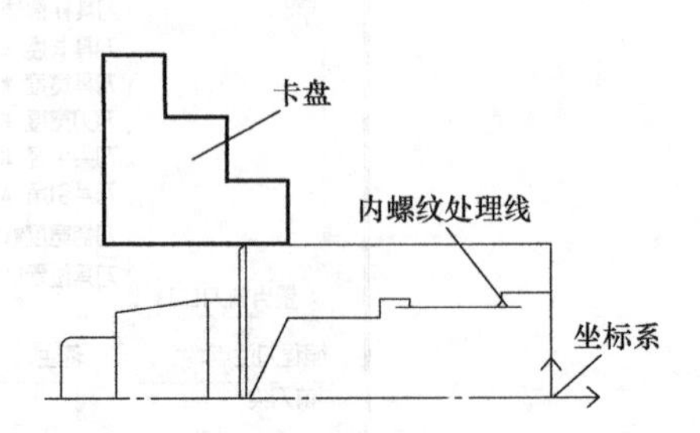

图 5-44　带螺纹椭圆轴-件 1 右端内螺纹图

2）单击数控车工具栏中的螺纹按钮，弹出“螺纹参数表”对话框，根据加工工艺切削参数、刀具表等信息设置各参数，如图 5-45 所示。

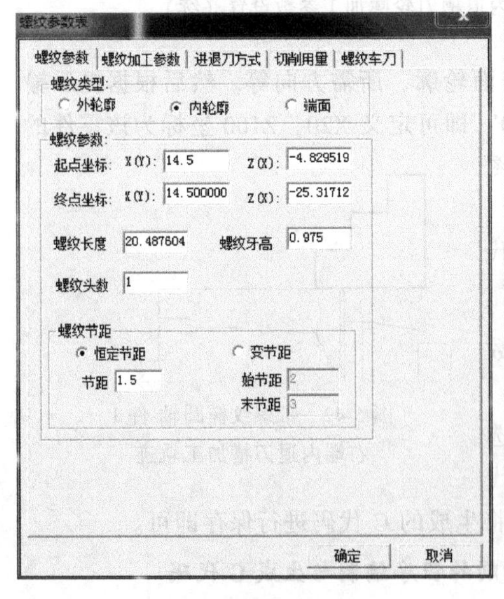

a) 螺纹参数

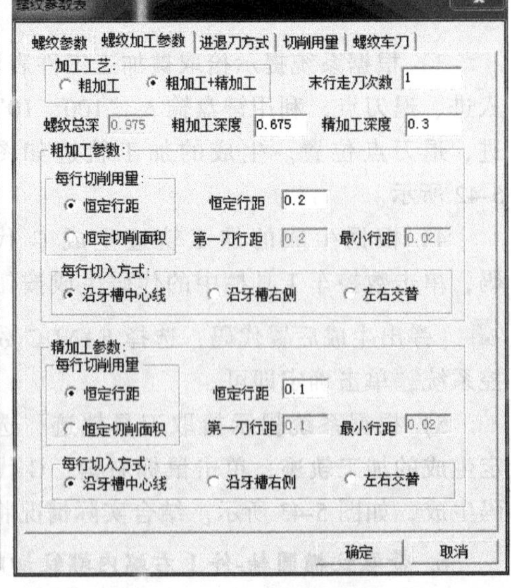

b) 螺纹加工参数

图 5-45　螺纹切削参数设置

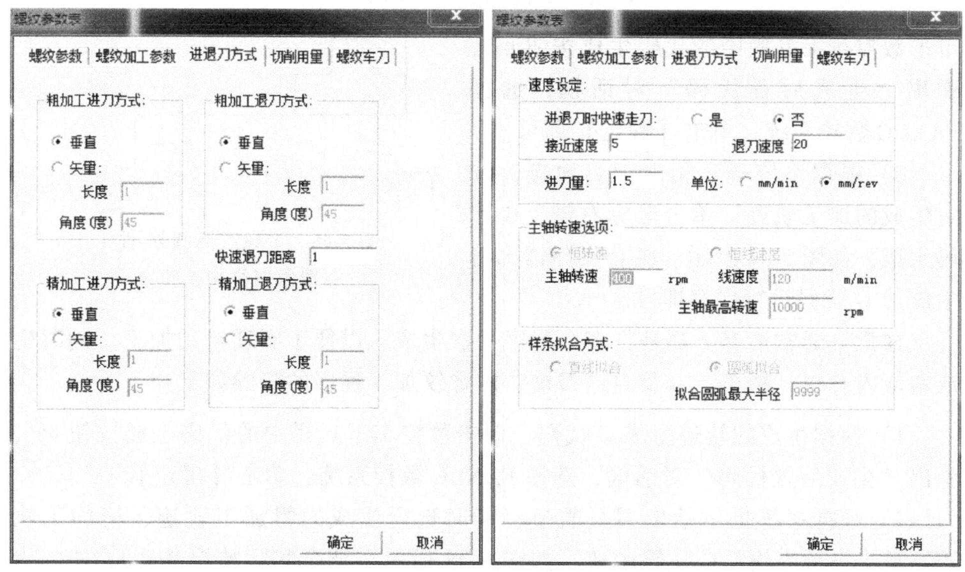

c) 进退刀方式　　　　d) 切削用量

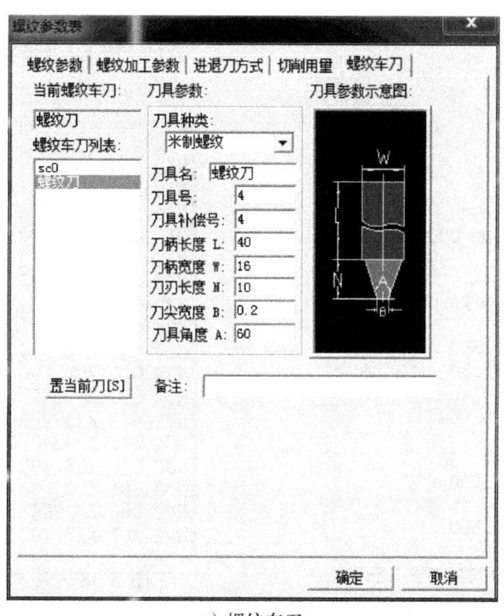

e) 螺纹车刀

图 5-45　螺纹切削参数设置（续）

3）根据系统提示拾取被加工工件表面轮廓、所需方向等。然后根据提示输入进、退刀点，利用键盘输入“100，10”即可定义（X20，Z100）坐标为该零件的进、退刀点位置。生成的螺纹加工轨迹如图 5-46 所示。

4）根据生成的加工轨迹生成G代码，单击数控车工具栏中的代码生成按钮，弹出“生成后置代码”对话框，选择FANUC数控系统，单击【确定】即可。

5）根据系统提示拾取刀具轨迹，选定生成的加工轨迹，单击鼠标右键，G代码生成，如图5-47所示。结合实际情况将生成的G代码进行保存即可。

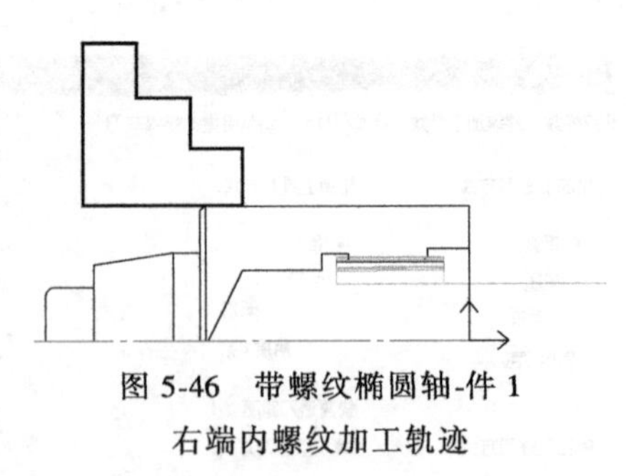

图5-46　带螺纹椭圆轴-件1右端内螺纹加工轨迹

注意： 通常情况下都是将多个程序一次生成，以便于实现自动加工。同时生成右端内孔粗、精车，以及内退刀槽、内螺纹加工程序的步骤如下：

1）根据生成的轨迹生成G代码，单击数控车工具栏中的代码生成按钮，弹出“生成后置代码”对话框，选择FANUC数控系统，单击【确定】。

2）根据系统提示拾取刀具轨迹，同时选定生成的粗加工轨迹、精加工轨迹，单击鼠标右键，G代码生成，如图5-48所示。结合实际情况将生成的G代码进行保存即可。

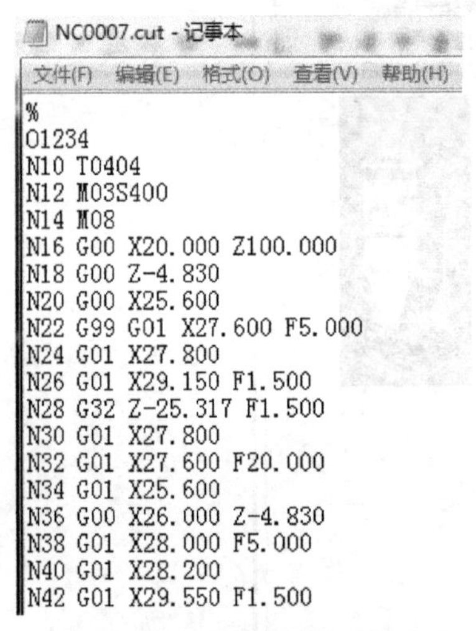

NC0007.cut - 记事本

文件(F)　编辑(E)　格式(O)　查看(V)　帮助(H)

```
%
O1234
N10 T0404
N12 M03S400
N14 M08
N16 G00 X20.000 Z100.000
N18 G00 Z-4.830
N20 G00 X25.600
N22 G99 G01 X27.600 F5.000
N24 G01 X27.800
N26 G01 X29.150 F1.500
N28 G32 Z-25.317 F1.500
N30 G01 X27.800
N32 G01 X27.600 F20.000
N34 G01 X25.600
N36 G00 X26.000 Z-4.830
N38 G01 X28.000 F5.000
N40 G01 X28.200
N42 G01 X29.550 F1.500
```

图5-47　带螺纹椭圆轴-件1右端内螺纹加工数控G代码

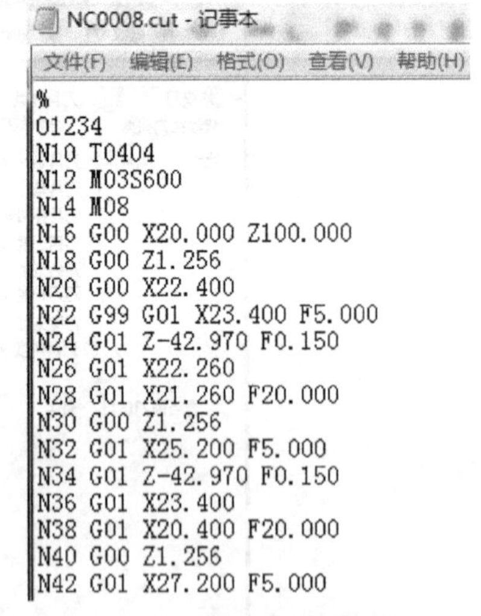

NC0008.cut - 记事本

文件(F)　编辑(E)　格式(O)　查看(V)　帮助(H)

```
%
O1234
N10 T0404
N12 M03S600
N14 M08
N16 G00 X20.000 Z100.000
N18 G00 Z1.256
N20 G00 X22.400
N22 G99 G01 X23.400 F5.000
N24 G01 Z-42.970 F0.150
N26 G01 X22.260
N28 G01 X21.260 F20.000
N30 G00 Z1.256
N32 G01 X25.200 F5.000
N34 G01 Z-42.970 F0.150
N36 G01 X23.400
N38 G01 X20.400 F20.000
N40 G00 Z1.256
N42 G01 X27.200 F5.000
```

图5-48　带螺纹椭圆轴-件1的数控G代码

5.4.2　带螺纹椭圆轴-件2加工程序编制

1. 带螺纹椭圆轴-件2粗车左端面的程序编制与生成G代码

1）根据带螺纹椭圆轴-件2的零件图绘制该零件左端图形，添加相应的毛坯尺寸，并将编程零点移至 CAXA 数控车的坐标系原点处。为了便于理解，本例中将卡盘也绘制出来，在实际加工操作中可将卡盘省略。零件左端图形如图 5-49 所示。

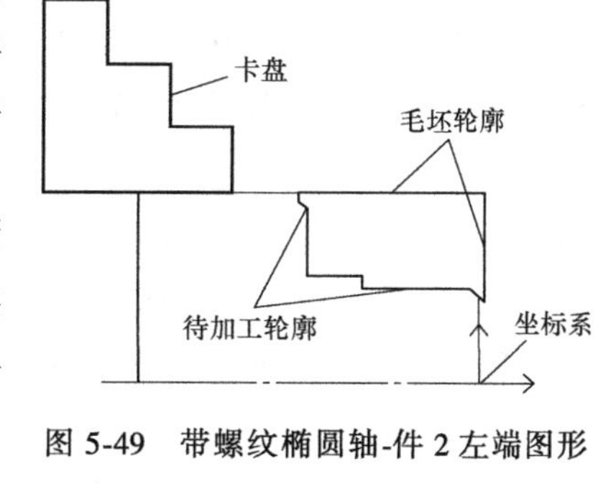

图 5-49 带螺纹椭圆轴-件 2 左端图形

2）单击数控车工具栏中的轮廓粗车按钮，弹出“粗车参数表”对话框，根据加工工艺切削参数、刀具表等信息设置各参数，如图 5-50 所示。

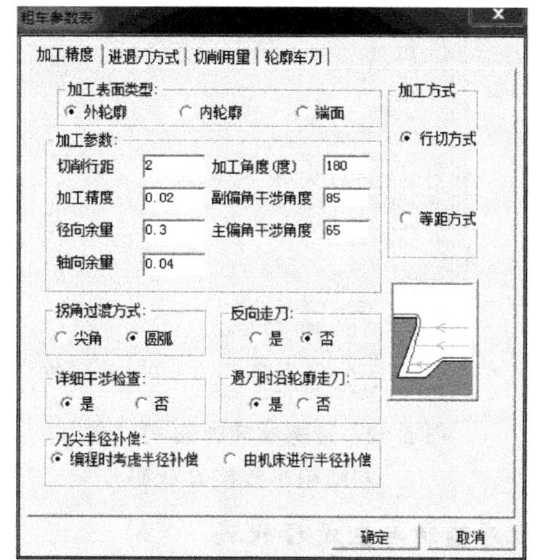

a) 加工精度参数

b) 进退刀参数

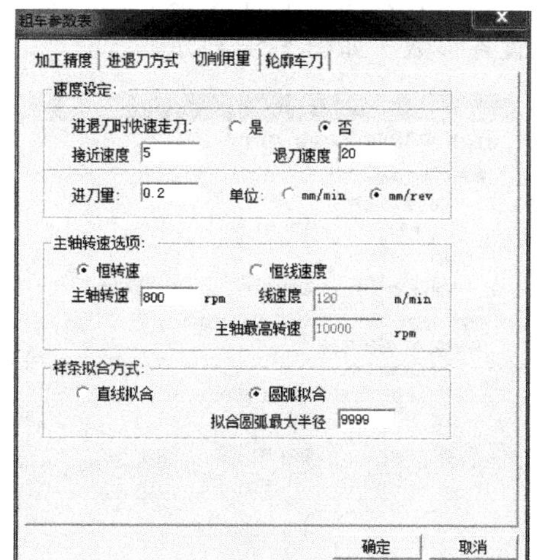

c) 切削用量参数

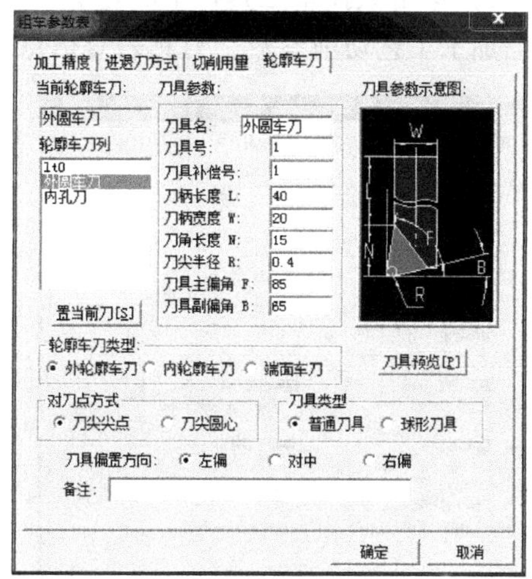

d) 轮廓车刀参数

图 5-50 带螺纹椭圆轴-件 2 左端轮廓粗车参数设置

3）根据系统提示拾取被加工工件表面轮廓、所需方向、毛坯轮廓等。然后根据提示输入进、退刀点，利用键盘输入“100，50”即可定义（X100，Z100）坐标为该零件的进、退刀点位置。生成的粗加工轨迹如图5-51所示。

4）根据生成的轨迹生成G代码，单击数控车工具栏中的代码生成按钮，弹出“生成后置代码”对话框，选择FANUC数控系统，单击【确定】。

5）根据系统提示拾取刀具轨迹，选定生成的粗车轨迹，单击鼠标右键，G代码生成，如图5-52所示。结合实际情况将生成的G代码进行保存即可。

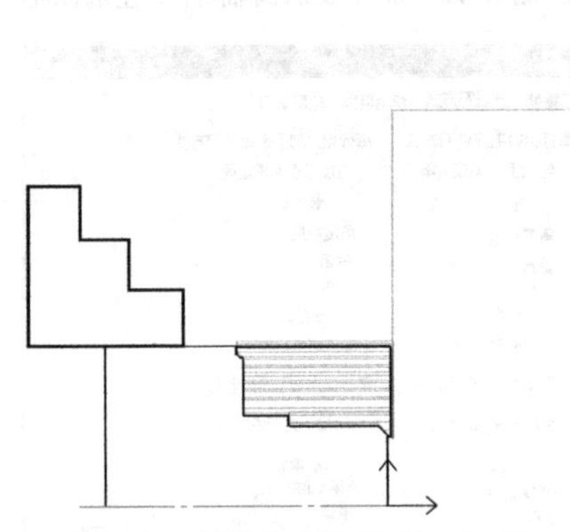

图5-51　带螺纹椭圆轴-件2轮廓左端粗车轨迹

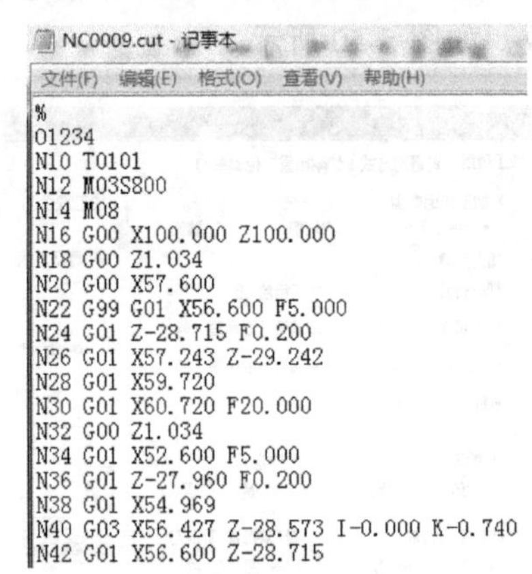

NC0009.cut - 记事本

文件(F)　编辑(E)　格式(O)　查看(V)　帮助(H)

```
%
O1234
N10 T0101
N12 M03S800
N14 M08
N16 G00 X100.000 Z100.000
N18 G00 Z1.034
N20 G00 X57.600
N22 G99 G01 X56.600 F5.000
N24 G01 Z-28.715 F0.200
N26 G01 X57.243 Z-29.242
N28 G01 X59.720
N30 G01 X60.720 F20.000
N32 G00 Z1.034
N34 G01 X52.600 F5.000
N36 G01 Z-27.960 F0.200
N38 G01 X54.969
N40 G03 X56.427 Z-28.573 I-0.000 K-0.740
N42 G01 X56.600 Z-28.715
```

图5-52　带螺纹椭圆轴-件2轮廓左端粗车数控G代码

2. 带螺纹椭圆轴-件2精车左端面的程序编制与生成G代码

1）单击数控车工具栏中的轮廓精车按钮，弹出“精车参数表”对话框，根据加工工艺切削参数、刀具表等信息设置各参数，如图5-53所示。

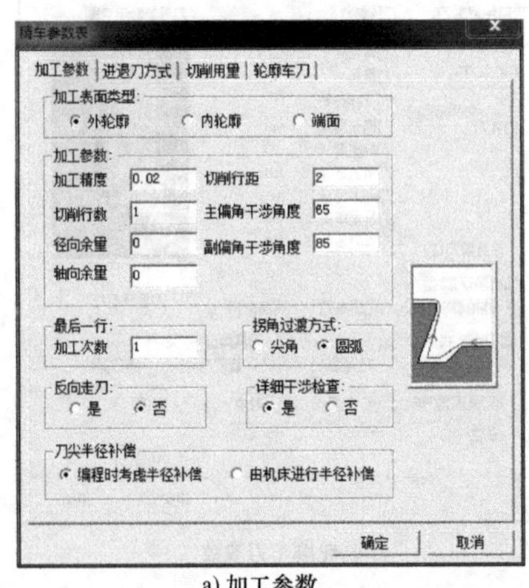

a) 加工参数

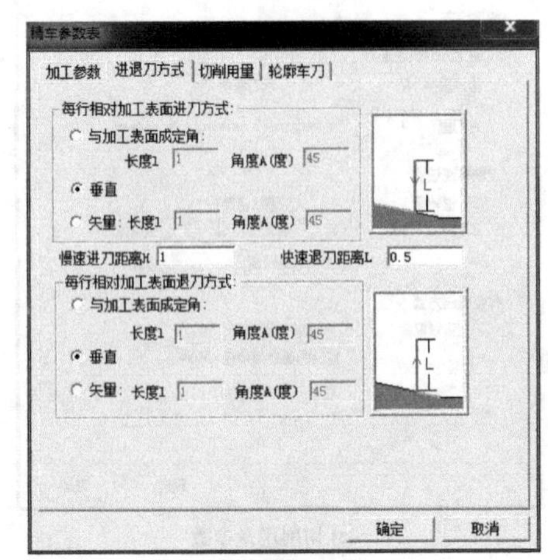

b) 进退刀参数

图5-53　带螺纹椭圆轴-件2左端轮廓精车参数设置

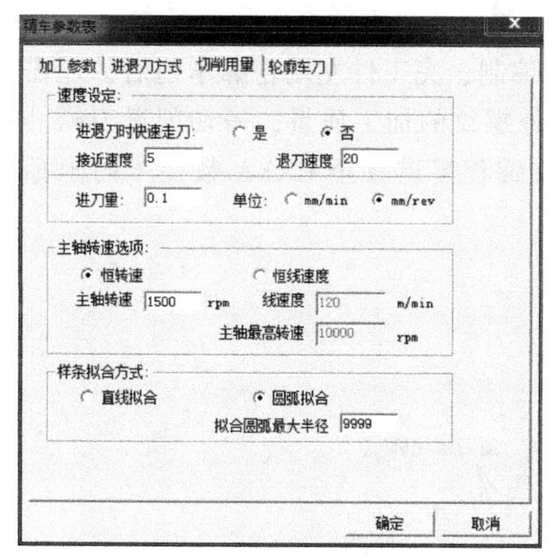

c) 切削用量参数

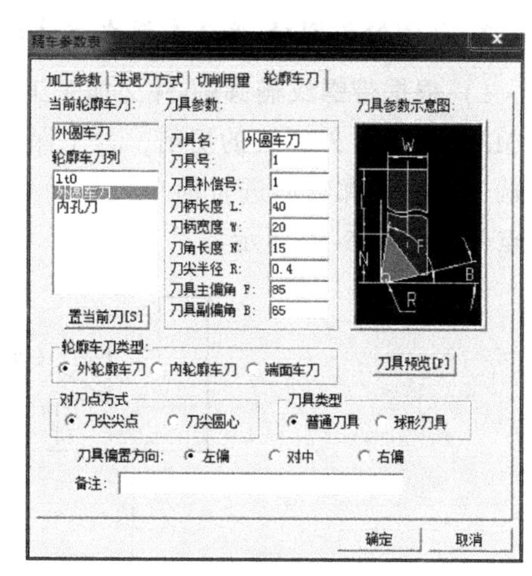

d) 轮廓车刀参数

图 5-53 带螺纹椭圆轴-件 2 左端轮廓精车参数设置（续）

2）根据系统提示拾取被加工工件表面轮廓、所需方向等。然后根据提示输入进、退刀点，利用键盘输入“100，50”即可定义（X100，Z100）坐标为该零件的进、退刀点位置。生成的精加工轨迹如图 5-54 所示。

3）根据生成的轨迹路径生成 G 代码，单击数控车工具栏中的代码生成按钮 ，弹出“生成后置代码”对话框，选择 FANUC 数控系统，单击【确定】。

4）根据系统提示拾取刀具轨迹，选定生成的精车轨迹，单击鼠标右键，G 代码生成，如图 5-55 所示。结合实际情况将生成的 G 代码进行保存即可。

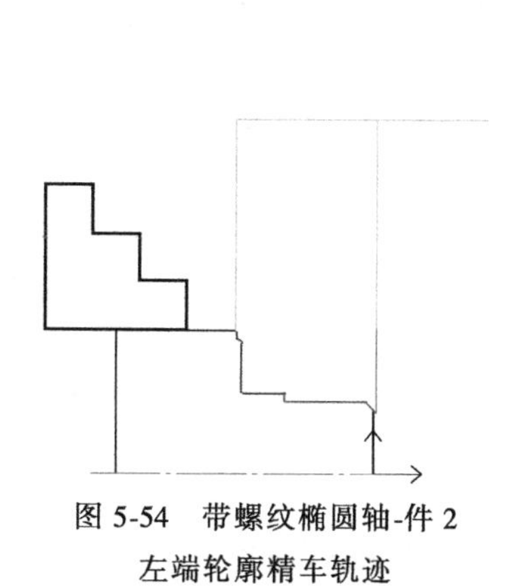

图 5-54 带螺纹椭圆轴-件 2 左端轮廓精车轨迹

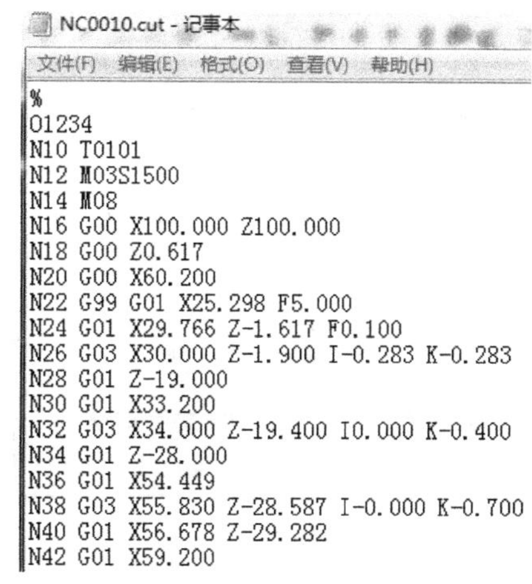
NC0010.cut - 记事本

文件(F) 编辑(E) 格式(O) 查看(V) 帮助(H)

```
%
O1234
N10 T0101
N12 M03S1500
N14 M08
N16 G00 X100.000 Z100.000
N18 G00 Z0.617
N20 G00 X60.200
N22 G99 G01 X25.298 F5.000
N24 G01 X29.766 Z-1.617 F0.100
N26 G03 X30.000 Z-1.900 I-0.283 K-0.283
N28 G01 Z-19.000
N30 G01 X33.200
N32 G03 X34.000 Z-19.400 I0.000 K-0.400
N34 G01 Z-28.000
N36 G01 X54.449
N38 G03 X55.830 Z-28.587 I-0.000 K-0.700
N40 G01 X56.678 Z-29.282
N42 G01 X59.200
```

图 5-55 带螺纹椭圆轴-件 2 左端轮廓精车数控 G 代码

3. 带螺纹椭圆轴-件2车削左端外退刀槽的程序编制与生成G代码

1）根据带螺纹椭圆轴-件2加工工艺编制，完工件左端轮廓车削后，还需进行M30×1.5-6g外螺纹的切削，为了保障外螺纹的加工质量，需切削退刀槽。对左端退刀槽轮廓图形进行简单处理，并将编程零点移至CAXA数控车的坐标系原点处，如图5-56所示。

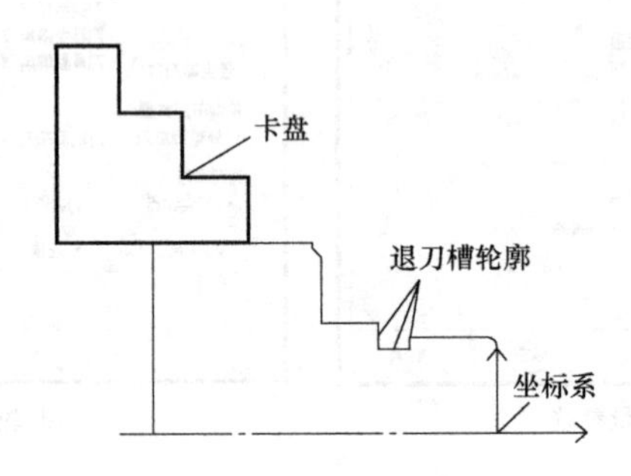

图5-56　带螺纹椭圆轴-件2左端退刀槽图

2）单击数控车工具栏中的切槽按钮，弹出“切槽参数表”对话框，根据加工工艺切削参数、刀具表等信息设置各参数，如图5-57所示。

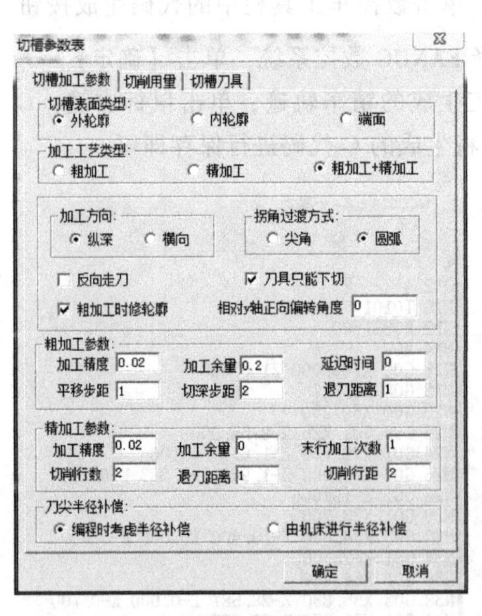

a) 切槽加工参数

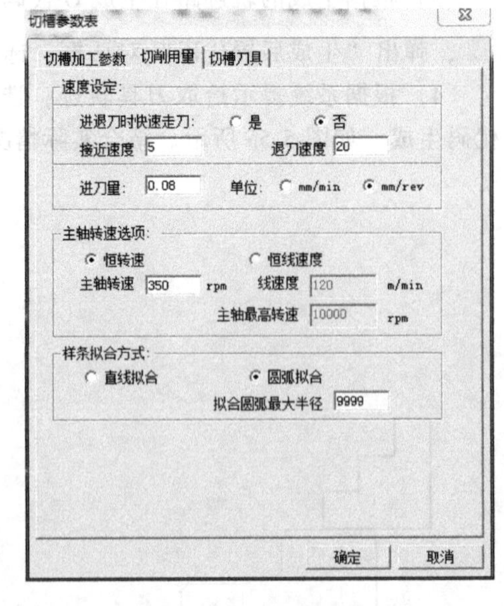

b) 切削用量参数

图5-57　带螺纹椭圆轴-件2左端退刀槽车削参数设置

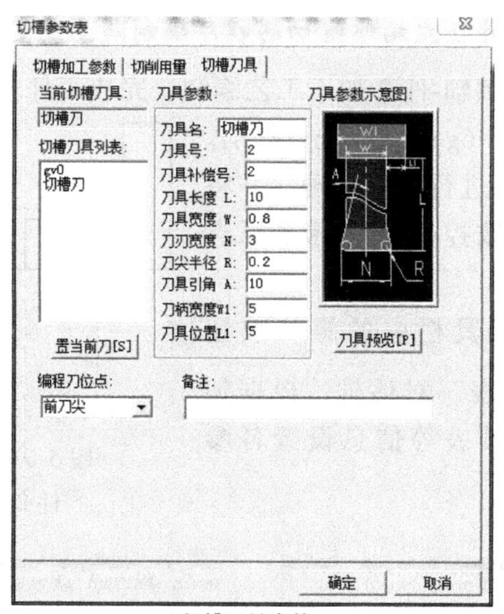

c) 切槽刀具参数

图 5-57 带螺纹椭圆轴-件 2 左端退刀槽车削参数设置（续）

3）根据系统提示拾取被加工工件表面轮廓、所需方向等。然后根据提示输入进、退刀点，利用键盘输入“100，50”即可定义（X100，Z100）坐标为该零件的进、退刀点位置。生成的退刀槽的加工轨迹如图 5-58 所示。

4）根据生成的轨迹生成 G 代码，单击数控车工具栏中的代码生成按钮，弹出“生成后置代码”对话框，选择 FANUC 数控系统，单击【确定】即可。

5）根据系统提示拾取刀具轨迹，选定生成的车削轨迹，单击鼠标右键，G 代码生成，如图 5-59 所示。结合实际情况将生成的 G 代码进行保存即可。

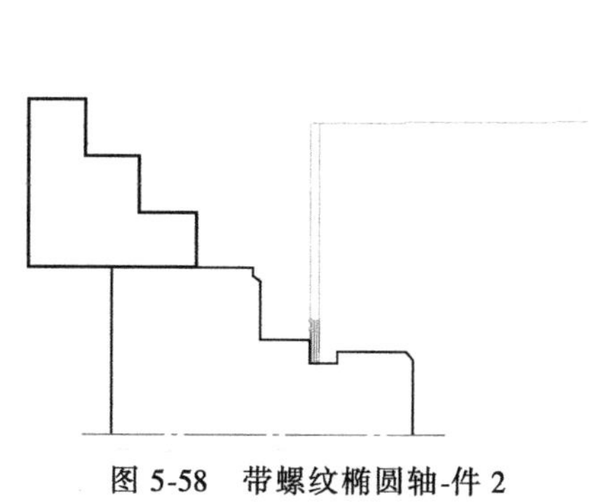

图 5-58 带螺纹椭圆轴-件 2 左端退刀槽车削轨迹

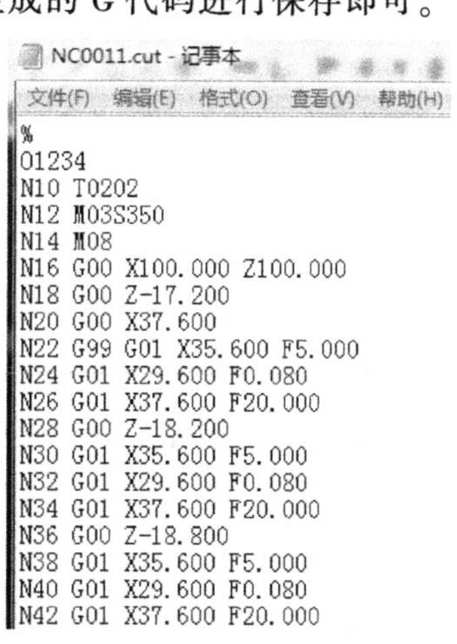
NC0011.cut - 记事本

文件(F) 编辑(E) 格式(O) 查看(V) 帮助(H)

```
%
O1234
N10 T0202
N12 M03S350
N14 M08
N16 G00 X100.000 Z100.000
N18 G00 Z-17.200
N20 G00 X37.600
N22 G99 G01 X35.600 F5.000
N24 G01 X29.600 F0.080
N26 G01 X37.600 F20.000
N28 G00 Z-18.200
N30 G01 X35.600 F5.000
N32 G01 X29.600 F0.080
N34 G01 X37.600 F20.000
N36 G00 Z-18.800
N38 G01 X35.600 F5.000
N40 G01 X29.600 F0.080
N42 G01 X37.600 F20.000
```

图 5-59 带螺纹椭圆轴-件 2 左端退刀槽车削数控 G 代码

4. 带螺纹椭圆轴-件 2 左端螺纹切削程序编制与生成 G 代码

1）根据带螺纹椭圆轴-件 2 加工工艺编制，完成工件左端轮廓车削、退刀槽切削后，需对 M30×1. 5-6g 外螺纹进行切削。对左端外螺纹轮廓图形进行简单处理，并将编程零点移至 CAXA 数控车的坐标系原点处，如图 5-60 所示。

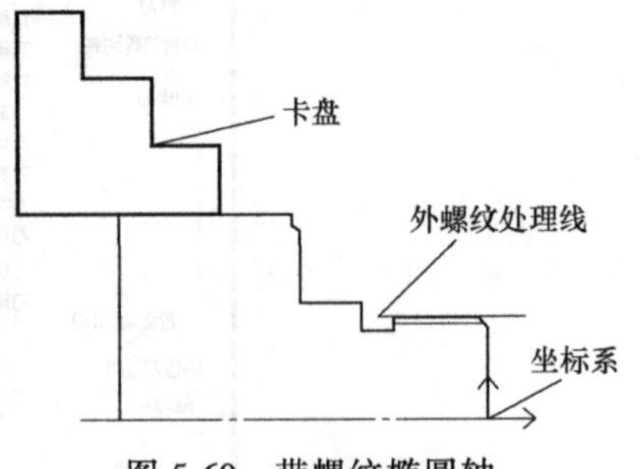

图 5-60　带螺纹椭圆轴-件 2 左端外螺纹图

2）单击数控车工具栏中的螺纹按钮，弹出“螺纹参数表”对话框，根据加工工艺切削参数、刀具表等信息设置各参数，如图 5-61 所示。

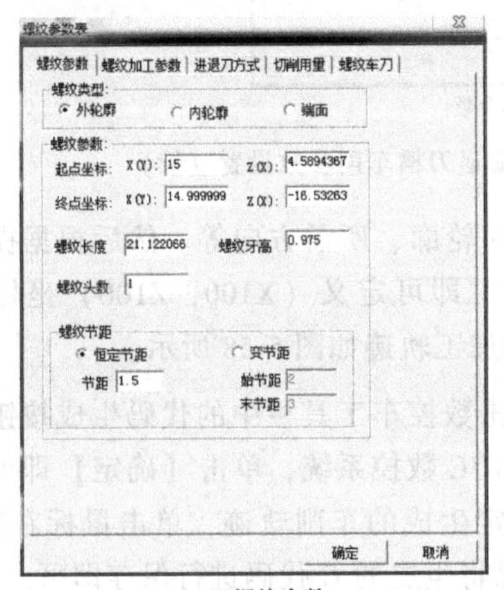

a) 螺纹参数

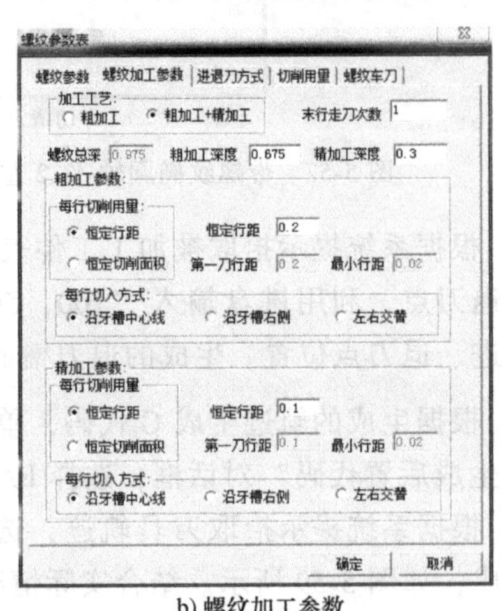

b) 螺纹加工参数

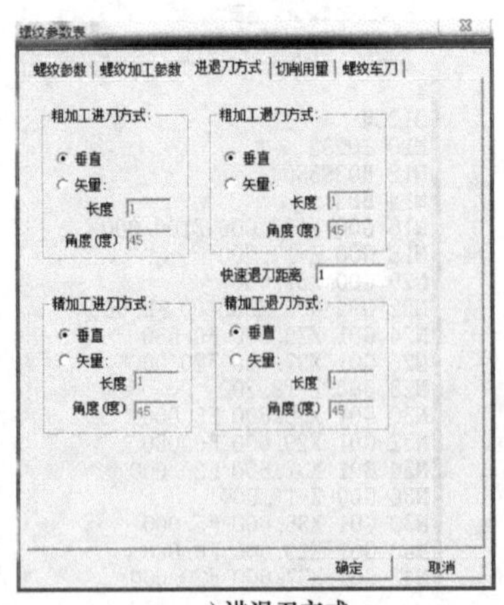

c) 进退刀方式

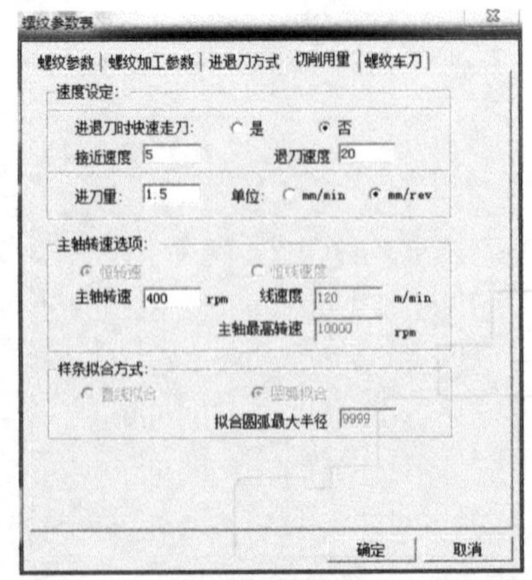

d) 切削用量

图 5-61　螺纹切削参数设置

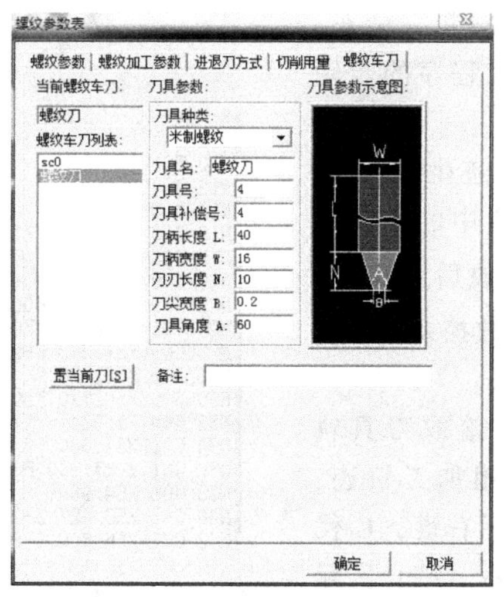

e) 螺纹车刀

图 5-61 螺纹切削参数设置（续）

3）根据系统提示拾取被加工工件表面轮廓、所需方向等。然后根据提示输入进、退刀点，利用键盘输入“100，50”即可定义（X100，Z100）坐标为该零件的进、退刀点位置。生成的螺纹加工轨迹如图 5-62 所示。

4）根据生成的轨迹生成 G 代码，单击数控车工具栏中的代码生成按钮，弹出“生成后置代码”对话框，选择 FANUC 数控系统，单击【确定】即可。

5）根据系统提示拾取刀具轨迹，选定生成的螺纹车削轨迹，单击鼠标右键，G 代码生成。如图 5-63 所示。结合实际情况将生成的 G 代码进行保存即可。

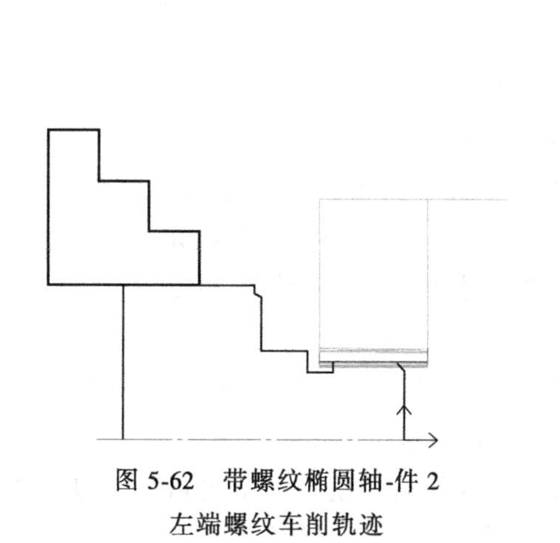

图 5-62 带螺纹椭圆轴-件 2 左端螺纹车削轨迹

NC0012.cut - 记事本

文件(F) 编辑(E) 格式(O) 查看(V) 帮助(H)

```
%
O1234
N10 T0404
N12 M03S400
N14 M08
N16 G00 X100.000 Z100.000
N18 G00 Z4.589
N20 G00 X33.400
N22 G99 G01 X31.400 F5.000
N24 G01 X31.200
N26 G01 X29.850 F1.500
N28 G32 Z-16.533 F1.500
N30 G01 X31.200
N32 G01 X31.400 F20.000
N34 G01 X33.400
N36 G00 X33.000 Z4.589
N38 G01 X31.000 F5.000
N40 G01 X30.800
N42 G01 X29.450 F1.500
```

图 5-63 带螺纹椭圆轴-件 2 左端螺纹数控 G 代码

同时生成左端轮廓粗、精车，以及退刀槽、螺纹加工程序的步骤如下：

1）根据生成的轨迹生成G代码，单击数控车工具栏中的代码生成按钮，弹出“生成后置代码”对话框，选择FANUC数控系统，单击【确定】。

2）根据系统提示拾取刀具轨迹，同时选定生成的粗加工轨迹、精加工轨迹，单击鼠标右键，G代码生成，如图5-64所示。结合实际情况将生成的G代码进行保存即可。

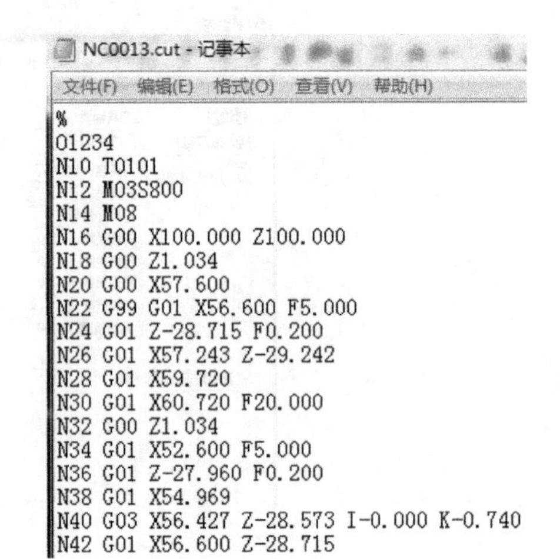
NC0013.cut - 记事本
文件(F) 编辑(E) 格式(O) 查看(V) 帮助(H)

```
%
O1234
N10 T0101
N12 M03S800
N14 M08
N16 G00 X100.000 Z100.000
N18 G00 Z1.034
N20 G00 X57.600
N22 G99 G01 X56.600 F5.000
N24 G01 Z-28.715 F0.200
N26 G01 X57.243 Z-29.242
N28 G01 X59.720
N30 G01 X60.720 F20.000
N32 G00 Z1.034
N34 G01 X52.600 F5.000
N36 G01 Z-27.960 F0.200
N38 G01 X54.969
N40 G03 X56.427 Z-28.573 I-0.000 K-0.740
N42 G01 X56.600 Z-28.715
```

图5-64 带螺纹椭圆轴-件2左端加工程序

5.4.3 带螺纹椭圆轴-配合件加工程序编制

1. 带螺纹椭圆轴-配合件内孔粗加工程序编制与生成G代码

1）根据带螺纹椭圆轴-配合件加工工艺编制，先将带螺纹椭圆轴-件2调头装夹，并预钻、扩ϕ24mm的孔。再将件1、件2进行组合装配，对配合件的图形进行简单处理，并将编程零点移至CAXA数控车的坐标系原点处，如图5-65所示。

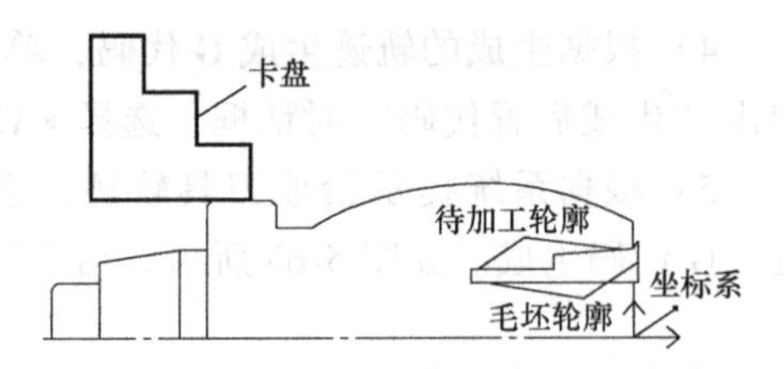

图5-65 带螺纹椭圆轴-配合件内轮廓车削图

2）单击数控车工具栏中的轮廓粗车按钮，弹出“粗车参数表”对话框，根据加工工艺切削参数、刀具表等信息设置各参数，如图5-66所示。

3）根据系统提示拾取被加工工件表面轮廓、所需方向、毛坯轮廓等。然后根据提示输入进、退刀点，利用键盘输入“100，10”即可定义（X20，Z100）坐标为该零件的进、退刀点位置。生成的内孔轮廓粗加工轨迹如图5-67所示。

4）根据生成的轨迹生成G代码，单击数控车工具栏中的代码生成按钮，弹出“生成后置代码”对话框，选择FANUC数控系统，单击【确定】。

5）根据系统提示拾取刀具轨迹，选定生成的粗车轨迹，单击鼠标右键，G代码生成，如图5-68所示。结合实际情况将生成的G代码进行保存即可。

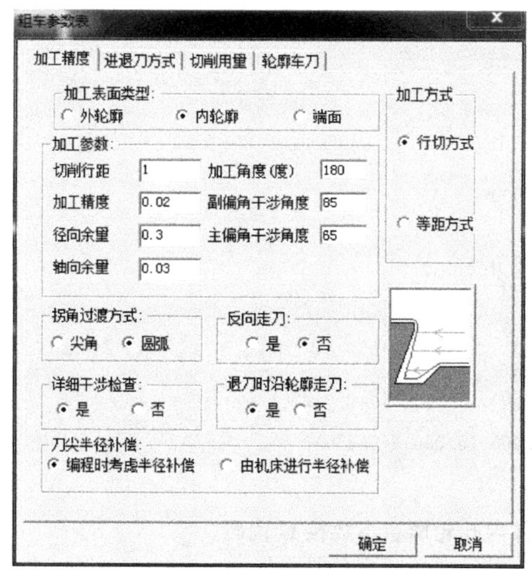

a) 加工精度参数

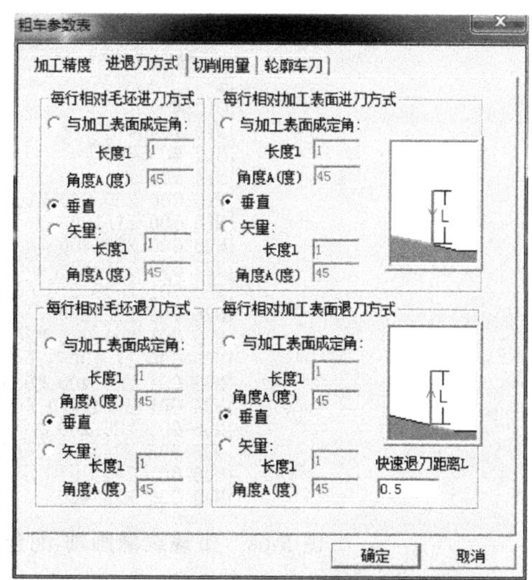

b) 进退刀参数

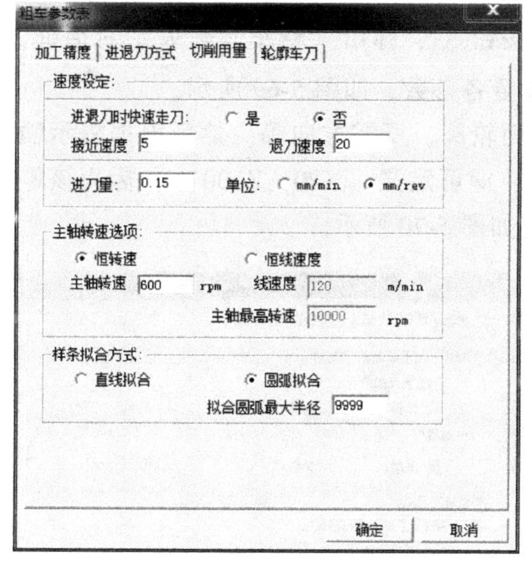

c) 切削用量参数

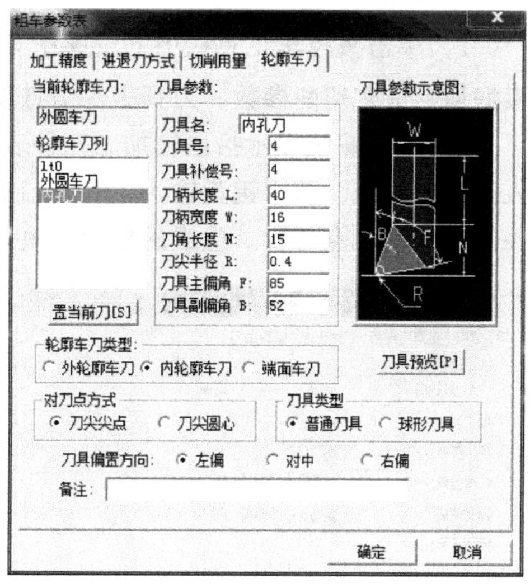

d) 轮廓车刀参数

图 5-66 带螺纹椭圆轴-配合件内轮廓粗车参数设置

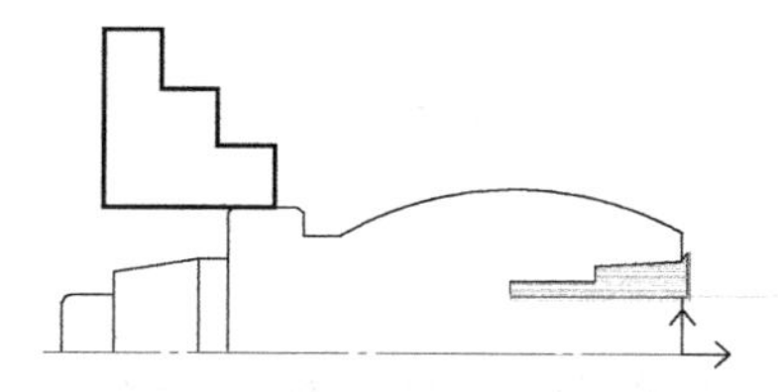

图 5-67 带螺纹椭圆轴-配合件内孔轮廓粗车轨迹

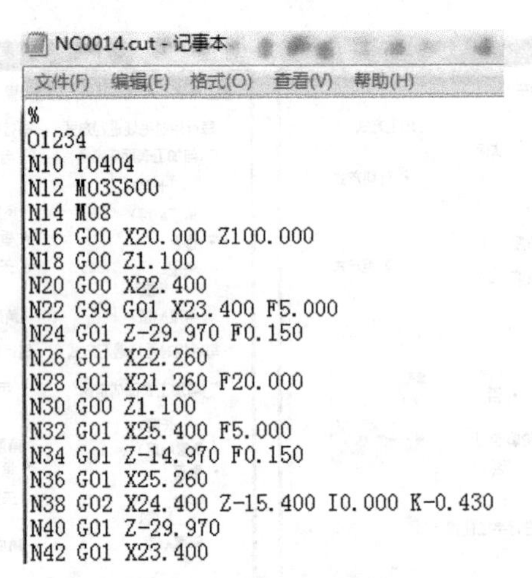

NC0014.cut - 记事本

文件(F) 编辑(E) 格式(O) 查看(V) 帮助(H)

```
%
O1234
N10 T0404
N12 M03S600
N14 M08
N16 G00 X20.000 Z100.000
N18 G00 Z1.100
N20 G00 X22.400
N22 G99 G01 X23.400 F5.000
N24 G01 Z-29.970 F0.150
N26 G01 X22.260
N28 G01 X21.260 F20.000
N30 G00 Z1.100
N32 G01 X25.400 F5.000
N34 G01 Z-14.970 F0.150
N36 G01 X25.260
N38 G02 X24.400 Z-15.400 I0.000 K-0.430
N40 G01 Z-29.970
N42 G01 X23.400
```

图 5-68　带螺纹椭圆轴-配合件内孔轮廓粗车数控 G 代码

2. 带螺纹椭圆轴-配合件内孔精加工程序编制与生成 G 代码

1）单击数控车工具栏中的轮廓精车按钮 ，弹出“精车参数表”对话框，根据加工工艺切削参数、刀具表等信息设置各参数，如图 5-69 所示。

2）根据系统提示拾取被加工工件表面轮廓、所需方向等。然后根据提示输入进、退刀点，利用键盘输入“100，10”即可定义（X20，Z100）坐标为该零件的进、退刀点位置。生成的精加工轨迹如图 5-70 所示。

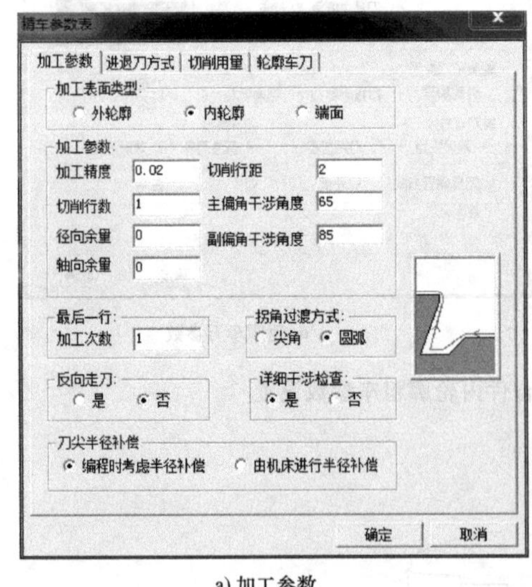

a) 加工参数

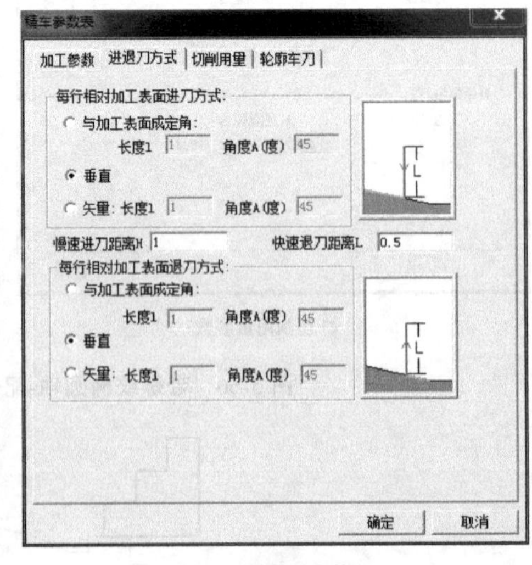

b) 进退刀参数

图 5-69　带螺纹椭圆轴-配合件内孔轮廓精车参数设置

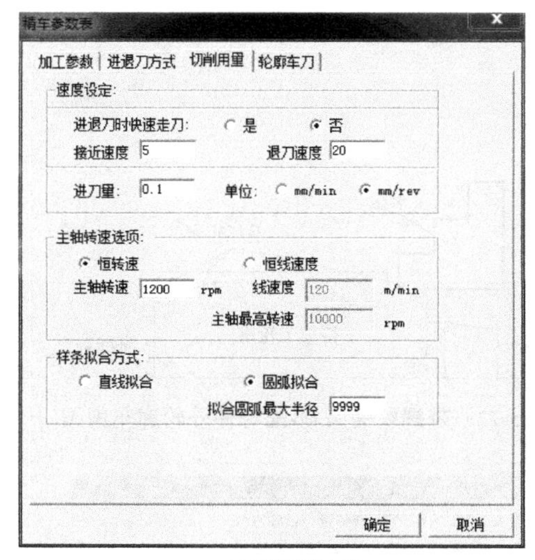

c) 切削用量参数

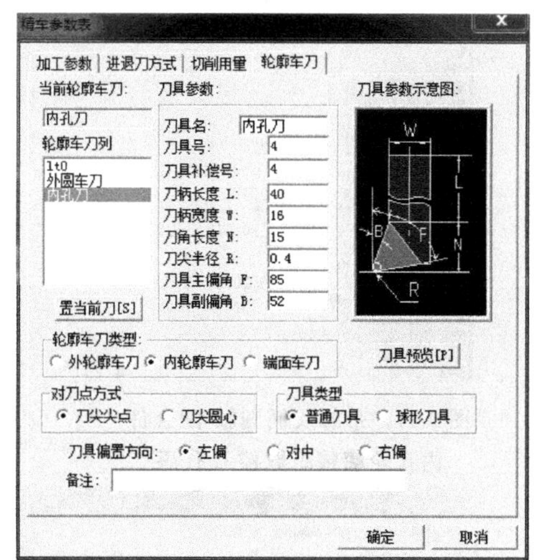

d) 轮廓车刀参数

图 5-69　带螺纹椭圆轴-配合件内孔轮廓精车参数设置（续）

3）根据生成的轨迹生成 G 代码，单击数控车工具栏中的代码生成按钮，弹出“生成后置代码”对话框，选择 FANUC 数控系统，单击【确定】。

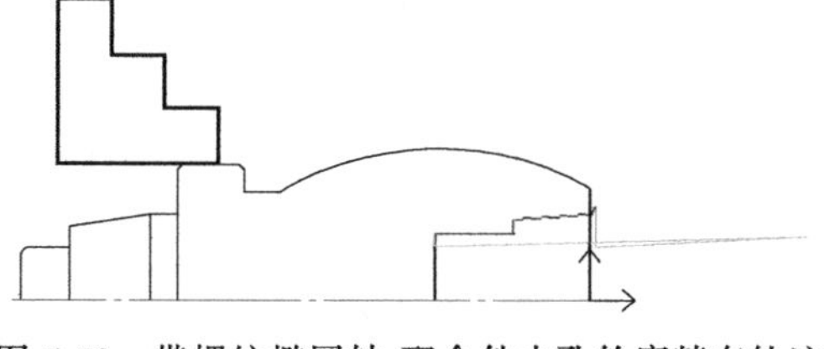

图 5-70　带螺纹椭圆轴-配合件内孔轮廓精车轨迹

4）根据系统提示拾取刀具轨迹，选定生成的精车轨迹，单击鼠标右键，G 代码生成，如图 5-71 所示。结合实际情况将生成的 G 代码进行保存即可。

3. 带螺纹椭圆轴-配合件外轮廓粗加工程序编制与生成 G 代码

1）根据带螺纹椭圆轴-配合件的零件图绘制该配合件的外轮廓图形，添加相应的毛坯尺寸，并将编程零点移至 CAXA 数控车的坐标系原点处。为了便于理解，本例中将卡盘也绘制出来，在实际加工操作中可将卡盘省略。带螺纹椭圆轴-配合件图形如图 5-72 所示。

2）单击数控车工具栏中的轮廓粗车按钮，弹出“粗车参数表”对话框，根据加工工艺切削参数、刀具表等信息设置各参数，如图 5-73 所示。

3）根据系统提示拾取被加工工件表面轮廓、所需方向、毛坯轮廓等进行选定。然后根据提示输入进、退刀点，利用键盘输入“100，50”即可定义（X100，Z100）坐标为该零件的进、退刀点位置。生成的粗加工轨迹如图 5-74 所示。

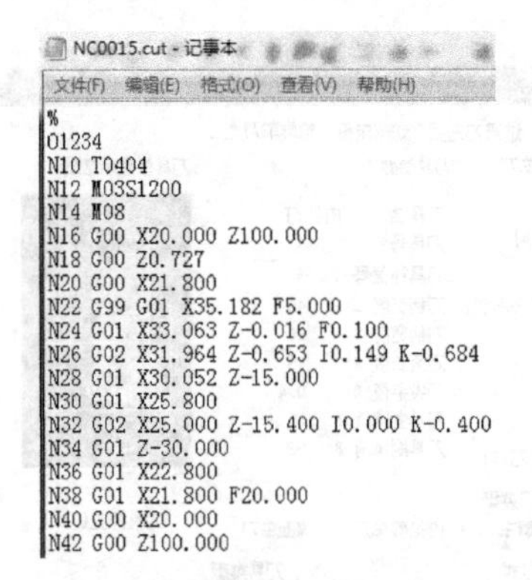
NC0015.cut - 记事本

文件(F) 编辑(E) 格式(O) 查看(V) 帮助(H)

```
%
O1234
N10 T0404
N12 M03S1200
N14 M08
N16 G00 X20.000 Z100.000
N18 G00 Z0.727
N20 G00 X21.800
N22 G99 G01 X35.182 F5.000
N24 G01 X33.063 Z-0.016 F0.100
N26 G02 X31.964 Z-0.653 I0.149 K-0.684
N28 G01 X30.052 Z-15.000
N30 G01 X25.800
N32 G02 X25.000 Z-15.400 I0.000 K-0.400
N34 G01 Z-30.000
N36 G01 X22.800
N38 G01 X21.800 F20.000
N40 G00 X20.000
N42 G00 Z100.000
```

图 5-71 带螺纹椭圆轴-配合件内孔轮廓精车数控 G 代码

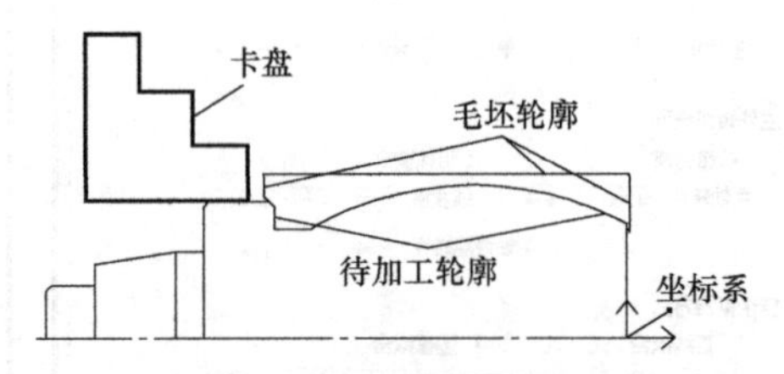

图 5-72 带螺纹椭圆轴-配合件外轮廓车削图

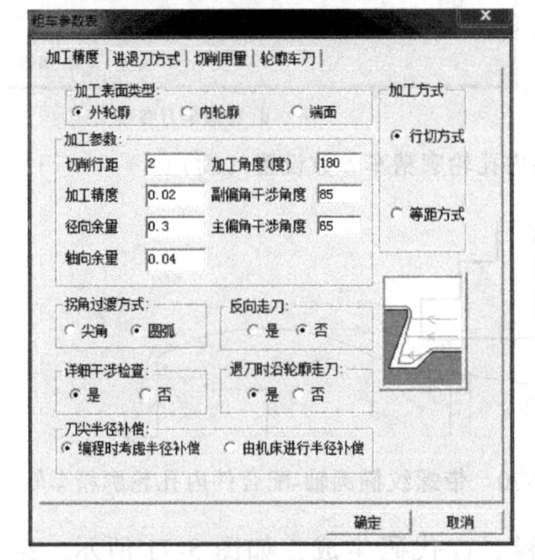

a) 加工精度参数

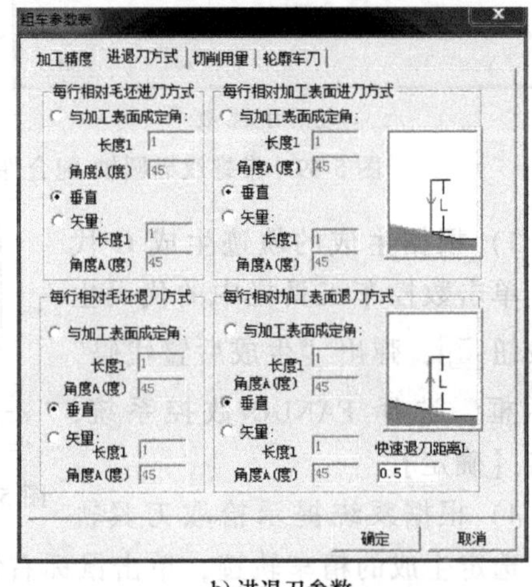

b) 进退刀参数

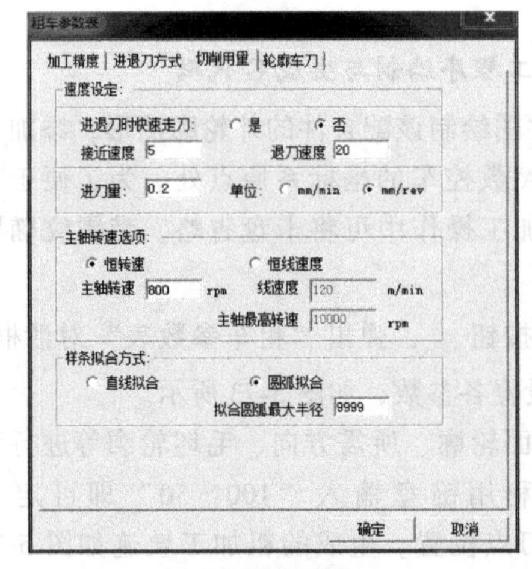

c) 切削用量参数

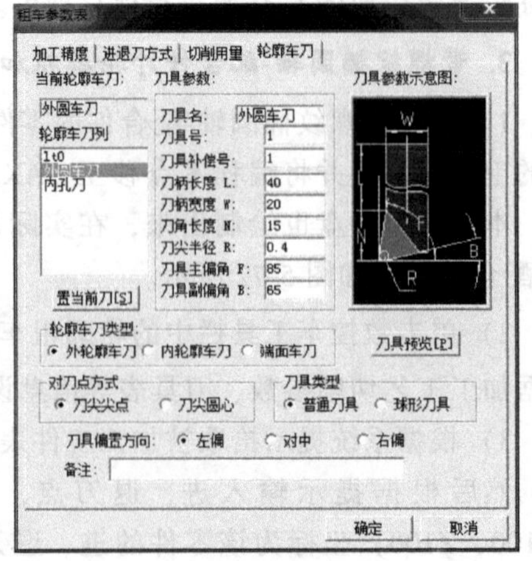

d) 轮廓车刀参数

图 5-73 带螺纹椭圆轴-配合件外轮廓粗车参数设置

4）根据生成的轨迹生成 G 代码，单击数控车工具栏中的代码生成按钮，弹出“生成后置代码”对话框，选择 FANUC 数控系统，单击【确定】。

5）根据系统提示拾取刀具轨迹，选定生成的粗车轨迹，单击鼠标右键，G 代码生成，如图 5-75 所示。结合实际情况将生成的 G 代码进行保存即可。

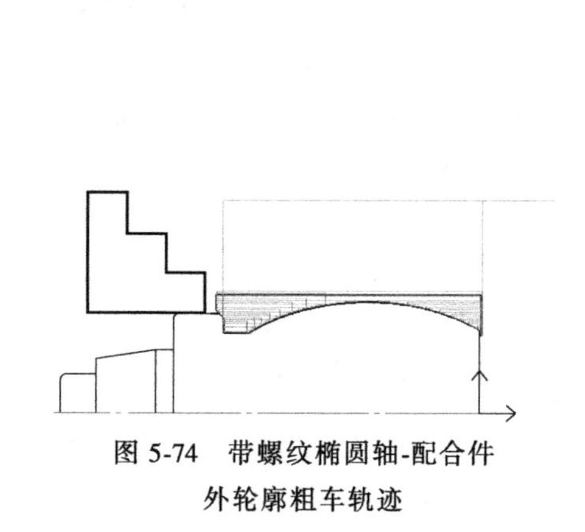

图 5-74 带螺纹椭圆轴-配合件外轮廓粗车轨迹

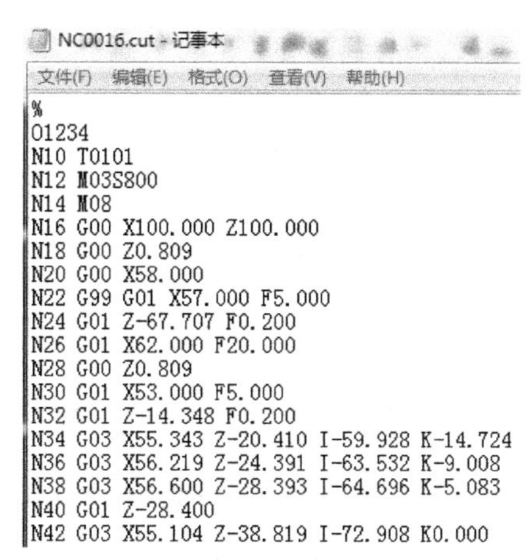

NC0016.cut - 记事本

文件(F) 编辑(E) 格式(O) 查看(V) 帮助(H)

```
%
O1234
N10 T0101
N12 M03S800
N14 M08
N16 G00 X100.000 Z100.000
N18 G00 Z0.809
N20 G00 X58.000
N22 G99 G01 X57.000 F5.000
N24 G01 Z-67.707 F0.200
N26 G01 X62.000 F20.000
N28 G00 Z0.809
N30 G01 X53.000 F5.000
N32 G01 Z-14.348 F0.200
N34 G03 X55.343 Z-20.410 I-59.928 K-14.724
N36 G03 X56.219 Z-24.391 I-63.532 K-9.008
N38 G03 X56.600 Z-28.393 I-64.696 K-5.083
N40 G01 Z-28.400
N42 G03 X55.104 Z-38.819 I-72.908 K0.000
```

图 5-75 带螺纹椭圆轴-配合件外轮廓粗车数控 G 代码

4. 带螺纹椭圆轴-配合件外轮廓精加工的程序编制与生成 G 代码

1）单击数控车工具栏中的轮廓精车按钮，弹出“精车参数表”对话框，根据加工工艺切削参数、刀具表等信息设置各参数，如图 5-76 所示。

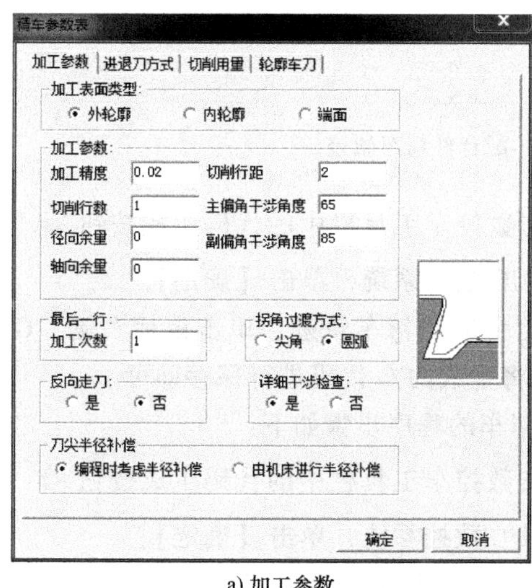

a) 加工参数

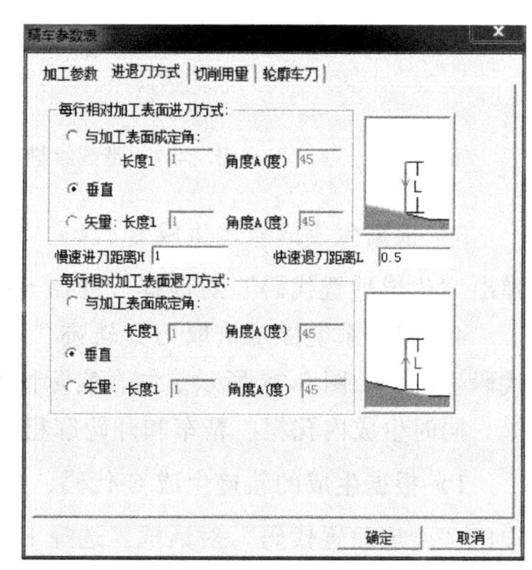

b) 进退刀参数

图 5-76 带螺纹椭圆轴-配合件外轮廓精车参数设置

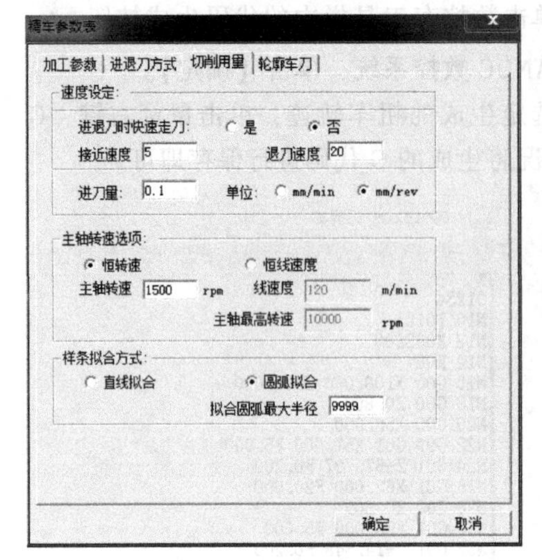

c) 切削用量参数

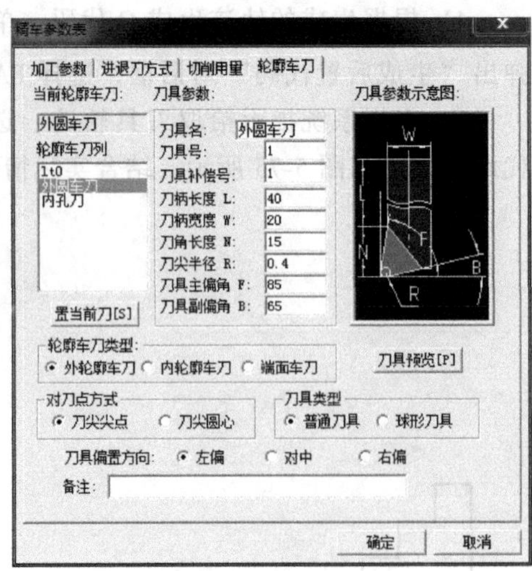

d) 轮廓车刀参数

图 5-76　带螺纹椭圆轴-配合件外轮廓精车参数设置（续）

2）根据系统提示拾取被加工工件表面轮廓、所需方向等。然后根据提示输入进、退刀点，利用键盘输入“100，50”即可定义（X100，Z100）坐标为该零件的进、退刀点位置。生成的精加工轨迹如图 5-77 所示。

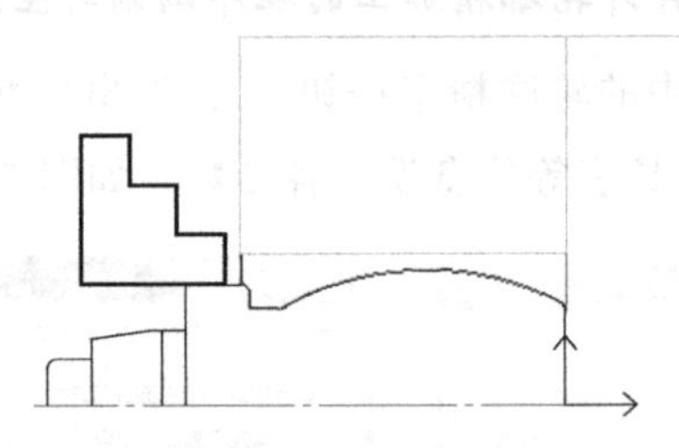

图 5-77　带螺纹椭圆轴-配合件精车轨迹

3）根据生成的轨迹生成 G 代码，单击数控车工具栏中的代码生成按钮，弹出“生成后置代码”对话框，选择 FANUC 数控系统，单击【确定】。

4）根据系统提示拾取刀具轨迹，选定生成的精车轨迹，单击鼠标右键，G 代码生成，如图 5-78 所示。结合实际情况将生成的 G 代码进行保存即可。

同时生成内孔粗、精车和外轮廓粗、精车的程序步骤如下：

1）根据生成的轨迹生成 G 代码，单击数控车工具栏中的代码生成按钮，弹出“生成后置代码”对话框，选择 FANUC 数控系统，单击【确定】。

2）根据系统提示拾取刀具轨迹，同时选定生成的粗加工轨迹、精加工轨迹，单击鼠标右键，G 代码生成，如图 5-79 所示。结合实际情况将生成的 G 代码进行保存即可。

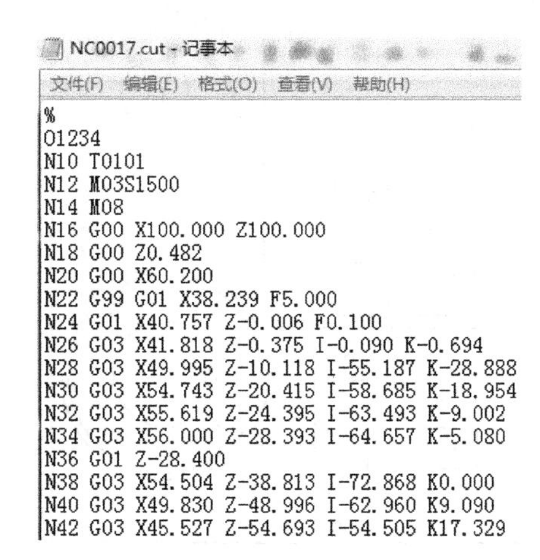

NC0017.cut - 记事本

文件(F) 编辑(E) 格式(O) 查看(V) 帮助(H)

```
%
O1234
N10 T0101
N12 M03S1500
N14 M08
N16 G00 X100.000 Z100.000
N18 G00 Z0.482
N20 G00 X60.200
N22 G99 G01 X38.239 F5.000
N24 G01 X40.757 Z-0.006 F0.100
N26 G03 X41.818 Z-0.375 I-0.090 K-0.694
N28 G03 X49.995 Z-10.118 I-55.187 K-28.888
N30 G03 X54.743 Z-20.415 I-58.685 K-18.954
N32 G03 X55.619 Z-24.395 I-63.493 K-9.002
N34 G03 X56.000 Z-28.393 I-64.657 K-5.080
N36 G01 Z-28.400
N38 G03 X54.504 Z-38.813 I-72.868 K0.000
N40 G03 X49.830 Z-48.996 I-62.960 K9.090
N42 G03 X45.527 Z-54.693 I-54.505 K17.329
```

图 5-78 带螺纹椭圆轴-配合件的精车数控 G 代码

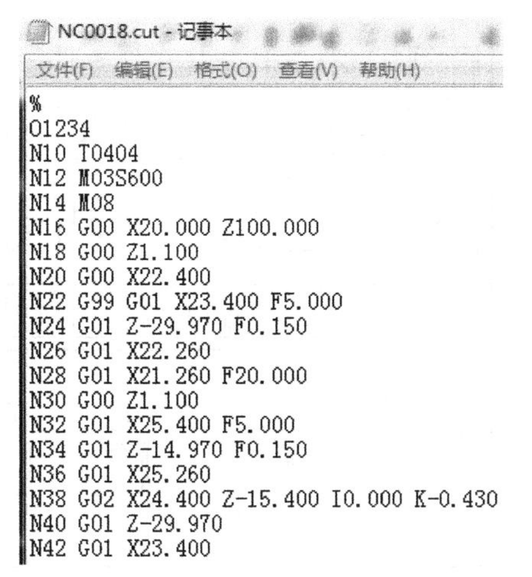

NC0018.cut - 记事本

文件(F) 编辑(E) 格式(O) 查看(V) 帮助(H)

```
%
O1234
N10 T0404
N12 M03S600
N14 M08
N16 G00 X20.000 Z100.000
N18 G00 Z1.100
N20 G00 X22.400
N22 G99 G01 X23.400 F5.000
N24 G01 Z-29.970 F0.150
N26 G01 X22.260
N28 G01 X21.260 F20.000
N30 G00 Z1.100
N32 G01 X25.400 F5.000
N34 G01 Z-14.970 F0.150
N36 G01 X25.260
N38 G02 X24.400 Z-15.400 I0.000 K-0.430
N40 G01 Z-29.970
N42 G01 X23.400
```

图 5-79 带螺纹椭圆轴-配合件数控 G 代码

5.5 后置程序与机床联机调试

5.5.1 数控机床面板介绍

不同厂家设计的机床面板布局有所差异，但面板上的图标及英文字符具有统一性。考虑经济成本，一般不会针对某台机床而设计一个特定面板，而是为同一类型的机床的面板设定一个模板，因此，机床上会出现一些按钮无实际操作功能的情况。通常，机床面板主要由机床电源按钮、急停按钮、模式选择按钮、轴向选择按钮、切削进给修调按钮、主轴转速修调按钮、主轴手动控制按钮、手动换刀按钮、手动冷却液开关按钮、手动轴向电动按钮、手摇脉冲轮等组成。本书将结合浙江凯达机床股份有限公司生产的 CK6140S 型数控车床的控制面板进行各按钮介绍及操作方法讲解。机床面板如图 5-80 所示。

1. 系统电源按钮

机床控制系统电源按钮如图 5-81 所示，其中“ON”为打开系统电源，点按此按钮系统电源被打开；“OFF”为关闭系统电源，点按此按钮系统电源被切断。

2. 急停按钮

在任何时刻（含机床在切削过程中）点按此按钮，机床所有运动全部立即

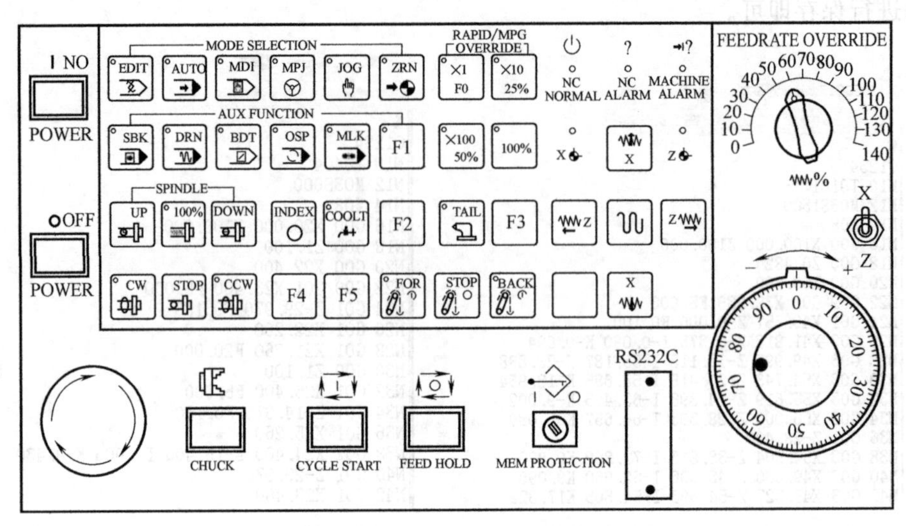

图 5-80　CK6140S 型数控车床操作面板

停止。一般在发生刀具碰撞、紧急突发状况时第一时间拍下该按钮，切断机床所有运动。释放急停按钮时将按钮旋转一定角度，按钮受内部弹簧力的作用自动释放。急停按钮如图 5-82 所示。

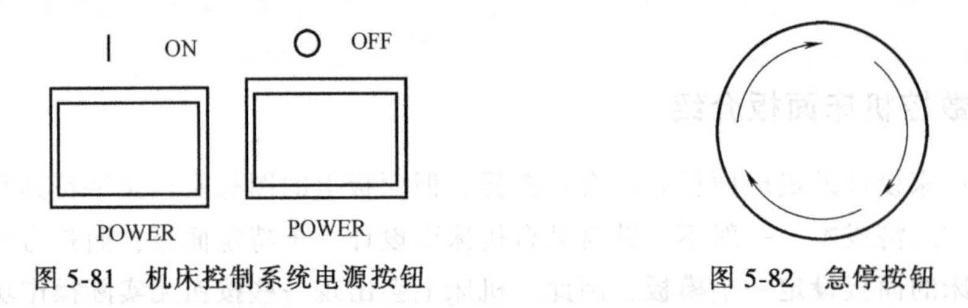

图 5-81　机床控制系统电源按钮　　　　图 5-82　急停按钮

3. 主轴手动控制按钮

数控机床的主轴有正转（CW）、反转（CCW）、停止（STOP）三个工作状态，不仅可以依靠数控程序控制，在手摇脉冲进给和手动移动功能的模式下，通过主轴手动控制按钮也可进行控制（以上一次机床转速为依据）。主轴手动控制按钮如图 5-83 所示。

图 5-83　主轴手动控制按钮

1）主轴手动正转按钮。在手摇脉冲进给和手动移动功能的模式下点按此按钮，系统以最近一次机床转速为依据，控制主轴顺时针转，即主轴正转。

2）主轴手动反转按钮。在手摇脉冲进给和手动移动功能的模式下点按此按钮，系统以最近一次机床转速为依据，控制主轴逆时针转，即主轴反转。

3）主轴停止按钮。在手摇脉冲进给和手动移动功能的模式下点按此按钮，主轴停止转动。

在手摇脉冲进给和手动移动功能的模式下，机床主轴转速可以通过主轴转速修调按钮进行调整（以设定转速100%为基准）。点按UP键主轴转速提升10%，点按DOWN键主轴转速降低10%，主轴转速修调按钮如图5-84所示。修调的主轴转速的上限为设定转速的120%，修调的主轴转速的下限为设定转速的50%，点按100%主轴修调转速按钮即为实际设定转速。

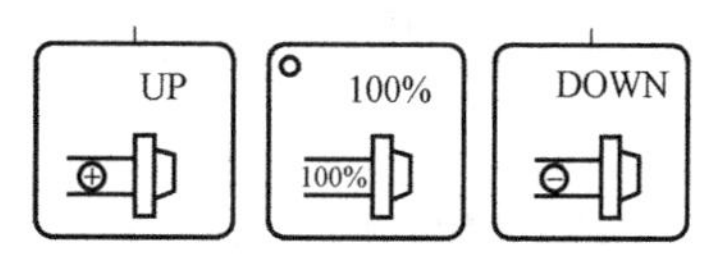

图5-84 主轴转速修调按钮

4. 机床指示灯

为了更加直观地判别机床处于什么状态，在机床面板上设置了一些指示灯，操作者可结合这些指示灯来判断机床的运行状态。机床指示灯如图5-85所示。

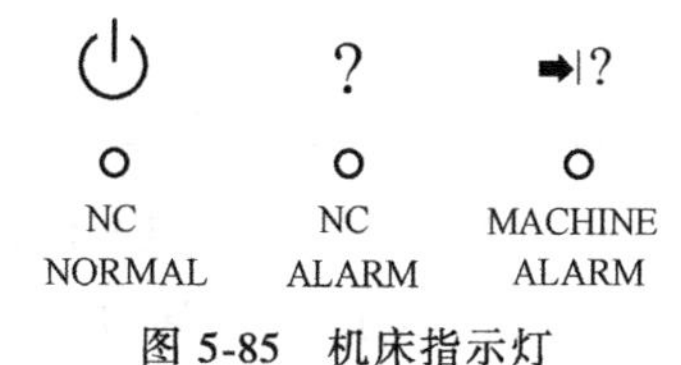

图5-85 机床指示灯

5. 机床功能键

数控机床一般有编辑功能（EDIT）、自动加工功能（AUTO）、手动输入程序功能（MDI）、手摇脉冲功能（MPJ）、手动移动功能（JOG）、回机械零点功能（ZRN）等，机床操作面板把这类功能按钮归纳为模式选择（WODE SELECTION）按钮，如图5-86所示。

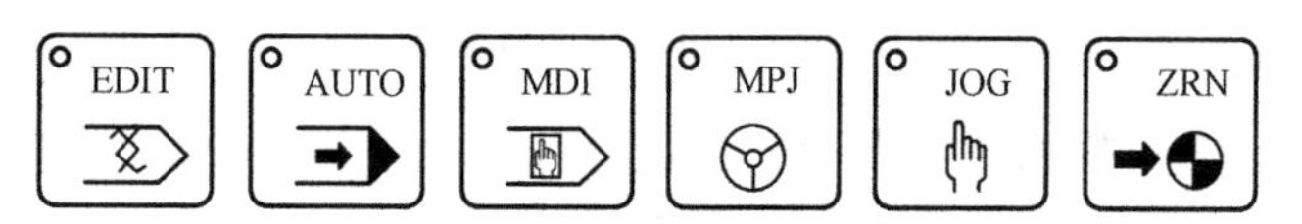

图5-86 功能模式选择按钮

5.5.2 数控程序的录入及仿真

本例的数控程序由CAXA数控车2016生成并保存在计算机上，因此需要借助准备好的CF卡、USB转换接口进行程序的传输。表5-7所示为带螺纹椭圆轴加工程序清单。

表5-7 带螺纹椭圆轴加工程序清单表

工步名称	程序名	所含加工工序	所选刀具
带螺纹椭圆轴-件1左端	00100	粗车外圆轮廓	T0101(外圆车刀)
		精车外圆轮廓	
带螺纹椭圆轴-件1右端	00101	粗车右端内轮廓	T0202(内孔车刀)
		精车右端内轮廓	
		退刀槽	T0303(内切槽刀)
		内螺纹	T0404(内螺纹刀)

（续）

工步名称	程序名	所含加工工序	所选刀具
带螺纹椭圆轴-件 2 左端	00102	粗车外圆轮廓	T0101(外圆车刀)
		精车外圆轮廓	
		退刀槽	T0202(外切槽刀)
		外螺纹	T0303(外螺纹刀)
带螺纹椭圆轴件-配合件	00103	粗车椭圆曲线	T0101(外圆车刀
		精车椭圆曲线	
		粗车内轮廓	T0404(内孔车刀)
		精车内轮廓	

将数控程序通过 USB 转换接口复制至 CF 卡中后（传输通道更改为 4，否则无法传输程序），再通过 CF 卡传输至数控机床的具体步骤如下：

1）点按机床面板模式选择按钮（EDIT），切换到编辑模式下，如图 5-87 所示。

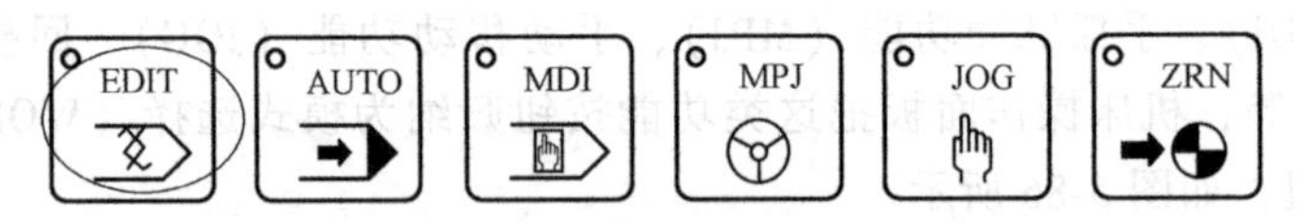

图 5-87 切换至编辑模式

2）单击系统数控面板上的【PROG】→【列表+】→【操作】→【设备】→【M-卡】，找到“存储卡”程序界面，如图 5-88 所示。

3）单击【F 输入】，并输入需要传输的文件号和文件名，以 O0001 为例，输入文件号“1”后单击【F 设定】，输入文件名“1”后单击【O 设定】。输入完成后如图 5-89 所示。

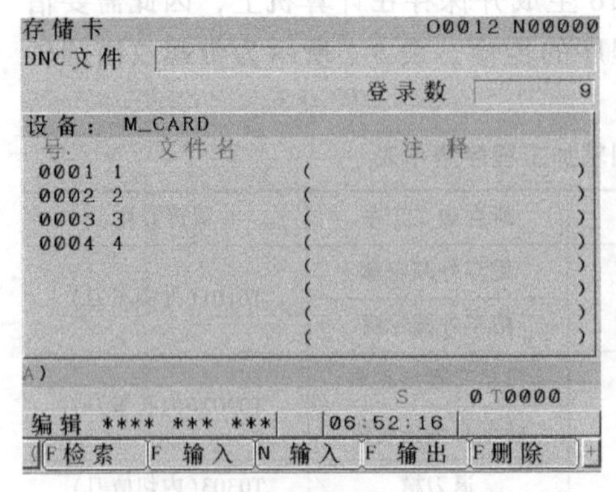

图 5-88 “存储卡”界面

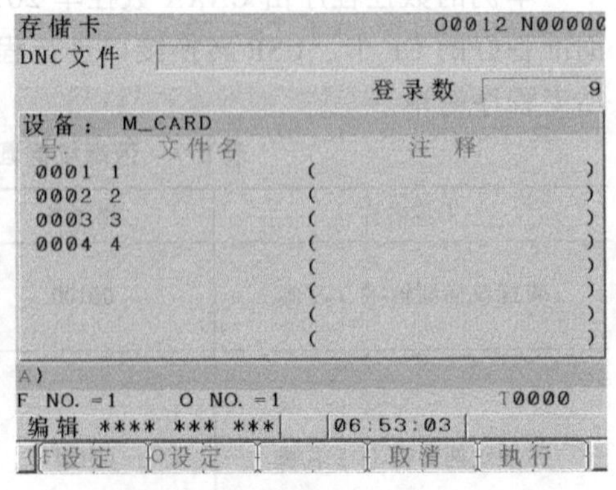

图 5-89 创建传输文件号、文件名

4）单击【执行】，指定的程序将从CF卡上传输至数控系统中。传输过程中会在系统显示器中显示“输出”字样，传输成功后，可在数控系统中查询到该程序。传输成功的程序显示界面如图5-90所示。

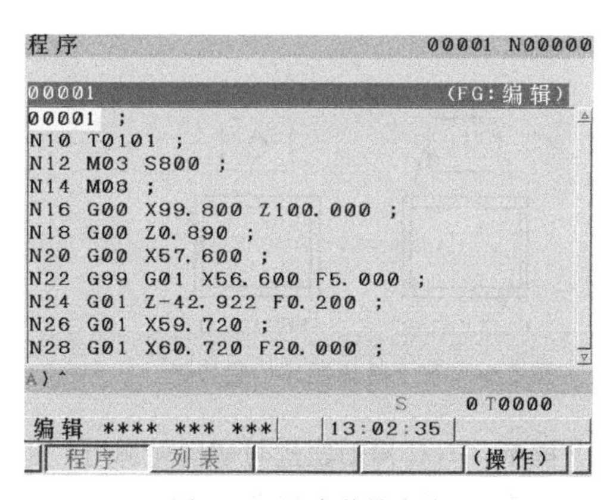

图5-90 程序传输完毕

5）点按机床面板模式选择按钮（AUTO），切换至自动加工模式下，如图5-91所示。

6）对已传输好的程序进行模拟仿真，按下机床面板上的机床锁定按钮（MLK），以保证机床安全，如图5-92所示。

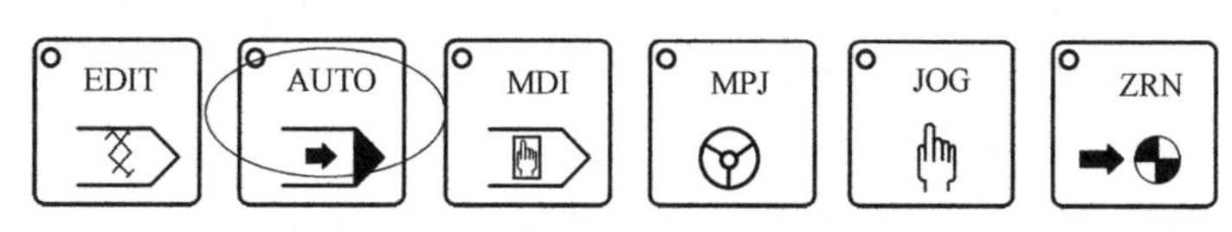

图5-91 切换至自动加工模式

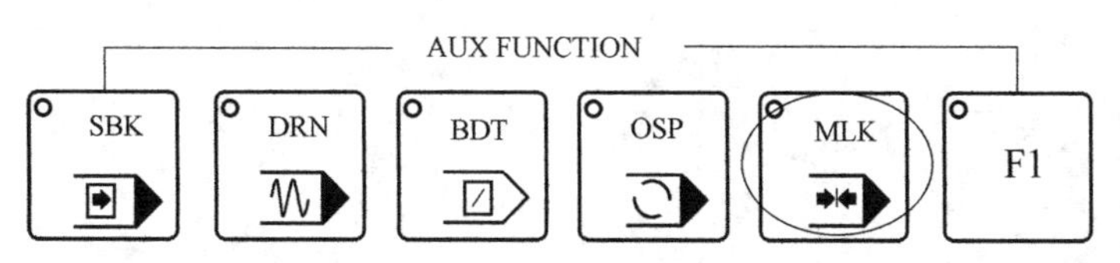

图5-92 按下机床锁定按钮

提示： 按下机床锁定按钮后机床的各移动轴被锁住（机床主轴仍然会转），但系统坐标数值会随着程序变化。此时需将机床重新回零，方可进行对刀或自动加工。

7）单击【图形】，并调整好画面比例，如图5-93所示。

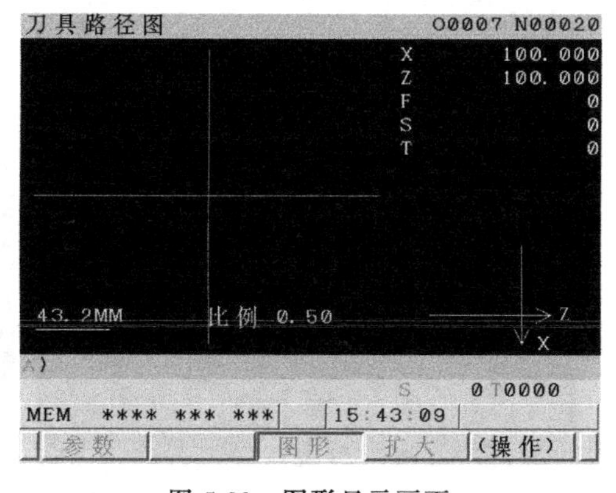

图5-93 图形显示画面

8）点按机床面板上的循环切削按钮（CYCLE START），如图5-94所示，此时系统坐标值移动，但机床实际坐标不动。

9）仿真模拟结束后，系统显示器上出现刀具移动轨迹，如图5-95所示，观察图形与所加工的零件轮廓是否一致。

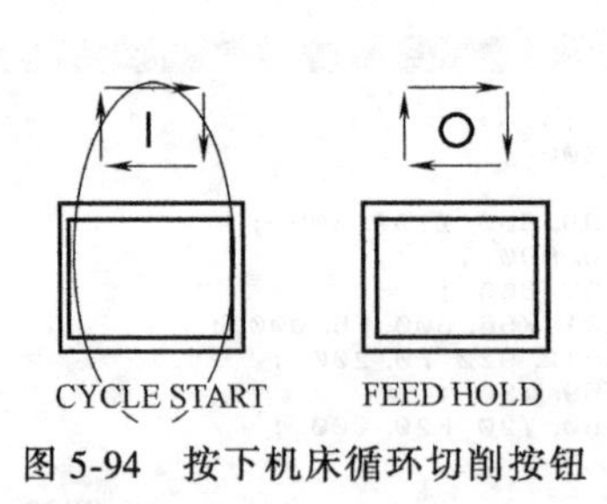

图 5-94　按下机床循环切削按钮

图 5-95　程序仿真图

提示：刀具移动轨迹与切削轮廓有一定差别，请勿混淆。仿真过程中如果出现程序错误，机床会报警并终止仿真。

10）如果图形和程序正确，即程序传输及校验工作结束。如果图形与所加工零件的轮廓不一致或程序错误，请在编辑模式下修改相关程序或重新通过CAXA数控车编制程序并传输至数控系统中，重新进行校验工作（步骤5~9），直至模拟出正确的仿真图形。

经上述步骤的仿真操作，带螺纹椭圆轴的仿真结果如图5-96所示。

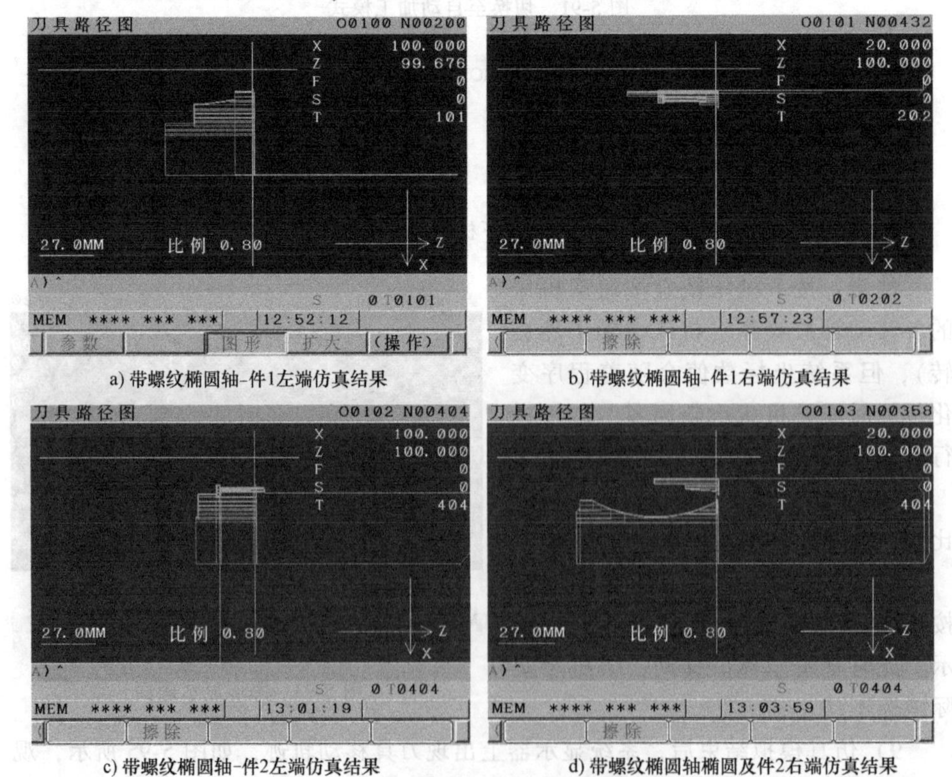

a) 带螺纹椭圆轴-件1左端仿真结果

b) 带螺纹椭圆轴-件1右端仿真结果

c) 带螺纹椭圆轴-件2左端仿真结果

d) 带螺纹椭圆轴椭圆及件2右端仿真结果

图 5-96　带螺纹椭圆轴程序仿真结果

5.5.3 数控车床对刀的操作与练习

1. 带螺纹椭圆轴-件 1 左端面对刀

带螺纹椭圆轴-件 1 属于单件小批量生产，故其粗、精加工采用同一把外圆车刀，因此带螺纹椭圆轴-件 1 左端面只需进行一把外圆车刀的对刀。将 ϕ60mm 圆柱毛坯通过自定心卡盘装夹，且伸出距离控制在 35～40mm 之间。装夹稳定可靠，保证刀架回转与工件不发生碰撞。为了使编程原点与工件零点建立起相对固定的关系，需要完成“对刀”步骤。试切法对刀的详细步骤如下所示。

（1）利用试切法进行 *Z* 轴的对刀

选择外圆车刀车削端面，并保证车削出完整端面（端面车削尺寸不可过大，以免无法保证工件总长），此时应沿 *X* 轴方向退出至毛坯外。找到相应刀具号，输入 *Z* 值测量，即完成了外圆车刀的 *Z* 轴的对刀。

1）将机床切换至手动功能模式，点按机床面板上的手动换刀按钮，选择需要建立对刀数据刀具（换刀前请确认换刀空间是否足够）。在 MDI 模式下输入“M03 S800;”并执行该程序，使机床以 800r/min 的转速正转。

2）点按手摇脉冲按钮，刀架离工件较远时选择“X100”的倍率，用手摇轮移动刀架，使刀具快速接近工件，切换至“X10”的倍率，调整好 *Z* 轴的位置，利用手摇轮使刀架沿 *X* 轴向匀速移动，将工件端面切出。反向沿 *X* 轴移动直到刀具移出工件为止（使刀具到达刚接触工件端面的位置即可）。

3）点按系统面板上的“RESET”按钮，使机床主轴停止转动。

4）点按系统面板的“OFF/SET”按钮，调出刀具“偏置/形状”界面。

5）在界面上输入值“Z0”，单击【测量】按钮。*Z* 轴的对刀完成，如图 5-97 所示。

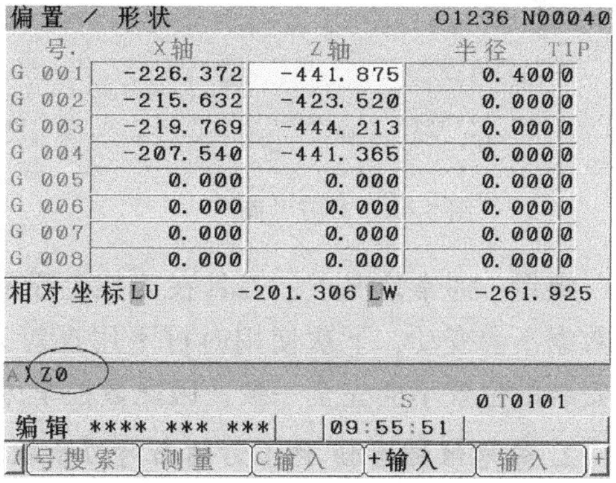

通常情况下，该刀具的 *Z* 轴向对刀的数据会与工件装夹在自定心卡盘中伸出的长短有关，为满足批量生产的要求，通过制作工件 *Z* 向定位夹具，使该刀具的 *Z* 向对刀的值有效。

偏置 / 形状　O1236 N00040

号.	X轴	Z轴	半径	TIP
G 001	-226.372	-441.875	0.400	0
G 002	-215.632	-423.520	0.000	0
G 003	-219.769	-444.213	0.000	0
G 004	-207.540	-441.365	0.000	0
G 005	0.000	0.000	0.000	0
G 006	0.000	0.000	0.000	0
G 007	0.000	0.000	0.000	0
G 008	0.000	0.000	0.000	0

相对坐标 LU -201.306 LW -261.925

A)Z0

S 0 T0101

编辑 **** *** *** 09:55:51

号搜索 测量 C输入 +输入 输入

图 5-97 刀具“偏置/形状”界面

（2）利用试切法进行 *X* 轴的对刀

选择外圆车刀手动车削毛坯，切削深度不宜过大，沿 *Z* 轴退出一定距离，保证测量有足够空间即可。停止主轴转动。通过游标卡尺读取被车削的圆柱直径。找到相应刀具号，输入 *X* 值为 58.78（假设的被测圆柱直径值），即完成了外圆车刀的 *X* 轴的对刀。观察刀具偏置值 *X* 轴的数据的变化。具体步骤如下：

1）将机床切换至手动功能模式，点按机床面板上的手动换刀按钮，选择需要建立对刀数值的刀具（换刀前请确认换刀空间是否足够）。在 MDI 模式下输入“M03 S800;”并执行该程序，使机床以 800r/min 的转速正转。

2）点按手摇脉冲按钮，刀架离工件较远时选择“X100”的倍率，用手摇轮移动刀架，使刀具快速接近工件，切换至“X10”的倍率，调整好 *X* 轴的位置（*X* 方向不宜切削太多，切出端面即可）。通过手摇轮控制刀架向 *Z* 轴的负方向匀速运动，车削长度一般为 10mm 左右即可。此时将手摇轮移动方向改为 *Z* 轴正方向（该过程中 *X* 轴不能移动，否则无法正确对刀），直到移出工件，刀架与工件保持一定测量距离。

3）点按系统面板上的“RESET”按钮，使机床主轴停止转动。

4）利用游标卡尺，测量出已加工圆柱表面的尺寸。点按系统面板的“OFF/SET”按钮，调出刀具“偏置/形状”界面，如图 5-98 所示。

5）在界面上输入测量出的圆柱表面尺寸值“X58.78”，单击【测量】按钮。*X* 轴的对刀完成，如图 5-99 所示。

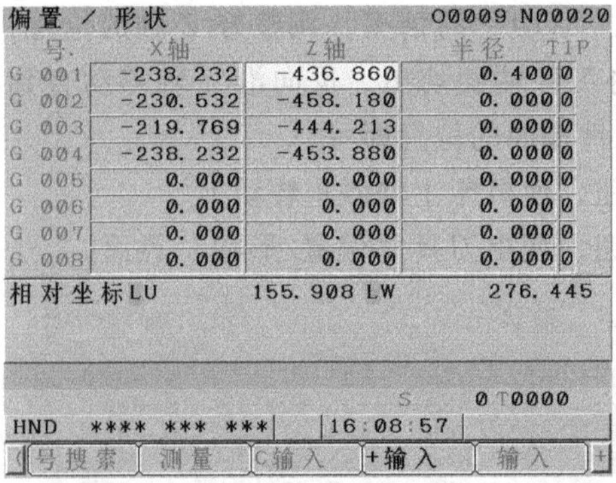

偏置 / 形状 O0009 N00020
号. X轴 Z轴 半径 TIP
G 001 -238.232 -436.860 0.400 0
G 002 -230.532 -458.180 0.000 0
G 003 -219.769 -444.213 0.000 0
G 004 -238.232 -453.880 0.000 0
G 005 0.000 0.000 0.000 0
G 006 0.000 0.000 0.000 0
G 007 0.000 0.000 0.000 0
G 008 0.000 0.000 0.000 0
相对坐标LU 155.908 LW 276.445
S 0 T0000
HND **** *** *** 16:08:57
号搜索 测量 C输入 +输入 输入

图 5-98 对刀界面

偏置 / 形状 O0009 N00020
号. X轴 Z轴 半径 TIP
G 001 -186.360 -453.280 0.400 0
G 002 -230.532 -458.180 0.000 0
G 003 -219.769 -444.213 0.000 0
G 004 -238.232 -453.880 0.000 0
G 005 0.000 0.000 0.000 0
G 006 0.000 0.000 0.000 0
G 007 0.000 0.000 0.000 0
G 008 0.000 0.000 0.000 0
相对坐标LU 155.908 LW 276.445
A)
S 0 T0000
HND **** *** *** 16:08:14
号搜索 测量 C输入 +输入 输入

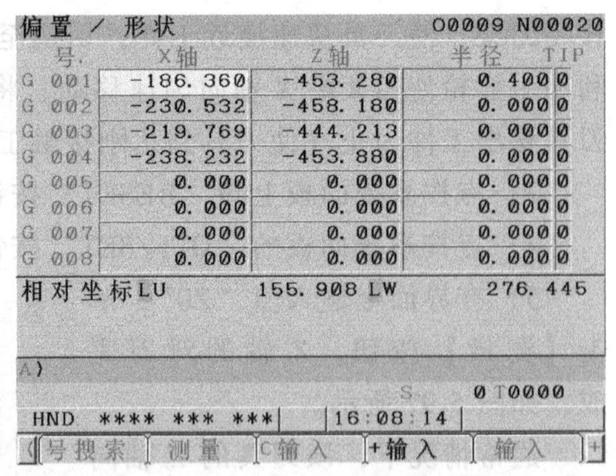

图 5-99 完成 *X* 轴的对刀

提示：通常情况下，刀具在刀架上没有被拆动过时，该刀具的 *X* 轴向对刀的数据不会变动，下次使用时可不用再对刀。如果没有利用 *Z* 向定位装置，工件安装的位置不会完全一致，因此数控车床的 *Z* 轴的数据必须重新获取。

2. 带螺纹椭圆轴-件 1 右端面对刀步骤

根据带螺纹椭圆轴-件 1 右端加工工艺安排，预钻 ϕ24mm 孔。带螺纹椭圆轴-件 1 属于单件小批量生产，故加工其内孔时粗、精车采用同一把内孔车刀，除内孔外还需加工内螺纹退刀槽、内螺纹等，因此需对内圆车刀、内切槽刀、内螺纹刀三把刀具进行对刀。将被加工的 ϕ32mm 圆柱通过包夹铜皮后利用自定心卡盘装夹，装夹稳定可靠。采用千分表找正，使圆跳动在图样要求范围。

工件装夹牢固并保证刀架回转与工件不发生碰撞。为了使编程原点与工件零点建立起相对固定的关系，需要完成对刀步骤，对刀详细步骤可参考带螺纹椭圆轴-件 1 左端试切法对刀步骤，这里只对不同刀具的对刀步骤进行较为简单的叙述。

（1）外圆车刀保证总长

保证刀架回转与工件不发生碰撞的情况下，选择外圆车刀车削端面，并保证工件总长（可分多次车削端面，每次端面车削尺寸不可过大）。

（2）内孔车刀对刀步骤

保证刀架回转与工件不发生碰撞的情况下，选择内孔车刀完成对刀，利用内孔车刀左端切削刃与已加工端面接触即可。找到相应刀具号，输入“Z0”测量，即完成了内孔车刀的 Z 轴的对刀。观察刀具偏置值 Z 轴数据的变化。

利用手摇轮通过手动车削内孔直径，切削厚度不宜过大，切削深度为 5~8mm 即可，然后沿 Z 轴退出至安全距离（此时只能 Z 轴移动，X 轴不能移动，否则对刀的数据将出错），保证测量有足够空间即可。停止主轴转动。通过游标卡尺读取被车削的内孔直径。找到相应刀具号，输入“X 24.36”（假设被测内孔直径值为 24.36mm），即完成了内孔车刀的 X 轴的对刀。观察刀具偏置值 X 轴的数据的变化。

（3）内切槽刀对刀步骤

保证刀架回转与工件不发生碰撞的情况下，选择内切槽刀来完成对刀，利用切槽刀左端切削刃与已加工端面接触即可。找到相应刀具号，输入“Z0”测量，即完成了内切槽刀的 Z 轴的对刀。观察刀具偏置值 Z 轴数据的变化。

利用手摇轮通过手动车削内孔直径，切削厚度不宜过大，切削深度为 5~8mm 即可，然后沿 Z 轴退出至安全距离（此时只能 Z 轴移动，X 轴不能移动，否则对刀的数据将出错），保证测量有足够空间即可。停止主轴转动。通过游标卡尺读取被车削的内孔直径。找到相应刀具号，输入“X 24.52”（假设被测内孔直径值为 24.52mm），单击系统菜单中的【测量】，即完成了切槽刀的 X 轴的对刀。

（4）内螺纹刀对刀步骤

保证刀架回转与工件不发生碰撞的情况下，选择内螺纹车刀完成对刀，主轴不转动，内螺纹刀的切削刃与已加工内孔端面在 Z 轴方向的同一平面内即可。找到相应刀具号，输入“Z0”测量，即完成了内螺纹车刀的 Z 轴的对刀。观察刀具偏置值 Z 轴的数据的变化。

利用手摇轮通过手动车削内孔直径，切削厚度不宜过大，切削深度为 5~8mm 即可，然后沿 Z 轴退出至安全距离（此时只能 Z 轴移动，X 轴不能移动，否则对刀的数据将出错），保证测量有足够空间即可。停止主轴转动。通过游标卡尺读取被车削的内孔直径。找到相应刀具号输入“X 24.68”（假设被测内孔直径值为 24.68mm），单击系统菜单中的【测量】，即完成了内螺纹的 X 轴的对刀。

提示：所有刀具的对刀步骤基本类似，参考上述对刀的方法即可实现对刀过程。带螺纹椭圆轴-件 1 右端加工选用刀具对刀的数据如图 5-100 所示。

偏置 / 形状　　O0009 N00020

号.	X轴	Z轴	半径	TIP
G 001	-238.232	-436.860	0.400	0
G 002	-232.532	-453.880	0.000	0
G 003	-239.769	-430.213	0.000	0
G 004	-253.232	-419.769	0.000	0
G 005	0.000	0.000	0.000	0
G 006	0.000	0.000	0.000	0
G 007	0.000	0.000	0.000	0
G 008	0.000	0.000	0.000	0

相对坐标LU　155.908 LW　276.445

S　0 T0000

HND　**** *** ***　16:08:57

号搜索 | 测量 | C输入 | +输入 | 输入

图 5-100　右端对刀值

5.5.4　数控车床执行程序加工

经过 CAXA 数控车生成了刀具轨迹，利用 CAXA 数控车自带的仿真软件模拟刀具轨迹，应保证无干涉、无撞刀的现象，然后通过 FANUC 后置处理得到数控机床所需的 G 代码程序。为了实现数控机床的自动加工，已将刀具的对刀步骤完成，下面介绍数控车床自动加工步骤。

1）对通过 CF 卡导入数控机床中的程序进行调用，在编辑模式下选择带螺纹椭圆轴-件 1 左端加工程序，并将光标移至程序头，程序待加工状态如图 5-101 所示。

2）为避免执行 GOO（快速进给）指令时机床移动速度过快，可将快速移动倍率切换至 25%状态，如图 5-102 示。

3）点按功能模式选择按钮（AUTO），切换至自动加工模式，如图 5-103 所示。

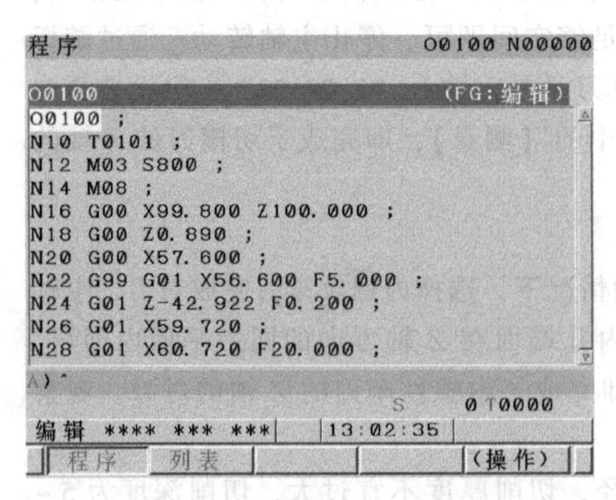

程序　O0100 N00000

O0100　(FG:编辑)

```
O0100 ;
N10 T0101 ;
N12 M03 S800 ;
N14 M08 ;
N16 G00 X99.800 Z100.000 ;
N18 G00 Z0.890 ;
N20 G00 X57.600 ;
N22 G99 G01 X56.600 F5.000 ;
N24 G01 Z-42.922 F0.200 ;
N26 G01 X59.720 ;
N28 G01 X60.720 F20.000 ;
```

S　0 T0000

编辑 **** *** ***　13:02:35

程序 | 列表 | (操作)

图 5-101　程序待加工状态

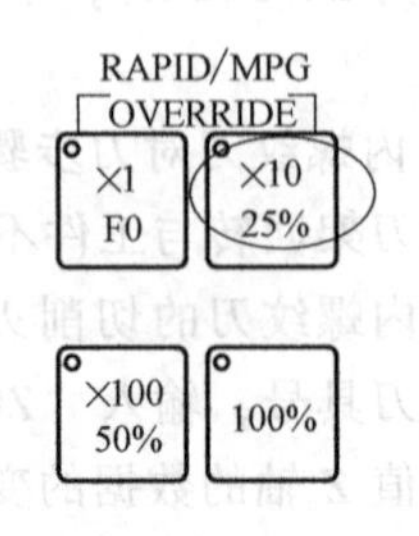

图 5-102　快速移动倍率切换至 25%状态

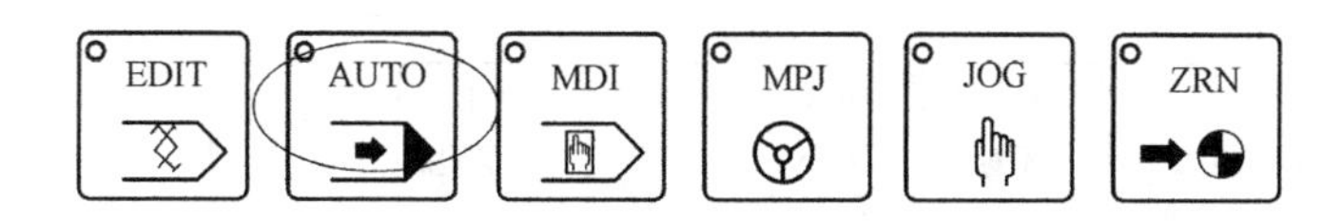

图 5-103 自动加工模式

4）点按单步执行按钮（SBK），如图 5-104 所示。

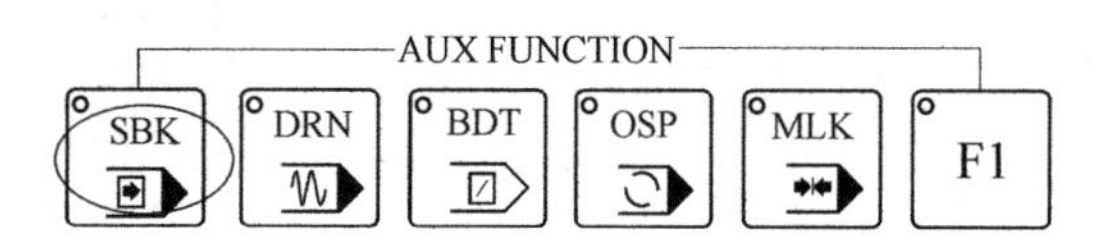

图 5-104 单步执行

5）将切削进给倍率切换至 0%，如图 5-105 所示。

6）左手点按循环切削按钮，右手调整切削进给倍率旋钮，如图 5-106 所示。

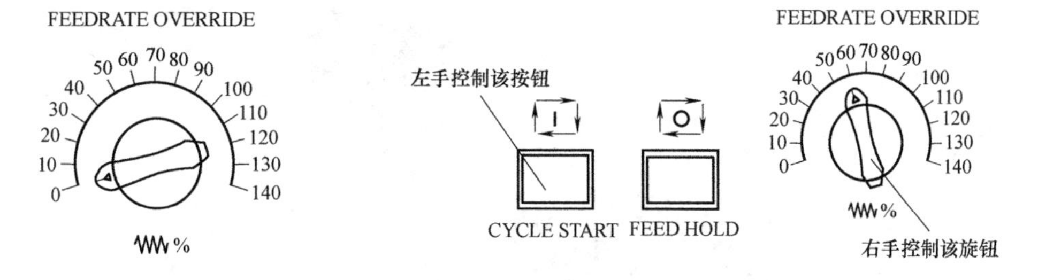

图 5-105 切削进给倍率设置　　图 5-106 开始切削时左右手分工

7）开始切削时，一边观察机床的运动情况，一边观察数控系统显示屏上的剩余坐标数值，如果移动情况正常则继续执行，如果判断有异常时应及时按 RESET 复位按钮或急停按钮，使机床停止运动。

8）当机床安全移动到定位点后，且判断当前位置正确，表示该刀具对刀的数据基本正确，可取消单步执行。左手控制切削进给倍率旋钮，右手放在 RESET 复位按钮上，观察机床运动情况，如果有异常情况应及时按复位按钮，如图 5-107 所示。

9）带螺纹椭圆轴的加工过程如图 5-108、图 5-109 所示。

10）粗加工结束后，用量具测量工件尺寸，进行刀具偏置补偿。

11）精加工按步骤 5~9 执行。

注意：其他程序的数控加工步骤均和带螺纹椭圆轴-件 1 左端加工方式相似，参照执行即可。

12）带螺纹椭圆轴加工后如图 5-110~图 5-112 所示。

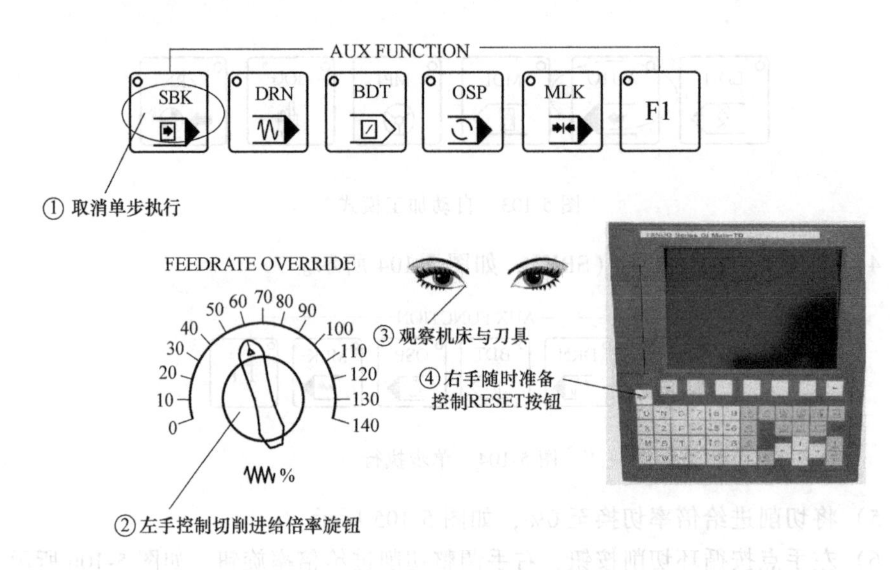

图 5-107　切削过程中手眼分工

图 5-108　带螺纹椭圆轴左端加工过程图

图 5-109　带螺纹椭圆轴右端加工过程图

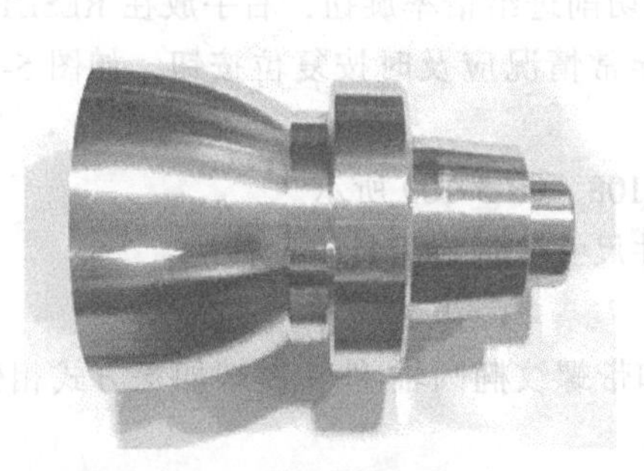

图 5-110　带螺纹椭圆轴-件 1

图 5-111　带螺纹椭圆轴-件 2

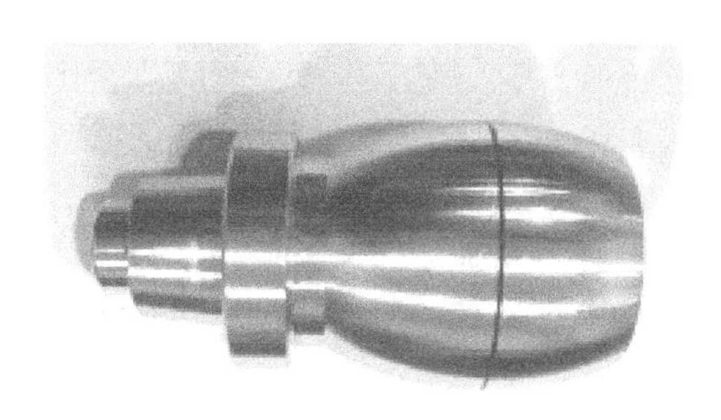

图 5-112 带螺纹椭圆轴-配合件

5.6 零件精度测量与调试

数控车床的车削工艺与普通车床车削工艺有所不同，数控车床主要利用数控程序控制零件轮廓，通常分为粗车和精车，粗车时留 0.3～0.5mm 余量。工件的不同部位需要使用不同的测量仪器进行测量本例使用外径千分尺、内径千分尺、螺纹环规、螺纹塞规、半径样板等进行测量与调试。

5.6.1 外圆尺寸的测量与调试

以带螺纹椭圆轴-件 1 的左端尺寸 ϕ20mm 为例，粗车结束后用外径千分尺进行测量，测得数据如图 5-113 所示，根据千分尺读数，识读出该尺寸为 20.53mm（编程时设定 0.5mm 余量），此时读取的数值应与理论粗加工后数值进行比较（理论粗加工数值应为 20.50mm），实际尺寸比理论尺寸大 0.03mm，为了使零件尺寸落在公差范围内，应给系统补偿-0.04mm 为佳。在该刀具的 X 轴补偿中输入“-0.04”，如图 5-114 所示。

经过精加工后再测量该尺寸，如果尺寸落在公差范围内表明合格，如果还有余量则利用同样方法继续补偿并进行精加工。

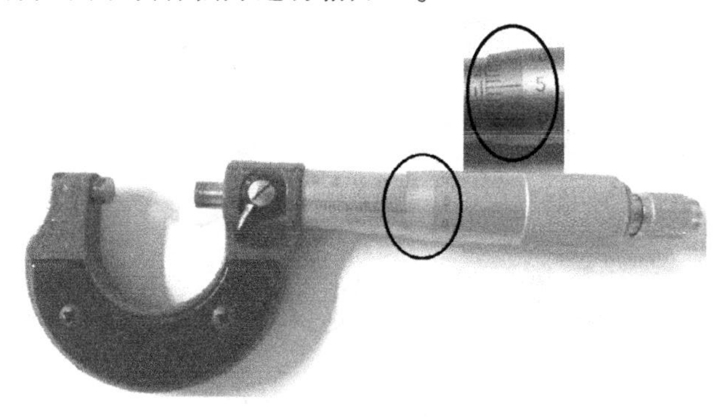

图 5-113 粗加工后的尺寸

偏置 / 磨损　　O0009 N00020

号.	X轴	Z轴	半径	TIP
W 001	-0.040	0.000	0.000	0
W 002	0.000	0.000	0.000	0
W 003	0.000	0.000	0.000	0
W 004	0.000	0.000	0.000	0
W 005	0.000	0.000	0.000	0
W 006	0.000	0.000	0.000	0
W 007	0.000	0.000	0.000	0
W 008	0.000	0.000	0.000	0

相对坐标LU　155.908 LW　276.445

A)

S　0 T0000

HND **** *** ***　16:09:38

号搜索　测量　C输入　+输入　输入

图 5-114　*X* 轴补偿

5.6.2 内径尺寸的测量与调试

内圆柱尺寸常用内径千分尺、内径百分表等测量仪器进行测量。一般，孔径小于 40mm 采用内径千分尺测量，孔径大于 40mm 采用内径百分表测量，较深孔无法利用内径千分尺测量时一般也采用内径百分表测量。

1. 内径千分尺的测量与调试

以带螺纹椭圆轴-件 2 的右端 ϕ25mm 内孔尺寸为例，粗车结束后用内径千分尺进行测量，测得数据如图 5-115 所示，根据千分尺读数，识读出该尺寸为 24.48mm（编程时设定 0.5mm 余量），此时读取的数值应与理论粗加工后数值进行比较（理论粗加工数值应为 24.50mm），实际尺寸比理论尺寸小 0.02mm，为了使零件尺寸落在公差范围内，应给系统补偿 0.04mm 为佳。在该刀具的 *X* 轴补偿中输入“0.04”，如图 5-116 所示。

经过精加工后再测量该尺寸，如果尺寸落在公差范围内表明合格，如果还有余量则利用同样方法继续补偿并进行精加工。

图 5-115　内孔实测数值

2. 内径百分表的测量与调试

安装表头时，把表头插入量表直管轴孔中，测量前应根据被测孔径大小选择外径千分尺，先调整好外径千分尺尺寸与被测孔尺寸相同即可。

测量时连杆中心线应与工件中心线平行，不可歪斜，同时在圆周上多测几个点，测量出孔径的实际尺寸，看是否在公差范围内。如果指针刚好处在零刻度线上，说明被测孔径与标准孔径相等；指针顺时针方向离开零位，表示被测孔径小于标准孔径；指针逆时针方向离开零位，表示被测孔径大于标准孔径。刀具补偿方法与利用内径千分尺测量内径尺寸的方法一致。

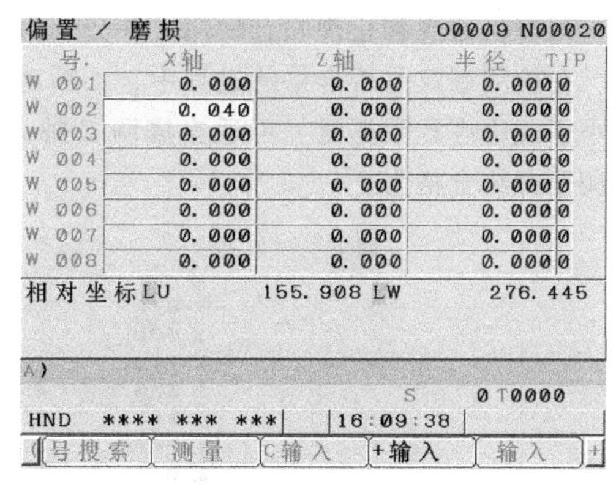

图 5-116 刀具的 X 轴补偿

5.6.3 螺纹的测量与调试

1. M30X1.5-6g 外螺纹测量与调试

一般编程时会留 0.3mm 左右的余量，切削加工后用通规进行检验，如果通规未能通过，则在相应刀具补偿中输入一定量的负值，重复加工、检验。如果通规通过，即要用止规进行检验。要求通规能够顺利通过，如图 5-117 所示；止规不能通过，如图 5-118 所示，这两个条件都满足的情况下即可判定该螺纹合格。

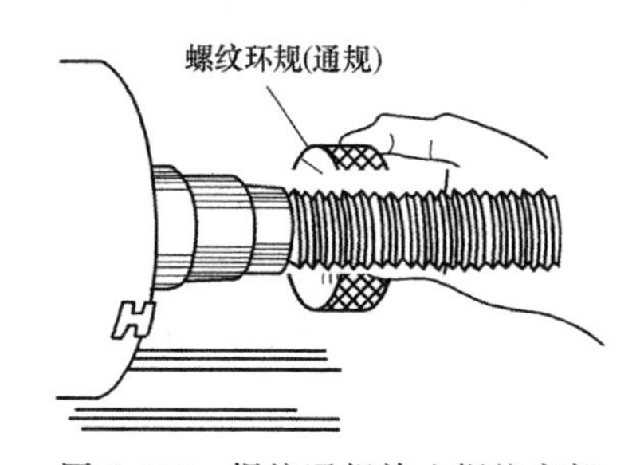

图 5-117 螺纹通规旋止螺纹底部

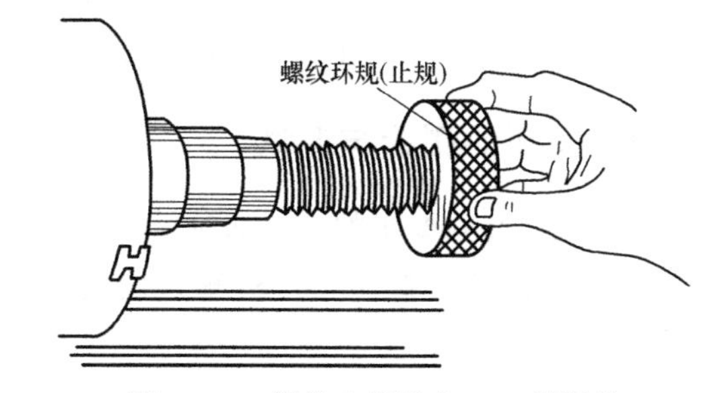

图 5-118 螺纹止规旋止 1~2 螺距处

使用通规检验测量过程中，首先要清理干净被测螺纹上的油污及杂质，然后在通规与被测螺纹对正后，用大拇指与食指转动通规，使其在自由状态下通过螺纹全部长度即判定合格，否则判定不合格。

使用止规检验测量过程中，首先要清理干净被测螺纹上的油污及杂质，然后在止规与被测螺纹对正后，用大拇指与食指转动止规，旋入螺纹长度在 2 个螺距之内止住为合格，否则判为不合格品。

只有当通规和止规联合使用，并分别检验合格，才表示被测螺纹合格。

在检测螺纹是否合格的过程中，不断对螺纹底径进行修调，但当修调数据明显小于理论底径数据时，可适当修调 Z 轴方向的刀具补偿量，如图 5-119 所示，修调至螺纹合格为止。

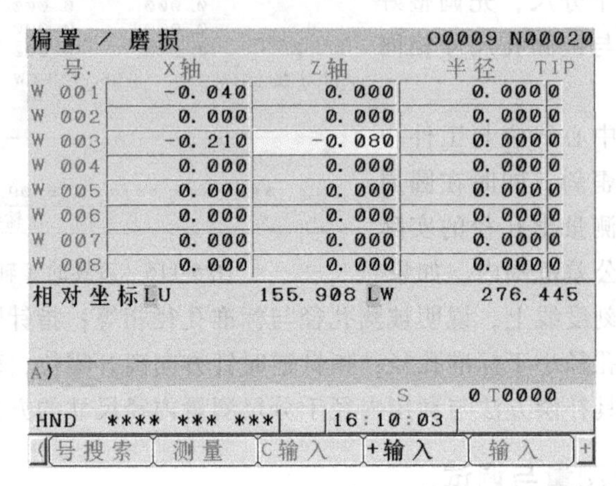

偏置 / 磨损　　O0009 N00020

号.	X轴	Z轴	半径	TIP
W 001	-0.040	0.000	0.000	0
W 002	0.000	0.000	0.000	0
W 003	-0.210	-0.080	0.000	0
W 004	0.000	0.000	0.000	0
W 005	0.000	0.000	0.000	0
W 006	0.000	0.000	0.000	0
W 007	0.000	0.000	0.000	0
W 008	0.000	0.000	0.000	0

相对坐标LU　155.908 LW　276.445

A)

S　0 T0000

HND　**** *** ***　16:10:03

号搜索　测量　C输入　+输入　输入

图 5-119　刀具磨损补偿

2. M30X1.5-6H 内螺纹测量与调试

利用螺纹塞规对内螺纹进行测量的原理和利用螺纹环规对外螺纹进行测量的原理基本一致。一般，编制内螺纹加工程序时留 0.3mm 左右的余量。切削加工后用通规进行检验，如果通规未能通过，则在相应刀具补偿中输入一定量的负值，重复加工、检验。如果通规通过，即要用止规进行检验。要求通规能够顺利通过，止规不能通过，这两个条件都满足的情况下即可判定该螺纹合格。

5.6.4　圆弧的测量与调试

一般没有特殊要求的圆弧通过粗车、精车就能保证其加工精度，一般用相应的半径样板进行校验即可。检测方法是用眼观察透光，如图 5-120 ~ 图 5-122 所示。

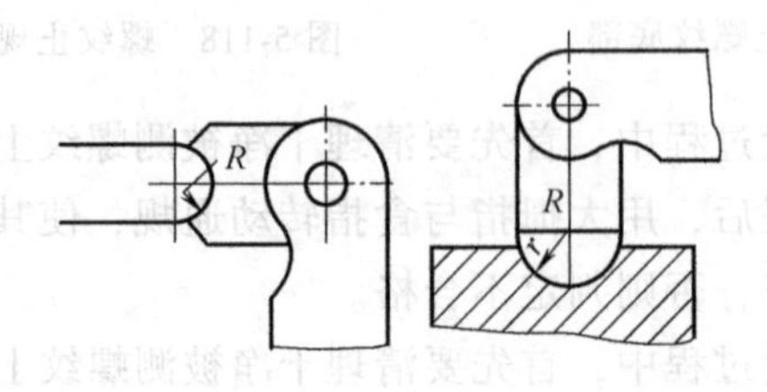

图 5-120　工件圆弧与半径样板圆弧基本一致

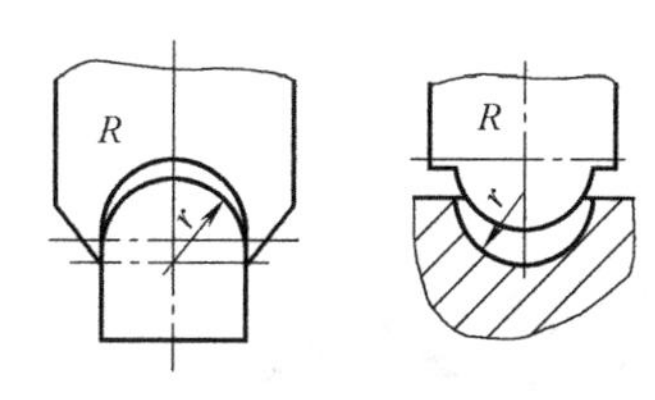

图 5-121 工件圆弧小于半径样板圆弧

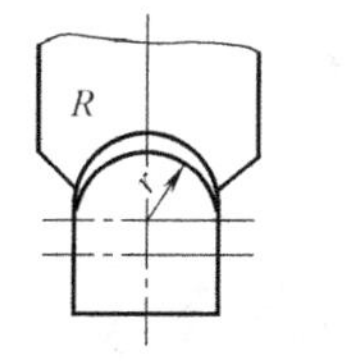

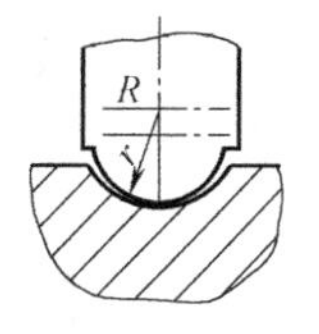

图 5-122 工件圆弧大于半径样板圆弧

习题

1. 简述 CAXA 数控车与数控车床设备进行联机调试的整体流程。
2. 简述图 5-123 所示零件图的加工工艺，并完成加工工艺卡的制定。

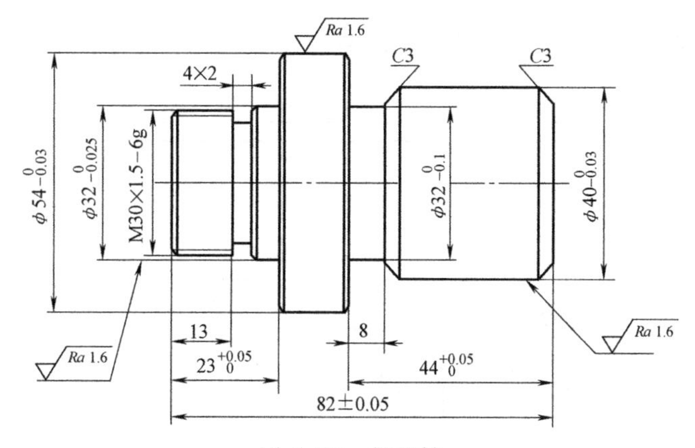

图 5-123 螺纹轴

3. 数控车床设备进行对刀操作的意思是什么？
4. 如何利用数控车床设备进行产品精度调试？简要地从几个方面进行阐述。

第6章 CAXA数控车编程练习题

6.1 单件复杂轮廓练习

图 6-1~图 6-4 为单件复杂轮廓练习题。

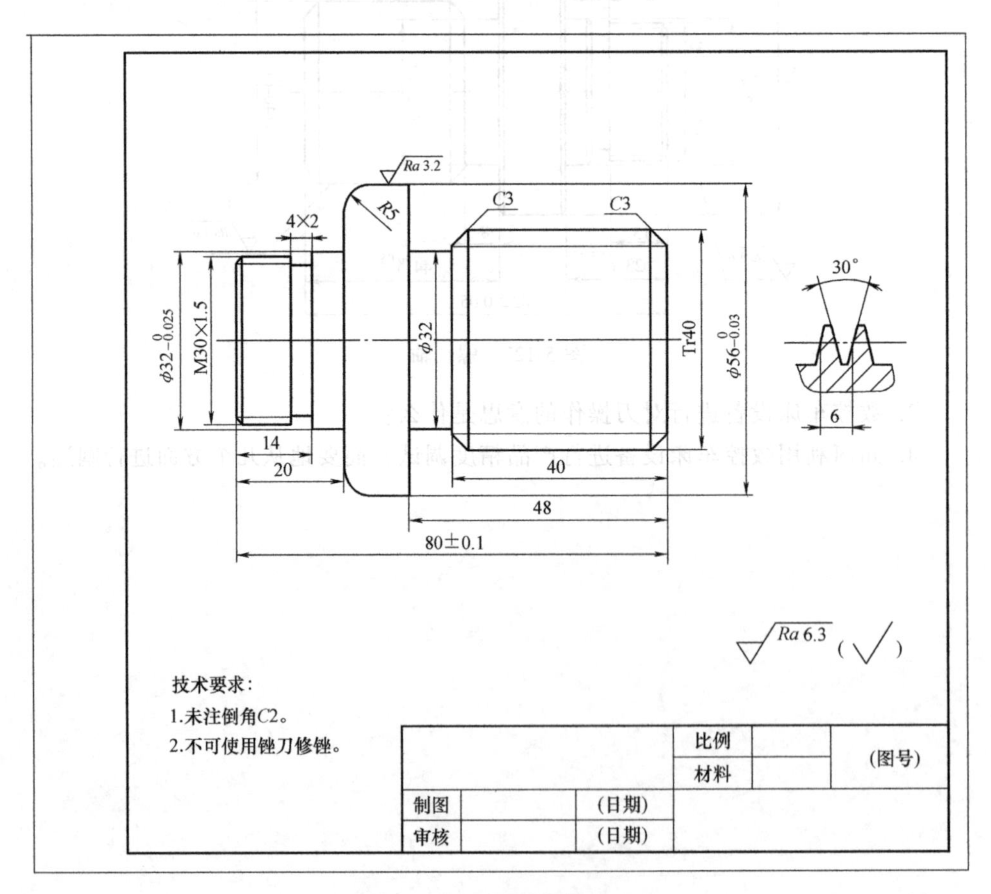

图 6-1 复杂轮廓练习件 1

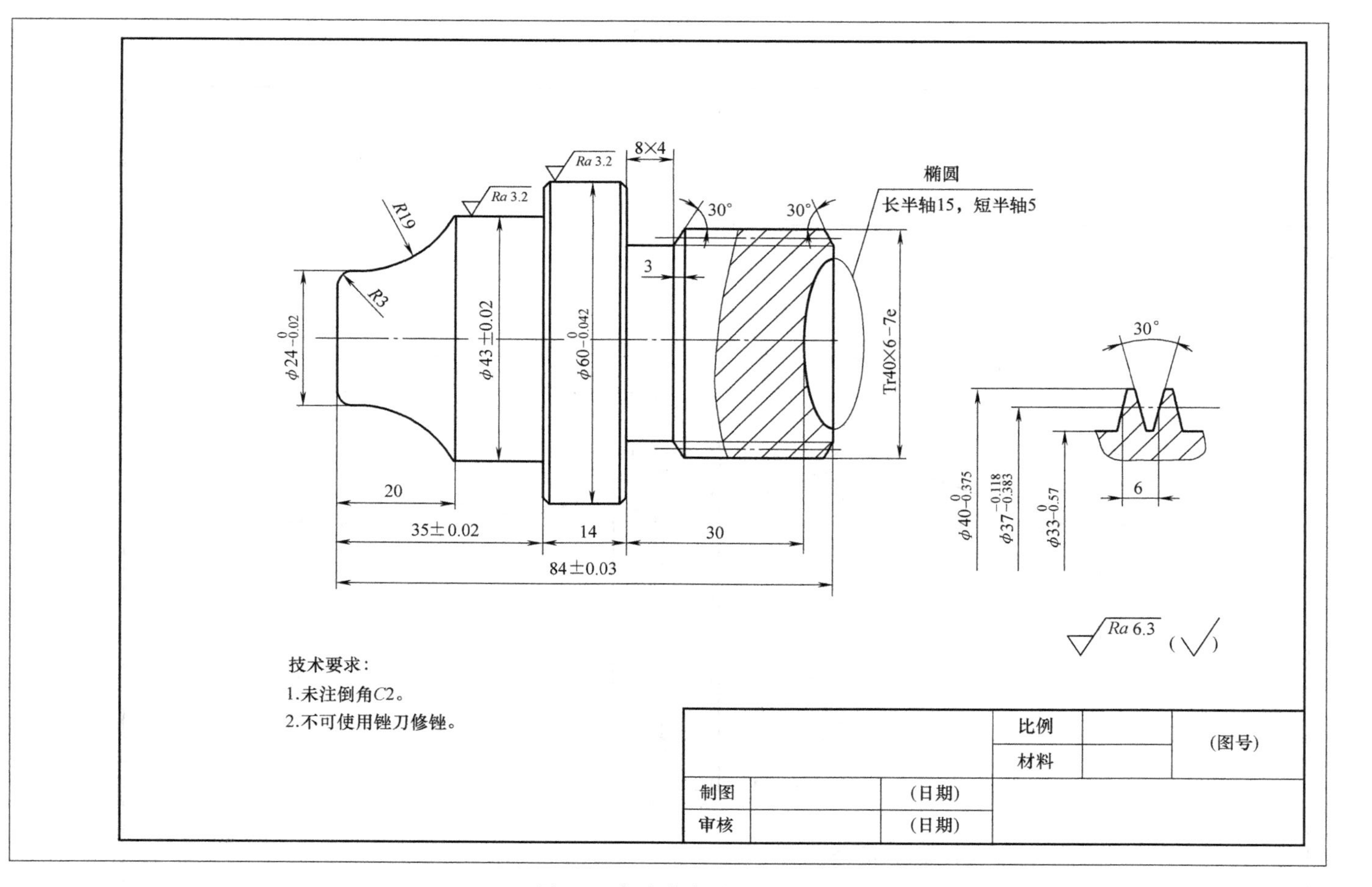

图 6-2 复杂轮廓练习件 2

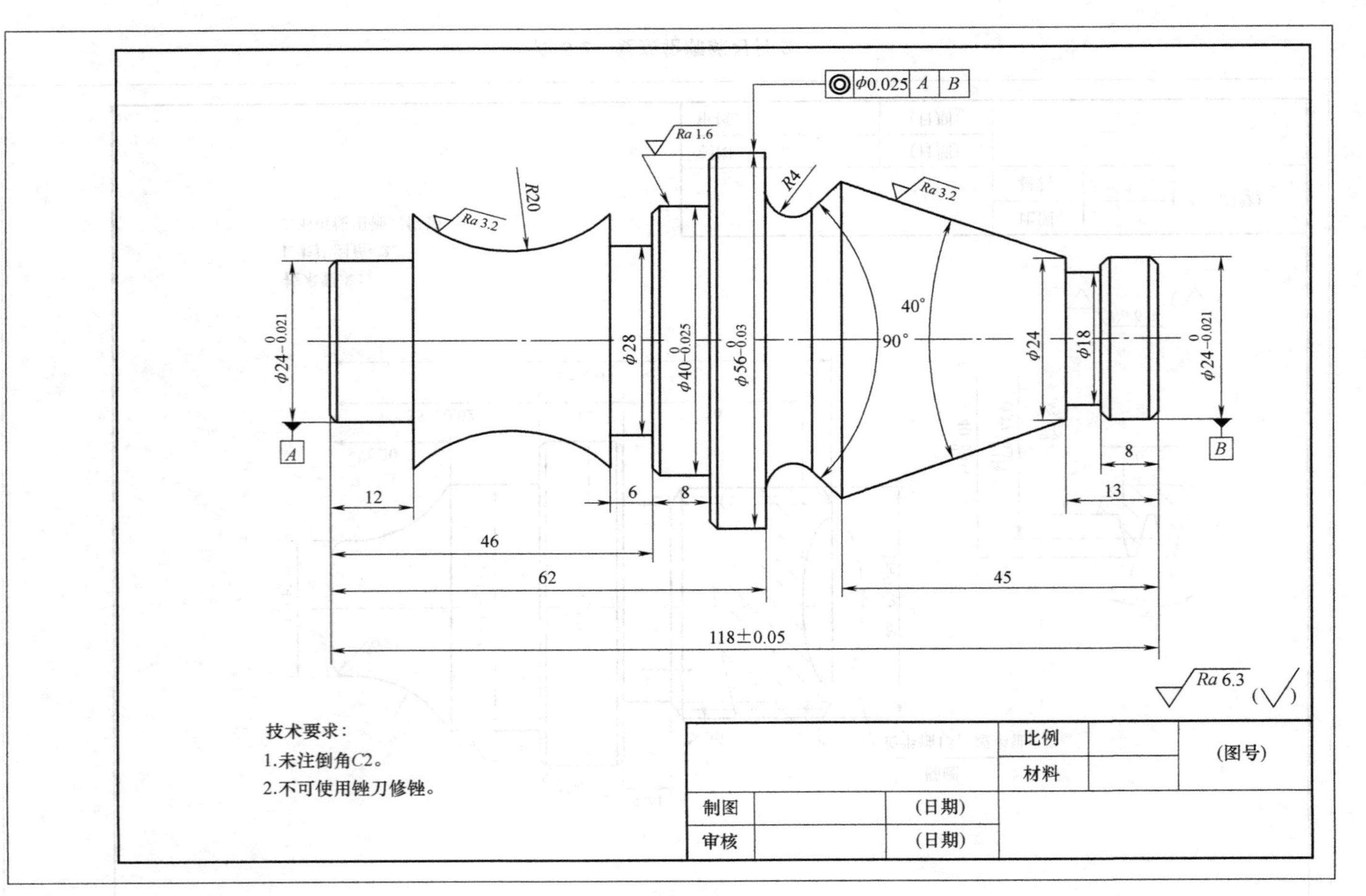

图 6-3　复杂轮廓练习件 3

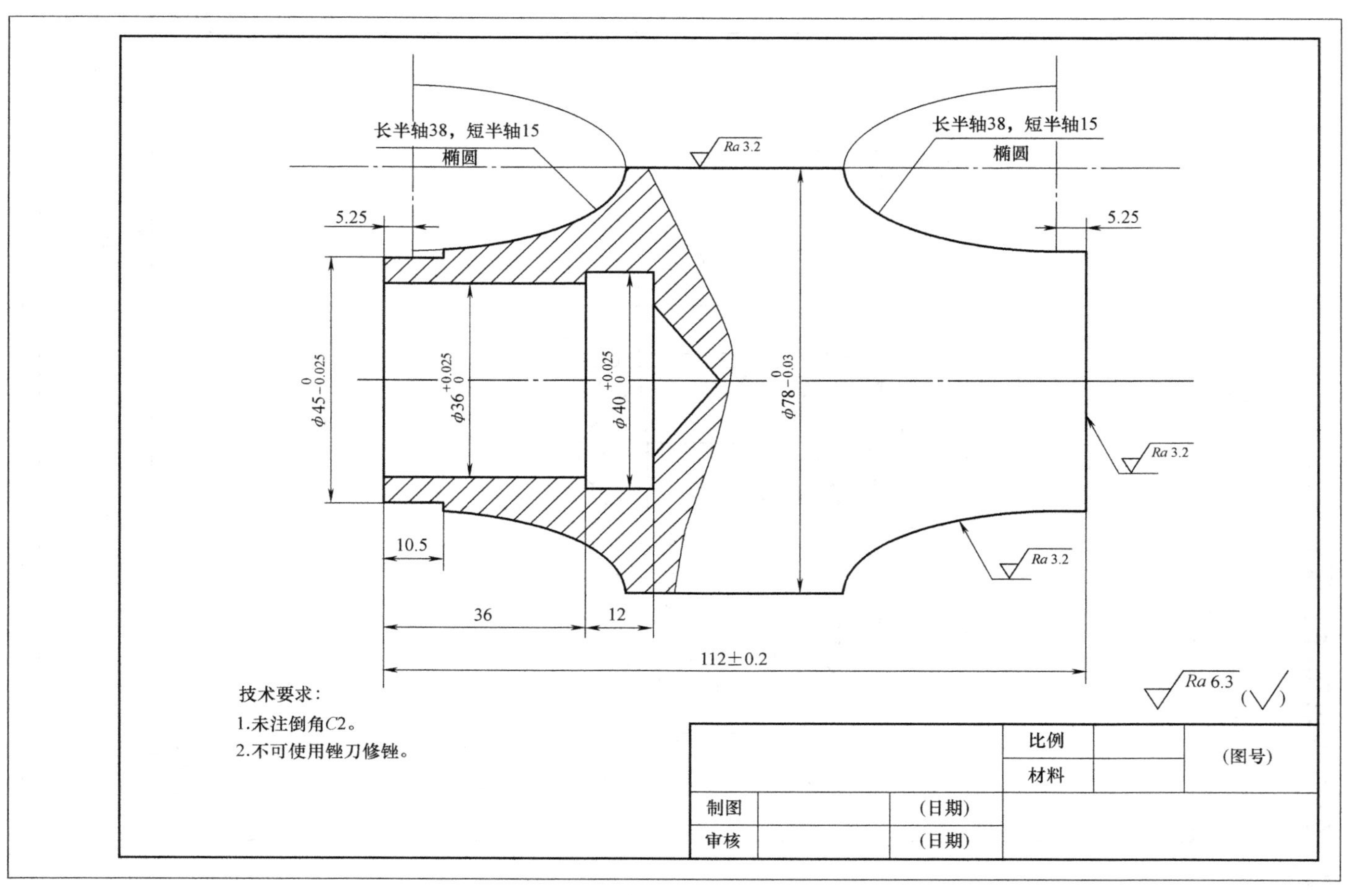

图 6-4 复杂轮廓练习件 4

6.2 公式曲线轮廓、配合件练习

图 6-5~图 6-11 为公式曲线轮廓和配合件练习题。

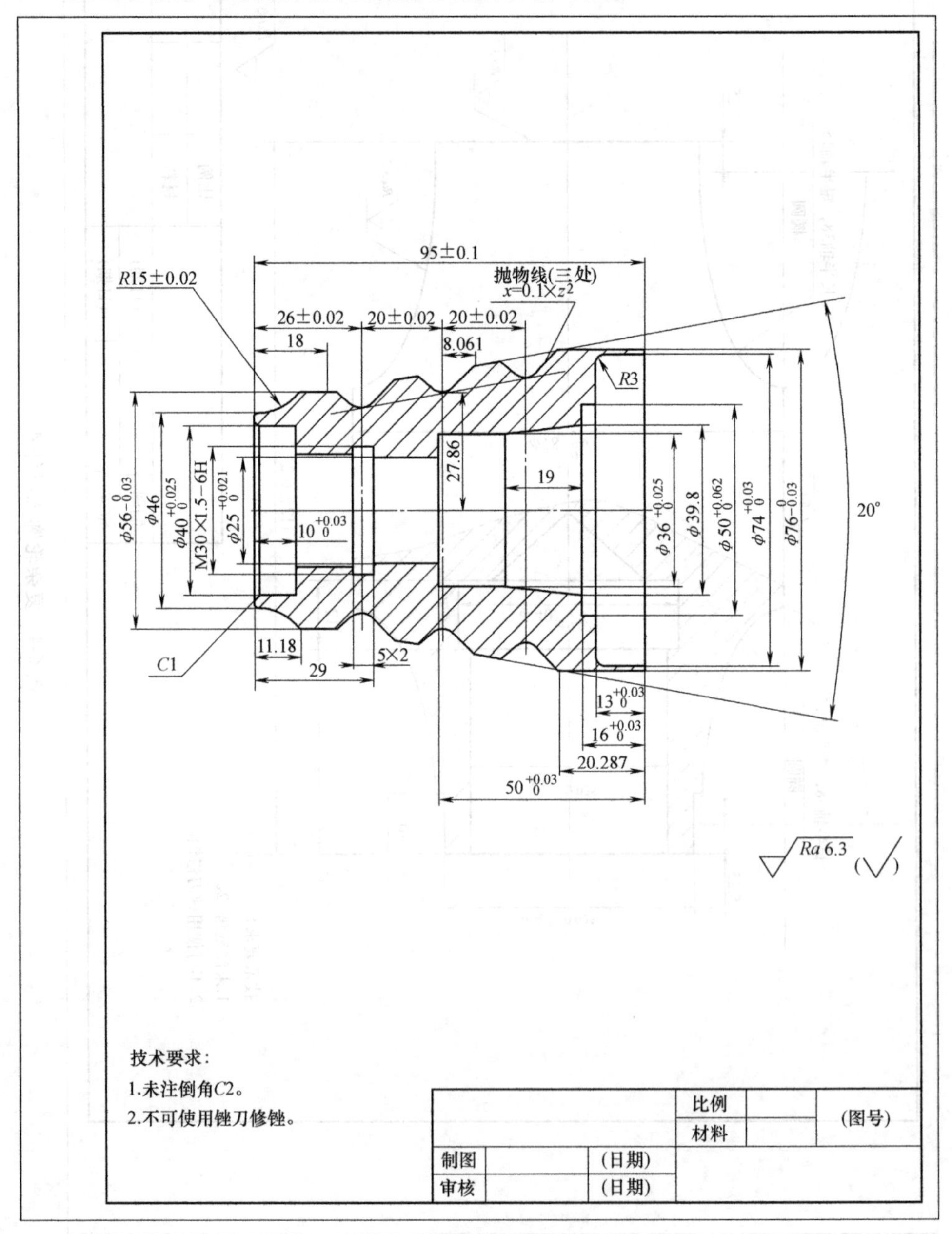

图 6-5 公式曲线练习件 1

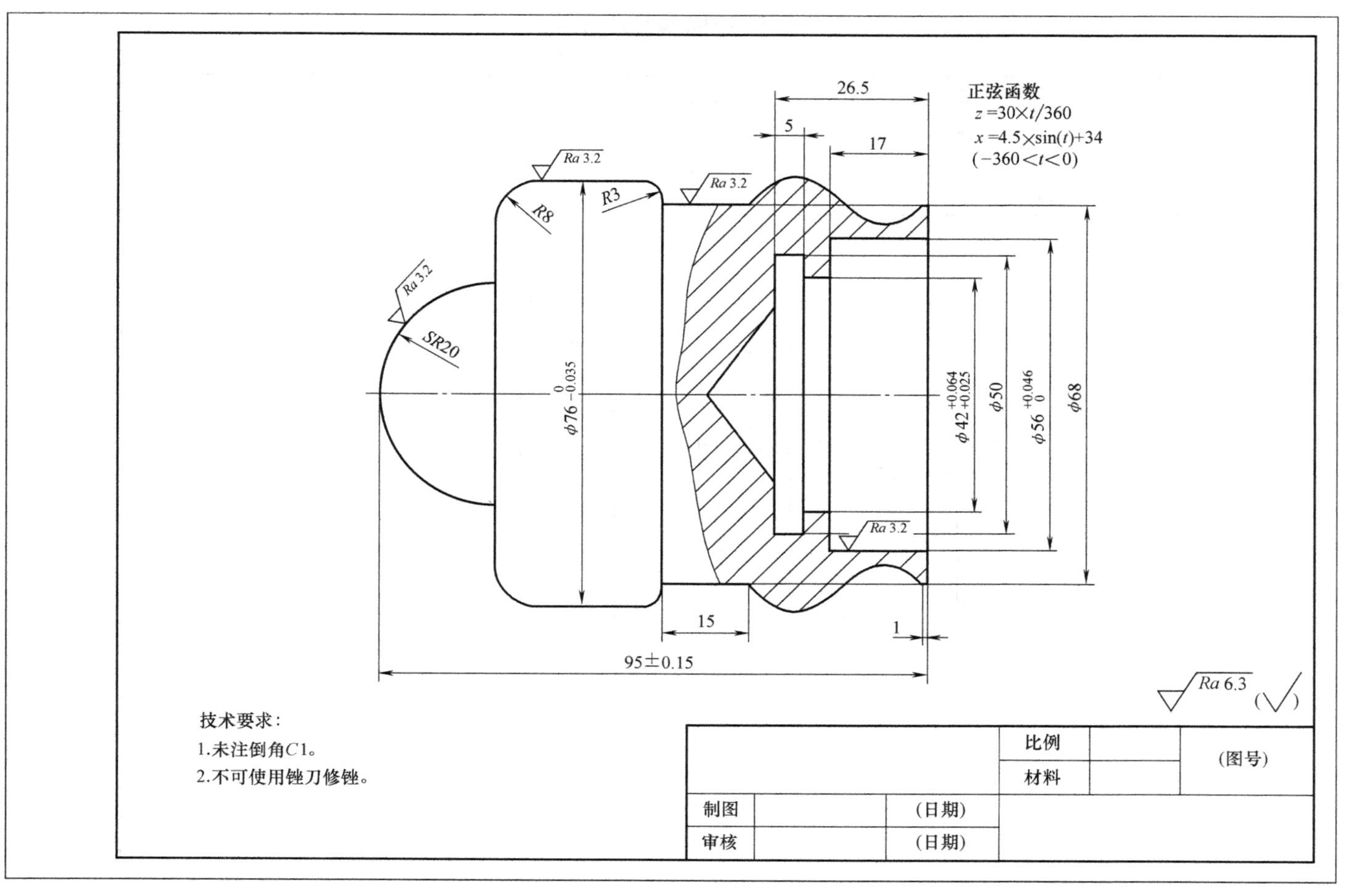

图 6-6 公式曲线练习件 2

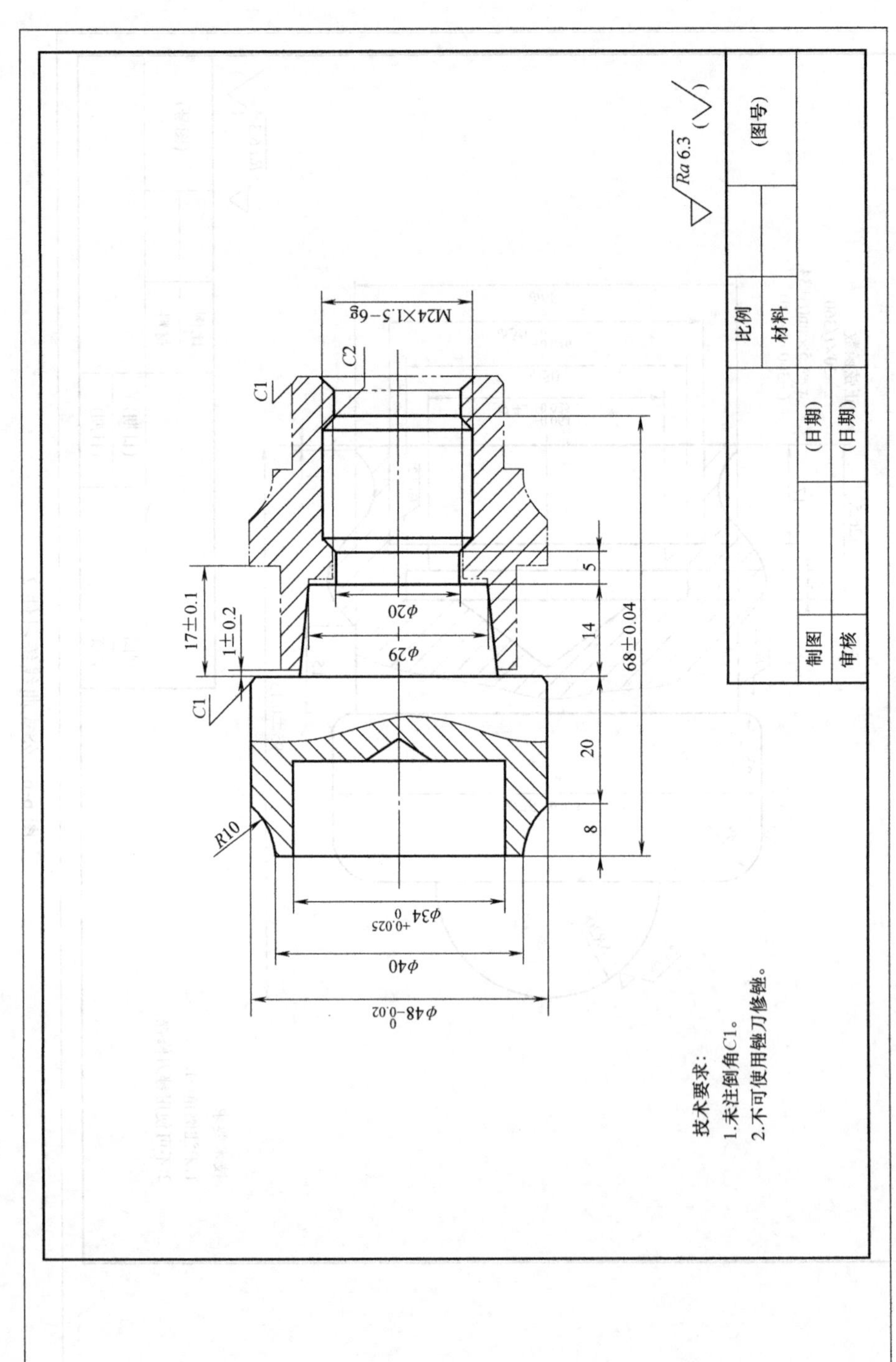

图 6-7 两件组合配合件-件 1

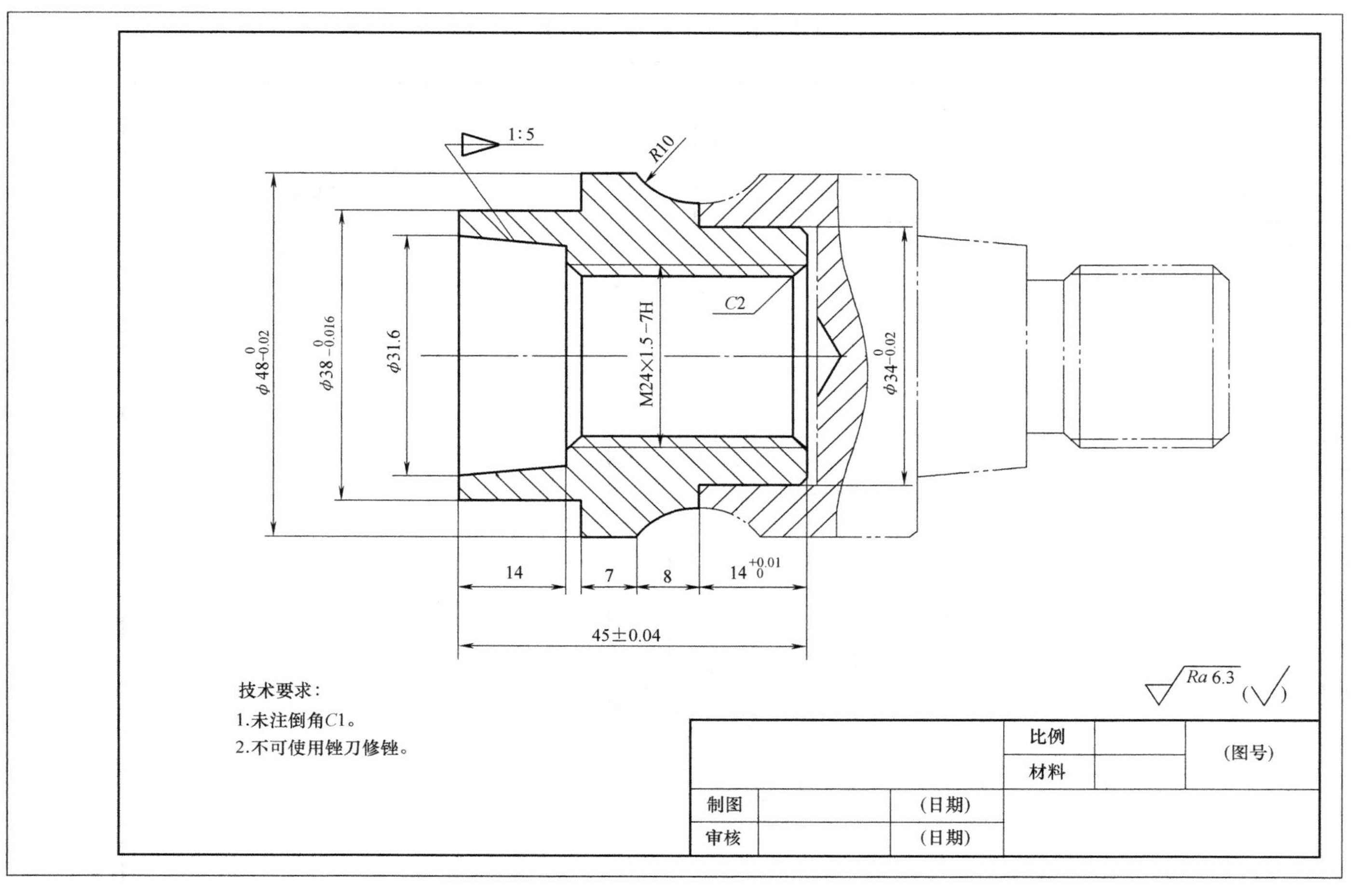

图 6-8 两件组合配合件-件 2

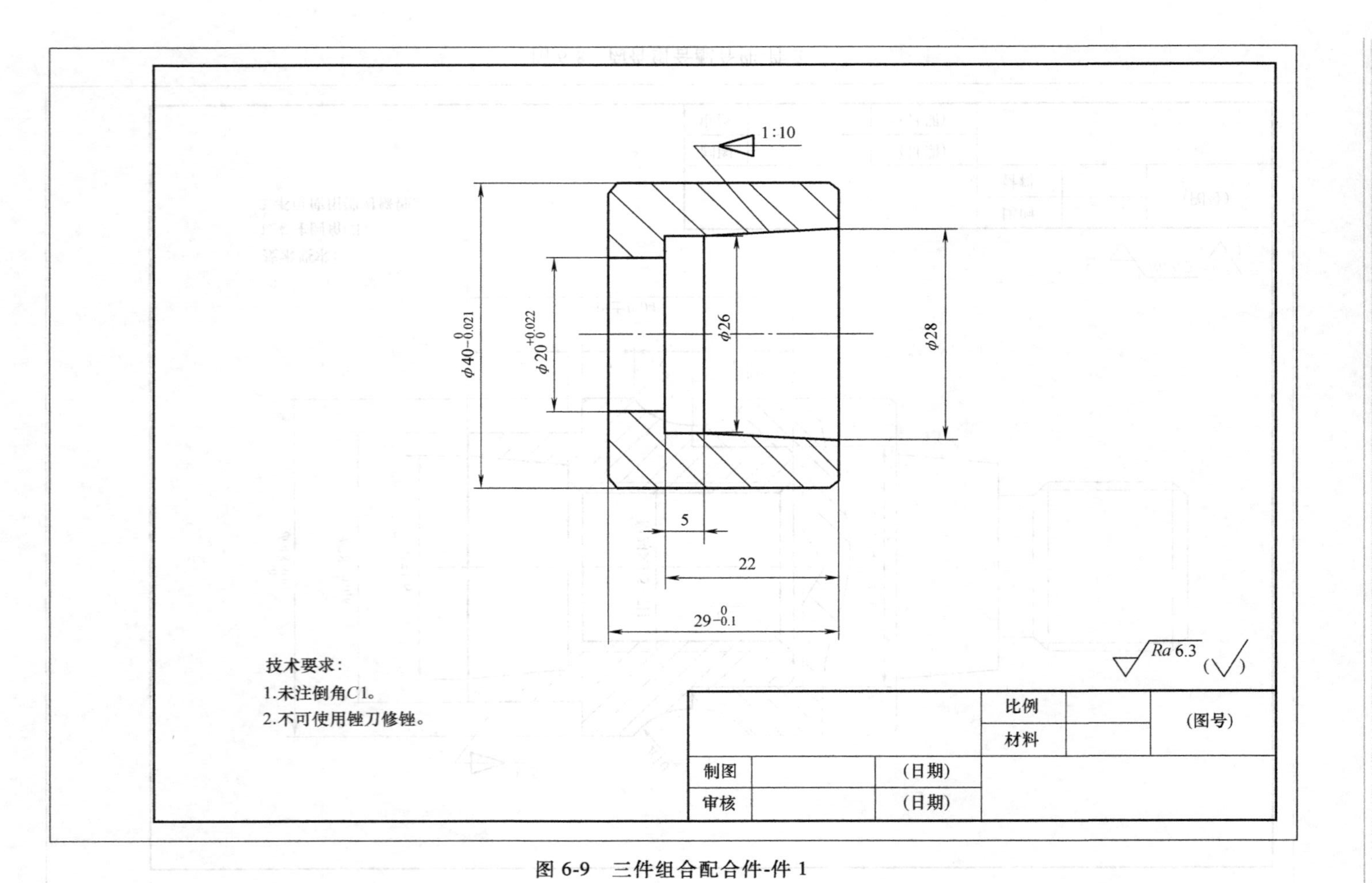

图 6-9　三件组合配合件-件 1

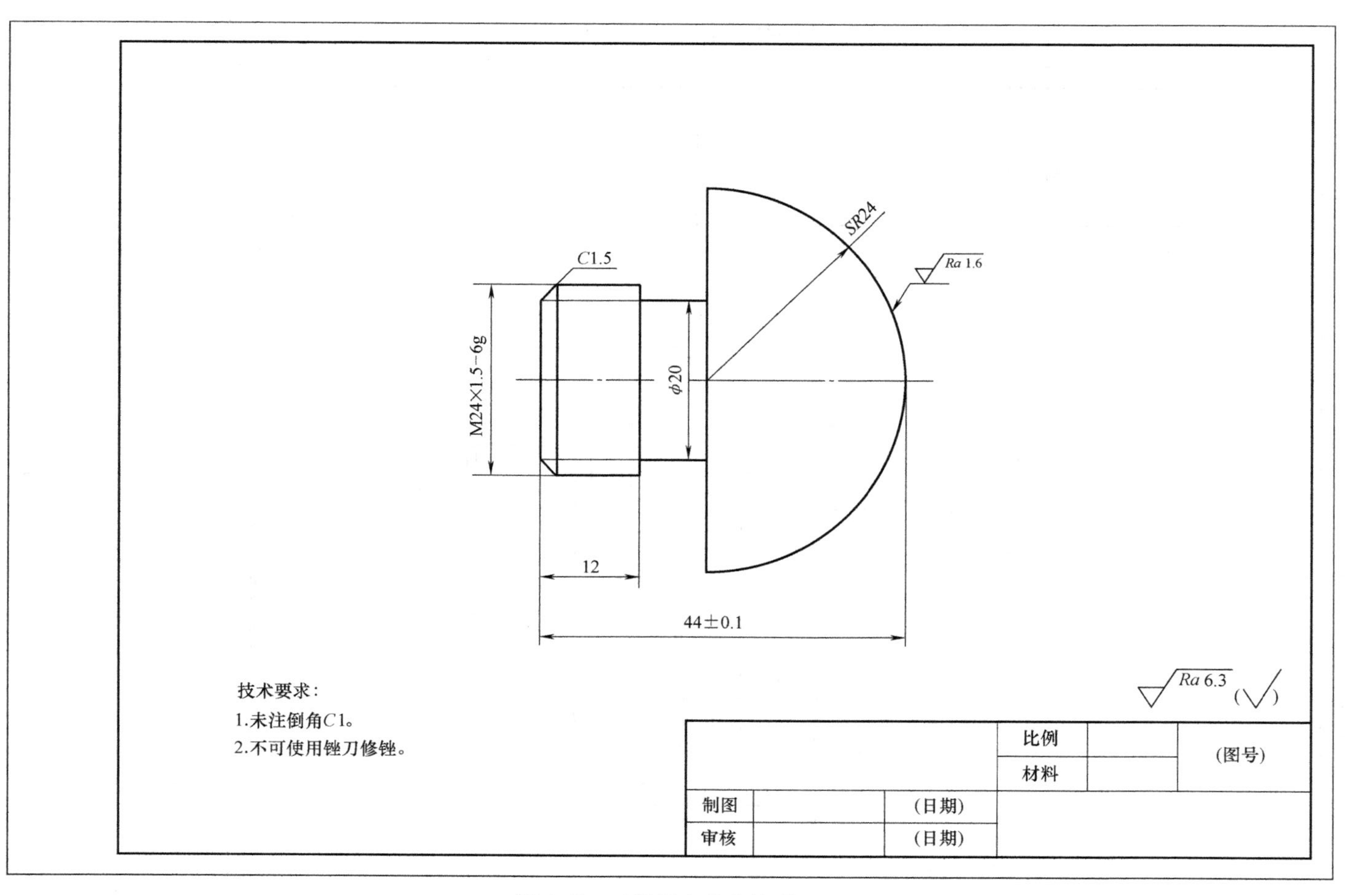

图 6-10 三件组合配合件-件 2

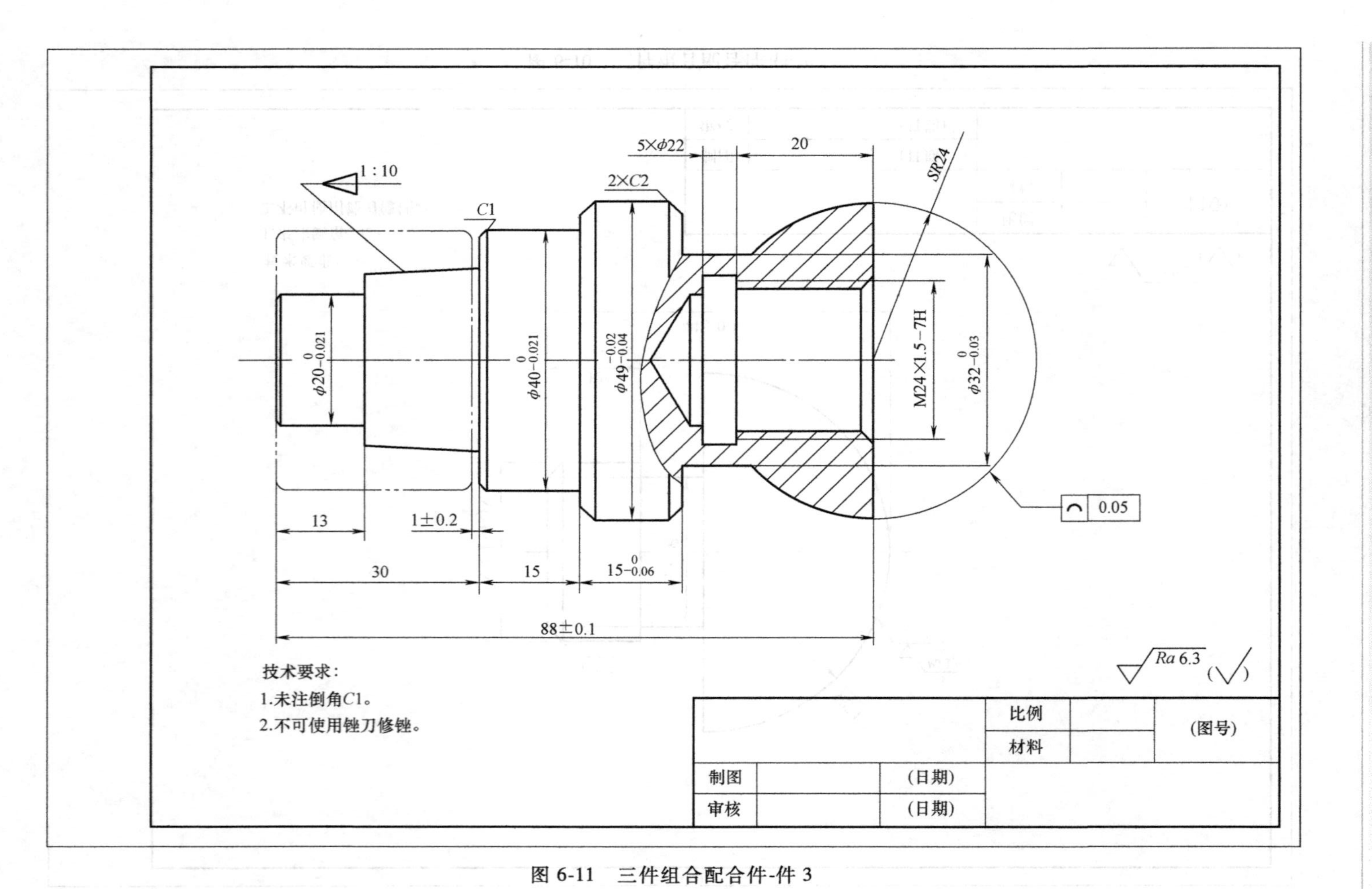

图 6-11 三件组合配合件-件 3

6.3 技能竞赛类练习

图 6-12～图 6-15 的练习题均来源于浙江省数控技能竞赛。

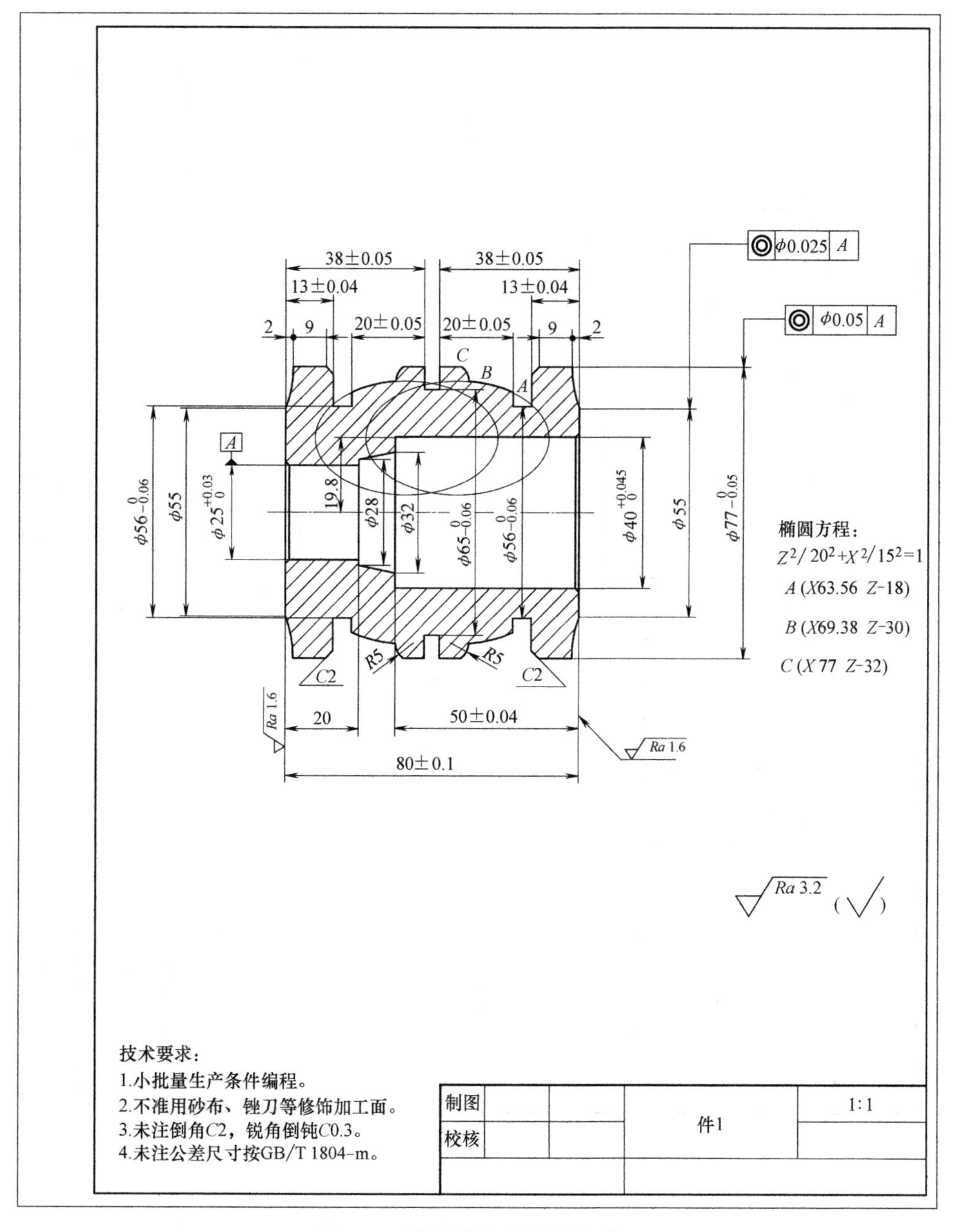

图 6-12 数控技能竞赛试题-件 1

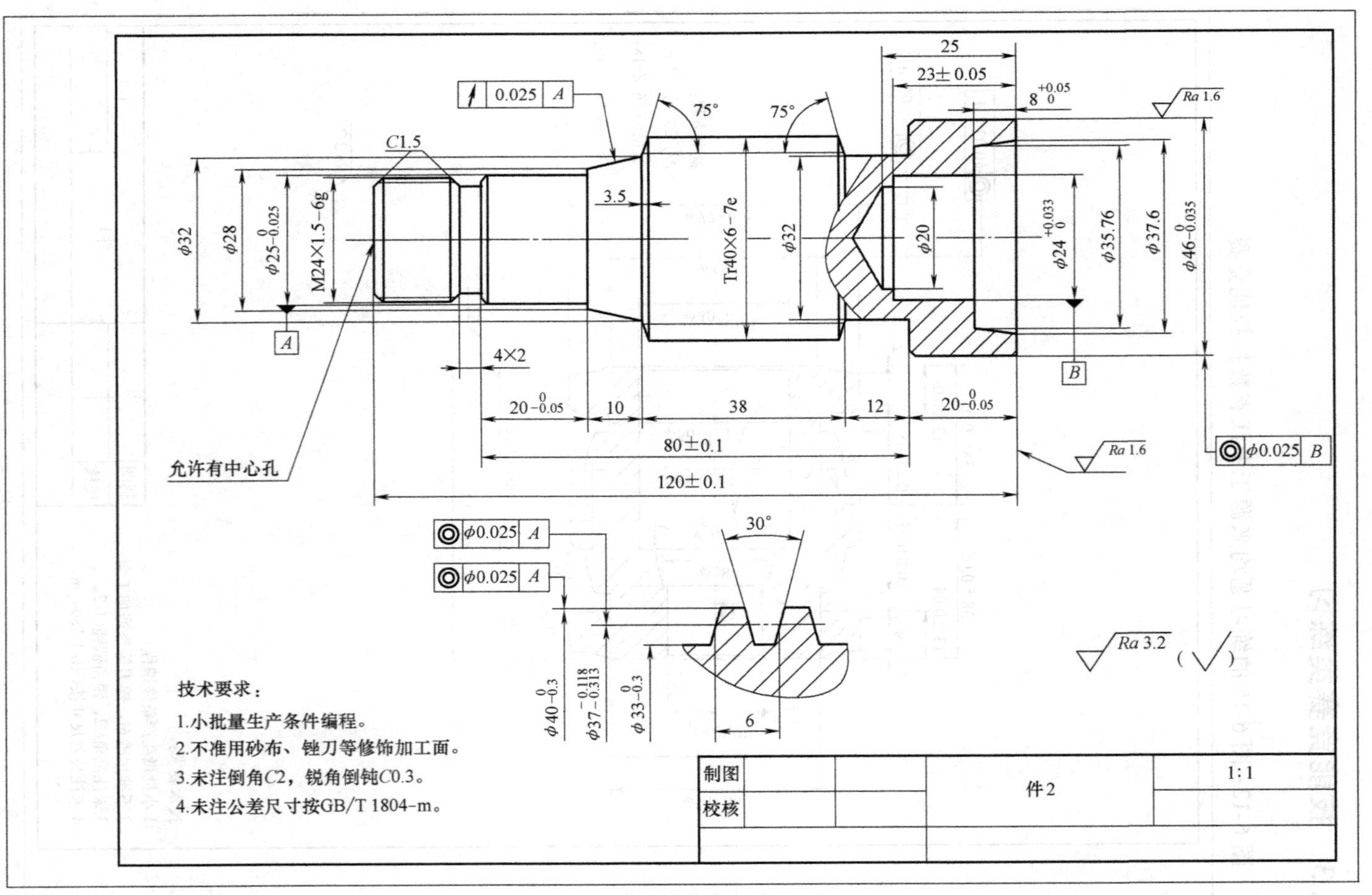

图 6-13　数控技能竞赛试题-件2

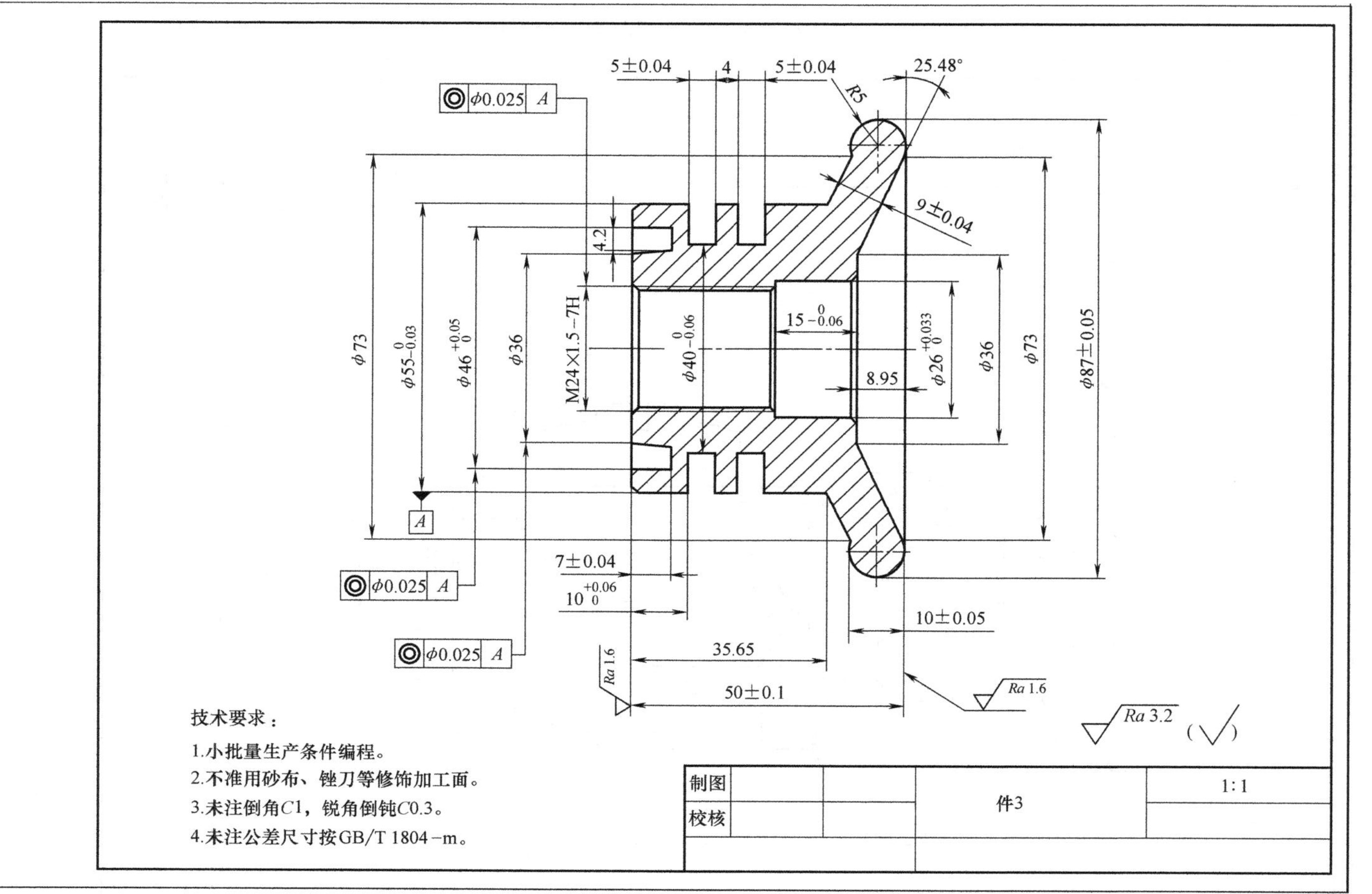

图 6-14　数控技能竞赛试题-件 3

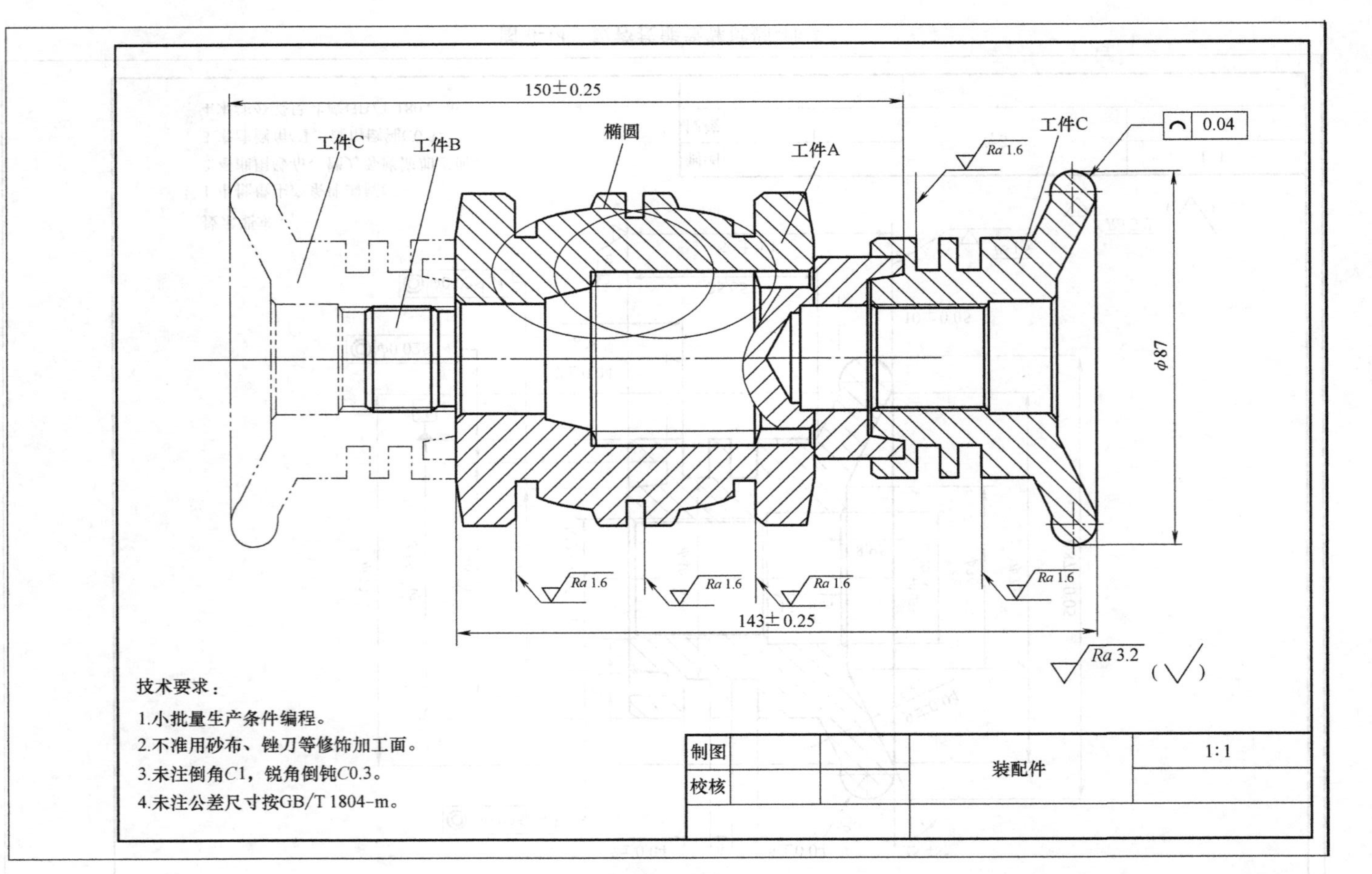

图 6-15 数控技能竞赛试题-配合件

附　　录

附录 A　数控加工技术的常用术语

为了方便读者参阅相关数控技术资料，在此选择了一些常用的数控技术词汇及其英语对应单词。

1）计算机数值控制（Computerized Numerical Control，CNC）——用计算机控制加工功能，实现数控。

2）轴（Axis）——机床的部分可以沿其做直线移动或回转运动的基准方向。

3）机床坐标系（Machine Coordinate System）——固定于机床上，以机床零点为基准的笛卡儿坐标系。

4）机床坐标原点（Machine Coordinate Origin）——机床坐标的原点。

5）工件坐标系（Work-piece Coordinate System）——固定于工件上的笛卡儿坐标系。

6）工件坐标原点（Work-piece Coordinate Origin）——工件坐标的原点。

7）机床零点（Machine Zero）——由机床制造商规定的机床原点。

8）参考位置（Reference Position）——机床起动用的坐标轴上的一个固定点，它可以用机床坐标原点为参考基准。

9）绝对尺寸（Absolute Dimension）/绝对坐标值（Absolute Coordinates）——距坐标原点的直线距离或角度。

10）增量尺寸（Incremental Dimension）/增量坐标值（Incremental Coordinates）——在一系列点中，各点距前一点的距离或角度值。

11）最小输入增量（Least Input Dimension）——在加工程序中可以输入的最小增量单位。

12）最小命令增量（Least Command Dimension）——从数值控制装置发出的最小增量单位。

13）插补（Interpolation）——在所需的路径或轮廓线上的两个已知点间，根据某一数学函数（例如直线、圆弧或高阶函数），确定其多个中间点的坐标值的运算过程。

14）直线插补（Line Interpolation）——这是一种插补方式，在此方式中，两点间的插补沿着直线的点群来逼近，沿直线控制刀具的运动。

15）圆弧插补（Circular Interpolation）——这是一种插补方式，在此方式中，根据两端点的插补数字信息，计算出逼近实际圆弧的点群，控制刀具沿这些点群运动，加工出圆弧曲线。

16）顺时针圆弧（Clockwise Arc）——刀具参考点围绕轨迹中心，按负角度方向旋转所形成的轨迹。

17）逆时针圆弧（Counter-clockwise Arc）——刀具参考点围绕轨迹中心，按正角度方向旋转所形成的轨迹。

18）手工零件编辑（Manual Part Programming）——通过手工进行零件加工程序的编制。

19）计算机零件编辑（Computer Part Programming）——采用计算机和适当的通用处理程序以及后置处理程序编制零件加工程序。

20）绝对编程（Absolute Programming）——用表示绝对尺寸的控制字进行编程。

21）增量编程（Incremental Programming）——用表示增量尺寸的控制字进行编程。

22）字符（Character）——用于表示某一组织或控制数据的一组元素符号。

23）控制字符（Control Character）——出现于特定的信息文本中，表示某一控制功能的字符。

24）地址（Address）——一个控制字开始的字符或一组字符，用以辨认其后的数据。

25）程序段格式（Block Format）——字、字符和数据在一个程序中的组织形式。

26）指令码（Instruction Code）——计算机指令代码，即机器语言，用来表示指令的代码。

27）程序号（Program Number）——以号码识别加工程序时，在每一程序的前端指定的编号。

28）程序名（Program Name）——以名称识别加工程序时，在每一程序前端指定的名称。

29）指令方式（Command Mode）——指令的工作方式。

30）程序段（Block）——程序中为了实现某种操作的一组指令的集合。

31）零件程序（Part Program）——在自动加工中，为了使自动操作有效，采用某种语言或某种格式书写的顺序指令集。零件程序可以是写在输入介质上的加工程序，也可以是为数控系统准备的输入并经处理后得到的加工程序。

32）加工程序（Machine Program）——在自动加工控制系统中，按自动控制语言和格式书写的指令集。这些指令集记录在适当的输入介质上，完全能实现直接的加工。

33）程序结束（End of Program）——指出工件加工结束的辅助功能。

34）数据结束（End of Date）——程序段的所有命令执行完成后，使主轴功能和其他功能（例如冷却功能）均被删除的辅助功能。

35）准备功能（Preparatory Function）——使机床或控制系统建立加工功能方式的命令。

36）辅助功能（Miscellaneous Function）——控制机床或系统的开关功能的一种命令。

37）刀具功能（Tool Function）——依据相应的格式规范，识别或调入刀具及与之有关的功能的技术说明。

38）进给功能（Feed Function）——定义进给速度技术规范的命令。

39）主轴速度功能（Spindle Speed Function）——定义主轴速度技术规范的命令。

40）进给保持（Feed Hold）——在加工程序执行期间，暂时中断进给的功能。

41）刀具轨迹（Tool Path）——切削刀具上规定点走过的轨迹。

42）零点偏置（Zero Offset）——数控系统的一种特征。它容许数控测量系统的原点在指定范围内相对于机床零点移动，但机床零点存在数控系统中。

43）刀具偏置（Tool Offset）——在一个加工程序的全部或指定部分，施加于机床坐标轴上的相对位移。该轴的位移方向由偏置值的正负来确定。

44）刀具长度偏置（Tool Length Offset）——在刀具长度方向上的偏置。

45）刀具半径偏置（Tool Radius Offset）——刀具在两个坐标方向的偏置。

46）刀具半径补偿（Cutter Compensation）——垂直于刀具轨迹的位移，用来修正实际的刀具半径与编程的刀具半径的差异。

47）刀具轨迹进给速度（Tool Path Feed-rate）——刀具上的基准点沿着刀具轨迹相对于工件移动时的速度，通常用每分钟或每转的位移量来表示。

48）固定循环（Fixed Cycle，Canned Cycle）——预先设定的一些操作命令，根据这些操作命令使机床沿坐标轴运动，主轴工作，从而完成固定的加工动作，例如钻孔、镗削、攻螺纹以及这些加工的复合动作。

49）子程序（Subprogram）——加工程序的一部分。子程序可由适当的加工控制命令调用而生效。

50）工序单（Planning Sheet）——在编制零件的加工工序前准备的零件加工过程表。

51）执行程序（Executive Program）——在CNC系统中，建立运行能力的指令集合。

52）倍率（Override）——使操作者在加工期间能够修改所设定的进给率、主轴转速等值的手工控制功能。

53）伺服机构（Servo-Mechanism）——这是一种伺服系统，其中被控量为机械位置或机械位置对时间的导数。

54）误差（Error）——计算值、观察值或实际值与真值、给定值或理论值之差。

55）分辨率（Resolution）——两个相邻的离散量之间可以分辨的最小间隔。

附录B　CAXA数控车常用快捷键及键盘命令

表B-1　CAXA常用快捷键

快捷键	功能	快捷键	功能
Ctrl+N	新建文件	Ctrl+1	启动基本曲线工具栏
Ctrl+O	打开已有文件	Ctrl+2	启动高级曲线工具栏
Ctrl+P	绘图输出	Ctrl+3	启动曲线编辑工具栏
Ctrl+M	显示/隐藏主菜单	Ctrl+4	启动工程标注工具栏
Ctrl+B	显示/隐藏标准工具栏	Ctrl+5	启动块操作工具栏
Ctrl+A	显示/隐藏属性工具栏	Ctrl+6	启动库操作工具栏
Ctrl+U	显示/隐藏常用工具栏	Ctrl+C	图形复制
Ctrl+D	显示/隐藏全部绘图工具栏	Ctrl+V	图形粘贴
Ctrl+R	显示/隐藏当前绘图工具栏	Ctrl+Z	取消上一步操作
Ctrl+I	显示/隐藏立即菜单	Ctrl+I	恢复上一步操作
Ctrl+T	显示/隐藏状态栏	Delete	删除
Shift+ Delete	图形剪贴	Shift+Esc	退出
F2	切换显示当前坐标/相对移动距离	F3	显示全部
F4	使用参考点	F5	切换坐标系
F6	切换捕捉方式	F8	切换正交模式

表B-2　CAXA数控车常用键盘命令

功能	键盘命令	功能	键盘命令
图层	Ltype	合并	J
颜色	Color	旋转	Ro
线宽	Wind	镜像	Mi

（续）

功能	键盘命令	功能	键盘命令
比例缩放	Sc	拉伸	S
阵列	Ar	块打散	y
平移	M	查询元素属性	Li
等距线	O	查询点坐标	Id
裁剪	Tr	查询面积	Aa
过渡	Cn	查询两点距离	Di
圆角过渡	F	标注	D
延伸	Ex	直线	L
公式曲线	Fomul	两点线	Lpp
椭圆	EL	角度线	La
矩形	Rect	角等分线	Lia
多段线	Pl	切线/法线	Ltn
中心线	Cl	平行线	Ll
等距线	O	圆	C
剖面线	H	圆心+直径	Cir
填充	Solid	圆弧	Arc
打断	Br	样条	Spl
平移复制	Co	点	Po
删除	E	文字	t

附录 C　FANUC 数控系统 G、M 代码功能一览表

表 C-1　G 代码表

代码	分组	功能	格式
G00	01	快速进给、定位	G00 X_Z_
G01		直线插补	G01 X_Z_
G02		圆弧插补 CW（顺时针）	G02 X_Z_R_（I_ K_）
G03		圆弧插补 CCW（逆时针）	G03 X_Z_R_（I_ K_）
G04	00	暂停	G04[*X*/*U*/*P*] *X*,*U* 单位：s;*P* 单位：ms（整数）
G28		返回参考点	G28 U_W_
G31		从参考点返回	G31 X_Z_

（续）

代码	分组	功能	格式
G40	07	取消刀具补偿	G40
G41		左侧刀具半径补偿	G41 *Dnn* G42 *Dnn* *nn*：刀具补偿号
G42		右侧刀具半径补偿	
G70	00	精加工循环	G70 P*ns*　Q*nf* *ns*：程序循环开始段号 *nf*：程序循环结束段号
G71		外圆粗车循环	G71 UΔ*d* R*e* G71 P*n*Q*nf*UΔ*u*WΔ*w*F *f* Δ*d*：切深量 *e*：退刀量 *ns*：程序循环开始段号 *nf*：程序循环结束段号 Δ*u*：X 轴方向精加工余量的距离及方向 Δ*w*：Z 轴方向精加工余量的距离及方向 *f*：切削进给量
G72		端面粗切削循环	G72 WΔ*d* R*e* G72 P*ns*Q*nf* UΔ*u*WΔ*w*F *f*
G73		封闭切削循环	G73 U*i* WΔ*k*R*d* G73 P*ns*Q*nf* UΔ*u*WΔ*w*F*f*
G74		端面切槽循环	G74 R*e* G74 X(U)_Z(W)_PΔ*i*QΔ*k*RΔ*d*F *f* *e*：返回量 Δ*i*：X 轴方向的移动量 Δ*k*：Z 轴方向的切深量 Δ*d*：孔底的退刀量 *f*：进给速度
G75		内径/外径切断循环	G75 R*e* G75 X(U)_Z(W)_PΔ*i*QΔ*k*RΔ*d*F *f*
G76		复合型螺纹切削循环	G76 P*mra* QΔd_{min} R*d* G76 X(U)_Z(W)_R*i* P*k*QΔ*d*F*l* *m*：最终精加工重复次数为 1~99 *r*：螺纹的精加工量(倒角量) *a*：刀尖的角度(螺牙的角度)可选择 80、60、55、32、31、0 六个种类 *m*,*r*,*a* 同用地址 P 一次指定 Δd_{min}：最小切深度 *i*：螺纹部分的半径差 *k*：螺牙的高度 Δ*d*：第一次的切深量 *l*：螺纹导程

（续）

代码	分组	功能	格式
G90	01	直线车削循环	G90 X(U)_Z(W)_F_ G90 X(U)_Z(W)_R_F_
G92		螺纹车削循环	G92 X(U)_Z(W)_F_ G92 X(U)_Z(W)_R_F_
G94		端面车削循环	G94 X(U)_Z(W)_F_ G94 X(U)_Z(W)_R_F_
G98	05	每分钟进给速度	
G99		每转进给速度	

表 C-2 M代码

代码	功能	代码	功能
M00	停止程序运行	M06	换刀
M01	选择性停止	M08	冷却液开启
M02	结束程序运行	M09	冷却液关闭
M03	主轴正向转动	M30	结束程序运行且返回程序开头
M04	主轴反向转动	M98	子程序调用
M05	主轴停止转动		

附录 D 常见数控车削切削用量参考表

表 D-1 硬质合金外圆车刀切削用量表

工件材料	热处理状态	切削速度 v_c/(m/min)		
		a_p=0.3~2mm	a_p=2~6mm	a_p=6~10mm
		f=0.08~0.3mm/r	f=0.3~0.6mm/r	f=0.6~1mm/r
低碳钢、易切钢	热轧	140~180	100~120	70~90
中碳钢	热轧	130~160	90~110	60~80
	调质	100~130	70~90	50~70
合金结构钢	热轧	100~130	70~90	50~70
	调质	80~110	50~70	40~60
工具钢	退火	90~120	60~80	50~70
灰铸铁	<190HBW	90~120	60~80	50~70
	190~225HBW	80~110	50~70	40~60

（续）

工件材料	热处理状态	切削速度 v_c/(m/min)		
		$a_p=0.3\sim2$mm	$a_p=2\sim6$mm	$a_p=6\sim10$mm
		$f=0.08\sim0.3$mm/r	$f=0.3\sim0.6$mm/r	$f=0.6\sim1$mm/r
高锰钢			10~20	
铜及铜合金		200~250	120~180	90~120
铝及铝合金		300~600	200~240	150~200
铸造铝合金		100~180	80~150	60~100

注：$v_C=60\pi dn/1000$。式中，v_C 为线速度；d 为直径；n 为转速。

表 D-2　根据表面粗糙度选择进给量参考表

工件材料	表面粗糙度 Ra/μm	切削速度范围 V_c/(m/min)	刀尖圆弧半径 r_c/mm		
			0.2~0.4	0.4~0.6	0.6~0.8
			进给量 f/(mm/r)		
铸铁 青铜 铝合金	>5~10	不限	0.25~0.40	0.40~0.50	0.50~0.60
	>2.5~5		0.15~0.25	0.25~0.40	0.40~0.60
	>1.25~2.5		0.10~0.15	0.15~0.20	0.20~0.30
碳钢合金钢	>5~10	<50	0.30~0.50	0.45~0.60	0.55~0.7
		≥50	0.40~0.55	0.55~0.65	0.65~0.7
	>2.5~5	<50	0.18~0.25	0.25~0.30	0.30~0.40
		≥50	0.25~0.30	0.30~0.35	0.30~0.50
	>1.25~2.5	<50	0.1	0.11~0.15	0.15~0.22
		50~100	0.11~0.16	0.16~0.25	0.25~0.35
		>100	0.16~0.20	0.20~0.25	0.25~0.35

附录 E　CAXA 数控车常见曲线公式表

表 E-1　CAXA 数控车常见曲线公式表

曲线类型	典型公式曲线案例	曲线类型	典型公式曲线案例
椭圆	$\frac{x^2}{a^2}+\frac{y^2}{b^2}=1(a>b>0)$	正弦曲线	$X=2\sin\frac{360t}{25}$ $Y=t$
双曲线	$X=10\sqrt{1+\frac{t^2}{169}}$ $Y=t$		
抛物线	$X=0.03t^2$ $Y=t$	渐开线	$X=6(\cos t+t\sin t)$ $Y=6(\sin t-t\cos t)$

参考文献

[1] 卢孔宝，顾其俊．数控车床编程与图解操作 [M]．北京：机械工业出版社，2018.

[2] 北京数码大方科技股份有限公司．CAXA 数控车 2016 用户指南 [Z]．2016.

[3] 刘玉春．CAXA 数控车 2015 项目案例教程 [M]．北京：化学工业出版社，2018.

[4] 北京发那科机电有限公司．FANUC 0i Mate-TD 数控车削系统用户手册 [Z]．2017.

参考文献

[1] 卢孔宝，顾其俊. 数控车床编程与图解操作[M]. 北京：机械工业出版社，2018.
[2] 北京数码大方科技股份有限公司. CAXA数控车2016用户指南[Z]. 2016.
[3] 刘玉春. CAXA数控车2015项目案例教程[M]. 北京：化学工业出版社，2018.
[4] 北京发那科机电有限公司. FANUC 0i-Mate-TD数控车削系统用户手册[Z]. 2017.